高等职业教育系列教材

自动调速系统

主　　编　刘建华　张静之
副主编　陆善婷　刘晓燕
参　　编　李明俊　袁海嵘

机械工业出版社

本书从实用的角度出发，引入"1+X"职业技能等级相关内容和技能大赛中的知识点，系统地介绍了直流调速系统基础、单闭环直流调速系统、双闭环直流调速系统、直流可逆调速系统、直流脉宽调速系统、交流变频调速系统、交流变频矢量控制、常见变频器的基本应用、交流调压调速与串级调速系统。

本书可作为高职高专电气自动化、机电一体化等相关专业的教材，亦可作为从事交直流调速相关工作的工程技术人员的参考书。

本书配套电子资源包括 20 个微课视频、电子课件、习题解答、习题库和试卷库，需要的教师可登录 www.cmpedu.com 免费注册、审核通过后下载，或联系编辑索取（微信：13261377872，电话：010-88379739）。

图书在版编目（CIP）数据

自动调速系统/刘建华，张静之主编. —北京：机械工业出版社，2021.8（2024.2 重印）
高等职业教育系列教材
ISBN 978-7-111-68899-0

Ⅰ.①自⋯　Ⅱ.①刘⋯　②张⋯　Ⅲ.①调速-自动控制系统-高等职业教育-教材　Ⅳ.①TM921.5

中国版本图书馆 CIP 数据核字（2021）第 159038 号

机械工业出版社（北京市百万庄大街 22 号　邮政编码 100037）
策划编辑：李文轶　　　　责任编辑：李文轶　王　荣
责任校对：李　杉　张　薇　责任印制：郜　敏
北京富资园科技发展有限公司印刷
2024 年 2 月第 1 版第 3 次印刷
184mm×260mm · 15 印张 · 420 千字
标准书号：ISBN 978-7-111-68899-0
定价：59.90 元

电话服务　　　　　　　　　　网络服务
客服电话：010-88361066　　　机　工　官　网：www.cmpbook.com
　　　　　010-88379833　　　机　工　官　博：weibo.com/cmp1952
　　　　　010-68326294　　　金　书　网：www.golden-book.com
封底无防伪标均为盗版　　　　机工教育服务网：www.cmpedu.com

前 言

  自动调速系统课程是高职高专电气自动化等相关专业的一门专业核心课程,它针对工业生产中电力拖动系统,以自动控制理论为基础,以交直流电动机为控制对象,系统地介绍典型自动控制系统的分析和参数整定的方法,以及在工业应用中必须要注意的有关问题。目前,现有的关于自动调速系统的教材及参考书,大多数为本科类教材,主要以电路设计为主,存在理论较深、缺乏实际应用分析、与工业生产实际脱节等问题,已有的部分高职高专教材也是延用本科教材的形式,并不完全适合高职高专的教学模式。

  本书介绍了典型自动调速系统的单闭环直流调速系统、双闭环直流调速系统、直流可逆调速系统、直流脉宽调速系统、交流变频调速系统、交流变频矢量控制、常见变频器的基本应用、交流调压调速与串级调速系统等主要内容,知识点编排上遵循从易到难的规律,既避免部分教材因设备仪器的限定而造成应用的局限,又改进了部分教材对应用重视不足的弊端,帮助读者对工业自动化控制系统建立一个相对完整的认识。

  本书充分考虑了高等职业教育的教学目标和学生学习模式的特点,选取了工业生产中广泛应用的交直流控制装置,将理论知识分析与实际应用相结合,并配套与之相关的典型实验,使学生能够学以致用。此外,本书还引入了"1+X"职业技能等级相关内容和技能大赛中的知识点,注重实践应用能力的培养,为技能提升奠定基础。

  采用"互联网+"新型教材模式是本书的一个重要特色,编者录制了20个微课视频资源,这些微课视频资源是对教材应用性的拓展,读者可以通过扫描本书中的二维码来获取。

  本书不仅配套了大量的课后思考与练习,还针对所有的实践操作训练配套了活页型实验报告,便于技能的巩固和提高,也便于实践教学活动的开展。此外,本书还配套了教学用PPT、习题库和试卷库。提醒读者注意的是,书中上角标带*内容为选学内容。

  本书由上海工程技术大学高等职业技术学院刘建华、上海工程技术大学工程实训中心张静之主编。其中第1~5章由刘建华编写,第6章、第8章的8.7~8.9节和实验报告由张静之编写,第7章由上海工程技术大学工程实训中心陆善婷编写,第8章的8.1~8.3节由西门子工厂自动化工程有限公司袁海嵘编写,第8章的8.4~8.6节由中核建中核燃料元件有限公司电气高级工程师刘晓燕编写,第9章由广东科学技术职业学院机器人学院李明俊编写;全书由刘建华负责统稿。在编写过程中,参考了一些同行的著作并引用了一些资料,在此一并表示衷心的感谢。

  由于编者水平有限、时间仓促,错误在所难免,恳请读者提出宝贵的意见。

编 者

目录 Contents

前言

第1章 直流调速系统基础 ………………………………………………… 1

1.1 电力拖动系统的动力学基础 ……………………………………… 1
    1.1.1 电力拖动的动力学基础 …… 1
    1.1.2 生产机械的负载特性 ……… 2
    1.1.3 电力拖动系统稳定运行条件 … 3
1.2 直流电动机的电力拖动基础 …………………………………… 4
    1.2.1 他励直流电动机的机械特性 … 4
    1.2.2 他励直流电动机的调速 …… 5
1.3 直流调速系统的供电方式与调速指标 ……………………… 6
    1.3.1 直流调速系统的供电方式 … 6
    1.3.2 直流调速系统的调速指标 … 8
1.4 思考与练习 …………………………… 11

第2章 单闭环直流调速系统 …………………………………………… 12

2.1 开环直流调速系统 ………… 12
    2.1.1 开环直流调速系统的构成 …… 12
    2.1.2 晶闸管整流器供电的直流电动机开环调速特性 …… 13
    2.1.3 开环调速系统的缺陷 …… 14
2.2 转速负反馈直流调速系统 … 14
    2.2.1 转速负反馈直流调速系统的组成 ……………………… 14
    2.2.2 转速负反馈直流调速系统的分析 ……………………… 16
    2.2.3 无静差转速负反馈直流调速系统 ……………………… 20
2.3 其他形式的单闭环调速系统 …………………………………… 22
    2.3.1 电压负反馈直流调速系统 … 22
    2.3.2 带电流补偿的电压负反馈直流调速系统 …………… 23
    2.3.3 电流截止负反馈直流调速系统 ……………………… 24
2.4 小型直流电动机调速系统案例分析 ………………………… 27
2.5 思考与练习 …………………………… 29

第3章 双闭环直流调速系统 …………………………………………… 30

3.1 双闭环直流调速系统的组成 …………………………………… 30
    3.1.1 单闭环控制系统存在的问题 … 30
    3.1.2 双闭环直流调速系统的构成 … 31
3.2 双闭环直流调速系统的特性分析 ……………………………… 33
    3.2.1 稳态结构图与静特性 …… 33
    3.2.2 稳态参数计算 …………… 34
3.3 双闭环直流调速系统的动态分析 ……………………………… 35
    3.3.1 双闭环直流调速系统的起动 … 35
    3.3.2 双闭环直流调速系统的抗扰分析 ……………………… 36

3.3.3 转速调节器与电流调节器的
作用 ………………………… 37
* 3.4 转速、电流双闭环调速系统
的工程设计法 ………………… 37
3.4.1 工程设计法的基本思路 ……… 37
3.4.2 典型系统中参数与性能指标的
关系 ………………………… 38
3.4.3 非典型系统的典型化 ………… 41
3.4.4 电流环的设计 ………………… 43
3.4.5 转速环的设计 ………………… 45
3.5 思考与练习 ……………………… 47

第4章 直流可逆调速系统 ……………………………………………… 49

4.1 直流可逆调速系统概述 ………… 49
4.1.1 直流可逆调速系统的分类 …… 49
4.1.2 V-M 可逆系统中晶闸管与
电动机的工作状态 …………… 51
4.2 有环流直流可逆调速系统 …… 53
4.2.1 环流问题 …………………… 53
4.2.2 α=β工作制的系统 ………… 54
4.3 逻辑无环流直流可逆调速
系统 ……………………………… 57
4.3.1 系统组成与工作原理 ………… 57
4.3.2 无环流逻辑控制器的构成 …… 58
4.3.3 系统的优缺点 ………………… 60
4.4 欧陆514C 直流调速器的
应用 ……………………………… 60
4.4.1 欧陆514C 直流调速器端子
功能 ………………………… 60
4.4.2 欧陆514C 直流调速器面板
与功能的设定 ………………… 62
4.5 实验 ……………………………… 65
4.5.1 安装、测试欧陆514C 直流
调速器不可逆调速系统 ……… 65
4.5.2 安装、测试欧陆514C 直流
调速器可逆调速系统 ………… 66
4.6 思考与练习 ……………………… 67

第5章 直流脉宽调速系统 ……………………………………………… 68

5.1 不可逆 PWM 变换器 …………… 68
5.1.1 脉宽调制的原理 ……………… 68
5.1.2 无制动作用的不可逆 PWM
变换器 ………………………… 70
5.1.3 有制动作用的不可逆 PWM
变换器 ………………………… 70
5.2 可逆 PWM 变换电路 …………… 71
5.2.1 全桥双极式斩波控制 ………… 71
5.2.2 全桥单极式斩波控制 ………… 74
5.2.3 全桥受限单极式斩波控制 …… 75
5.3 小功率直流斩波调速系统
案例分析 ………………………… 75
5.3.1 调速系统方案的确定 ………… 75
5.3.2 主电路参数的计算与选择 …… 76
5.3.3 控制电路参数的选择 ………… 79
5.4 实验 ……………………………… 80
5.4.1 安装、测试双象限直流斩波
电路 ………………………… 80
5.4.2 安装、测试四象限直流斩波
电路 ………………………… 82
5.5 思考与练习 ……………………… 83

第 6 章　交流变频调速系统 ………… 84

6.1　三相异步电动机电力拖动基础 ………… 84
6.1.1　三相异步电动机调速的基本原理 ………… 84
6.1.2　交流异步电动机调速系统的基本类型 ………… 86
6.1.3　交流调速系统的主要性能指标 ………… 87

6.2　交流变压变频调速系统的原理 ………… 88
6.2.1　恒压频比控制方式 ………… 88
6.2.2　基频以下调速的机械特性 ………… 89
6.2.3　基频以上调速的机械特性 ………… 91

6.3　交-直-交变频电路的主要类型 ………… 92
6.3.1　交-直-交变频电路与交-交变频电路 ………… 92
6.3.2　电压型变频器与电流型变频器 ………… 94

6.4　180°导电型变频器与120°导电型变频器 ………… 95
6.4.1　180°导电型变频器 ………… 95
6.4.2　120°导电型变频器 ………… 98

6.5　正弦脉冲宽度调制控制方式 ………… 101
6.5.1　SPWM 控制的基本原理 ………… 101
6.5.2　单相 SPWM 逆变电路 ………… 101
6.5.3　三相 SPWM 逆变电路 ………… 103

6.6　SPWM 变频电路的案例分析 ………… 104
6.6.1　信号发生电路 ………… 106
6.6.2　比较电路 ………… 107
6.6.3　死区电路 ………… 107
6.6.4　驱动电路 ………… 107

6.7　思考与练习 ………… 108

第 7 章　交流变频矢量控制 ………… 110

7.1　交流电动机矢量控制的基本概念 ………… 110
7.1.1　交流电动机与直流电动机的比较 ………… 110
7.1.2　矢量控制的基本思路 ………… 112

*7.2　异步电动机动态数学模型与坐标变换 ………… 113
7.2.1　异步电动机动态数学模型的特性 ………… 113
7.2.2　坐标变换 ………… 114
7.2.3　三相异步电动机在两相坐标系上的数学模型 ………… 118
7.2.4　三相异步电动机在两相坐标系上的状态方程 ………… 122

*7.3　交流电动机的矢量控制变频调速系统 ………… 124
7.3.1　转子磁链定向矢量控制及其解耦作用 ………… 124
7.3.2　转子磁链观测模型 ………… 126
7.3.3　转差型矢量控制系统 ………… 128
7.3.4　无速度传感器的矢量控制系统 ………… 131
7.3.5　直接转矩控制系统 ………… 132

7.4　思考与练习 ………… 135

第 8 章　常见变频器的基本应用 136

8.1　通用变频器组成与分类 136
8.1.1　通用变频器组成 136
8.1.2　变频器的分类 138
8.2　变频器的选择方法与容量计算方法 139
8.2.1　变频器的选择方法 139
8.2.2　变频器的容量计算 143
8.2.3　变频器外围设备的选择方法 144
8.3　西门子 MM440 变频器 145
8.3.1　MM440 变频器简介 145
8.3.2　MM440 变频器参数设置方法 149
8.3.3　MM440 变频器常用参数简介 151
8.3.4　MM440 变频器的常用控制设置 157
8.4　西门子 G120 变频器 159
8.4.1　G120 变频器安装与接线 159
8.4.2　G120 变频器参数设置方法 163
8.4.3　G120 变频器的常用控制设置 166
8.5　三菱 FR–D740 变频器 175
8.5.1　三菱 FR–D740 变频器的安装接线与基本设置 175
8.5.2　三菱 FR–D740 变频器控制 180
8.6　安川 G7 变频器 185
8.6.1　安川 G7 变频器的安装接线与操作面板 185
8.6.2　安川 G7 变频器参数设置方法 190
8.6.3　安川 G7 变频器的常用控制设置 192
8.7　同步电动机变频调速系统 197
8.7.1　同步电动机变压变频调速的特点及其基本类型 197
8.7.2　他控变频与自控变频同步电动机调速系统 198
8.8　实验 199
8.8.1　西门子 MM440 变频器实验 199
8.8.2　西门子 G120 变频器实验 200
8.8.3　三菱 FR–D740 变频器实验 202
8.8.4　安川 G7 变频器实验 203
8.9　思考与练习 204

第 9 章　交流调压调速与串级调速系统 205

9.1　交流调压调速及应用 205
9.1.1　普通交流电动机调压调速的机械特性 205
9.1.2　异步电动机调压调速方法 206
9.1.3　转速闭环调压调速系统 209
9.2　绕线转子异步电动机串级调速系统 210
9.2.1　转差功率 210
9.2.2　异步电动机双馈调速工作原理 211
9.2.3　异步电动机双馈调速的五种工况 213
9.2.4　次同步电动状态下的双馈系统 214
9.3　思考与练习 215

参考文献 **216**

附录　实验报告（活页型）.. 217

附录 A　第 4 章实验报告 1 ……… 217　　附录 E　第 8 章实验报告 1 …… 225
附录 B　第 4 章实验报告 2 ……… 219　　附录 F　第 8 章实验报告 2 ……… 227
附录 C　第 5 章实验报告 1 ……… 221　　附录 G　第 8 章实验报告 3 …… 229
附录 D　第 5 章实验报告 2 ……… 223　　附录 H　第 8 章实验报告 4 …… 231

第1章　直流调速系统基础

[学习目标]

1. 了解单轴电力拖动系统和多轴电力拖动系统的构成，理解电力拖动系统的运动方程式、系统旋转运动的三种状态和运动方程式中转矩正负号的规定。
2. 理解负载特性的含义，理解恒转矩负载、恒功率负载、风机与泵类负载三类负载特性的特点；理解电力拖动系统稳定运行的充分必要条件。
3. 理解他励直流电动机的机械特性，掌握调节电枢供电电压 U、减弱励磁磁通 Φ 和改变电枢回路电阻 R 三种他励直流电动机调速方法的原理。
4. 了解旋转变流机组调速系统、V–M 调速系统和 PWM 调速系统的基本构成，理解这三种可控直流电源的优缺点。
5. 掌握调速系统的静态调速指标和动态调速指标。其中，静态调速指标包括调速范围 D 和静差率 s；动态调速指标包括上升时间 t_r、调节时间 t_s、超调量 σ、最大动态速降 δ_m 和恢复时间 t_v。

▶ 1.1　电力拖动系统的动力学基础

1.1.1　电力拖动的动力学基础

电力拖动系统虽然种类繁多，但都符合动力学统一规律，所以需先分析电力拖动系统的动力学问题。

在电力拖动系统中，若电动机与生产机械直接连接，则电动机的转速和生产机械的转速相等，如果忽略电动机的空载转矩 T_0，则工作机构的负载转矩就是作用在电动机转轴上的阻转矩，这样的系统称为单轴电力拖动系统。

实际上，拖动系统中电动机和工作机构之间由若干级传动机件组成，称为多轴电力拖动系统。

为了方便计算，通常将多轴电力拖动系统的传动机构和工作机构看成是一个整体，且等效为一个负载，直接作用在电动机轴上，变多轴系统为单轴系统。

1. 电力拖动系统的运动方程式

电力拖动系统运动方程式描述了系统的运动状态，系统的运动状态取决于作用在原动机转轴上的各种转矩。

根据图 1-1 所示系统（忽略空载转矩），可写出拖动系统的运动方程式为

$$T_{em} - T_L = J\frac{d\Omega}{dt} \tag{1-1}$$

式中　$J\dfrac{d\Omega}{dt}$——系统的惯性转矩；

　　　T_{em}——拖动转矩，即电磁转矩；

　　　T_L——阻转矩，即负载转矩；

　　　J——拖动系统的转动惯量；

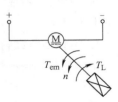

图 1-1　直流电动机拖动系统

2 自动调速系统

Ω——转动系统的角速度；

$\dfrac{\mathrm{d}\Omega}{\mathrm{d}t}$——转动系统的角加速度。

运动方程式的实用形式为

$$T_{em} - T_L = \dfrac{GD^2}{375} \cdot \dfrac{\mathrm{d}n}{\mathrm{d}t} \qquad (1\text{-}2)$$

式中 GD^2——转动系统的飞轮矩；

n——转动系统的速度。

由此可知，系统旋转运动有如下三种状态：

1）当 $T_{em} = T_L$ 或 $\dfrac{\mathrm{d}n}{\mathrm{d}t} = 0$ 时，系统处于静止或恒转速运行状态，即处于稳态。系统既不放出动能也不吸收动能。

2）当 $T_{em} > T_L$ 或 $\dfrac{\mathrm{d}n}{\mathrm{d}t} > 0$ 时，系统处于加速运行状态，即处于动态。电动机将从电网吸收的电能转换为旋转系统的动能，使系统的动能增加。

3）当 $T_{em} < T_L$ 或 $\dfrac{\mathrm{d}n}{\mathrm{d}t} < 0$ 时，系统处于减速运行状态，即处于动态。系统将放出的动能转变为电能反馈回电网，使系统的动能减少。

习惯上把 $\dfrac{GD^2}{375} \cdot \dfrac{\mathrm{d}n}{\mathrm{d}t}$ 或 $(T_{em} - T_L)$ 称为动负载转矩，把 T_L 称为静负载转矩。系统处于稳定运行状态时，如果受到外界干扰，如负载变化、电源电压变化等，运动平衡被破坏，转速将发生变化。对于一个稳定的电力拖动系统，当平衡被破坏后，应具有恢复平衡的能力，在新的平衡状态下稳定运行。

2. 运动方程式中转矩正负号的规定

在电力拖动系统中，由于生产机械负载类型的不同，电动机的运行状态也发生变化，电动机的电磁转矩并不都是驱动性质的转矩，生产机械的负载转矩也并不都是阻转矩，它们的大小和方向都可能随系统运行状态的不同而发生不同。

习惯上首先确定电动机处于电动状态时的旋转方向为转速的正方向，然后规定：

1）电磁转矩 T_{em} 与转速 n 的正方向相同时为正，相反时为负。

2）负载转矩 T_L 与转速 n 的正方向相同时为负，相反时为正。

3）惯性转矩 $\dfrac{GD^2}{375} \cdot \dfrac{\mathrm{d}n}{\mathrm{d}t}$ 的大小和正负号由 T_{em} 和 T_L 的代数和决定。

1.1.2 生产机械的负载特性

负载的转矩特性，就是负载的机械特性，简称负载特性。它表示生产机械的转速 n 与其转矩 T_L 之间的关系。

1. 恒转矩负载特性

恒转矩负载特性是指生产机械的负载转矩 T_L 与转速 n 无关的特性。根据负载转矩的方向是否与转向有关，分反抗性恒转矩负载和位能性恒转矩负载两种。

反抗性恒转矩负载特性如图 1-2 所示。

反抗性恒转矩负载的特点：负载转矩的大小恒定不变，而负载转矩的方向总是和转速的方向相反，即负载转矩始终是阻碍运动的，如起重机的行走机构、带运输机等，反抗性恒转矩负载特性位于第一和第三象限。

位能性恒转矩负载特性如图 1-3 所示。

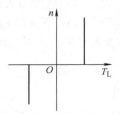 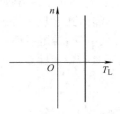

图 1-2　反抗性恒转矩负载特性图　　　图 1-3　位能性恒转矩负载特性图

位能性恒转矩负载的特点：不仅负载转矩的大小恒定不变，而且方向不随转速方向的改变而改变，当 $n>0$ 时，$T_L>0$，负载转矩为制动转矩，当 $n<0$ 时，$T_L>0$，负载转矩为驱动转矩，位能性恒转矩负载特性位于第一和第四象限。如起重机提升和下放重物时，重物产生的转矩是典型的位能性恒转矩，无论是提升还是下放重物，负载转矩的方向不变，但转速的方向改变。

2. 恒功率负载特性

恒功率负载的特点是：负载转矩与转速的乘积为一常数，即 T_L 与 n 成反比，特性曲线为一条双曲线，如图 1-4 所示。即转速升高时，负载转矩减小；转速下降时，负载转矩增大，如车床切削加工，粗加工时，切削量大，切削阻力大，负载转矩大，做低速切削；精加工时，切削量小，切削阻力小，负载转矩小，做高速切削。

3. 风机与泵类负载特性

负载的转矩 T_L 基本上与转速 n 的二次方成正比。负载特性为一条抛物线，如图 1-5 所示。实际通风机类负载除了具有主要的通风机负载特性外，转轴上还有一定的摩擦转矩，所以往往是几种转矩特性的综合。

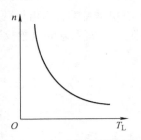 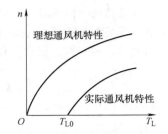

图 1-4　恒功率负载特性　　　　图 1-5　风机与泵类负载特性

1.1.3　电力拖动系统稳定运行条件

处于某一转速下运行的电力拖动系统，由于受到某种扰动，导致系统的转速发生变化而离开原来的平衡状态，如果系统能在新的条件下达到新的平衡状态，或者当扰动消失后系统回到原来的转速下继续运行，则系统是稳定的，否则系统是不稳定的。

一个电力系统是否稳定，是由电动机机械特性与负载转矩特性的配合情况决定的。

稳定运行的情况如图 1-6 所示，在 A 点，系统平衡，$T_{em}=T_L$。若扰动使转速有微小增量，转速由 n_A 上升到 n_A'，$T_{em}<T_L$，扰动消失，系统减速，回到 A 点运行；若扰动使转速有微小下降，由 n_A 下降到 n_A''，$T_{em}>T_L$，扰动消失，系统加速，回到 A 点运行。可见，在 A 点，电动机具有稳定性。

不稳定运行的情况如图 1-7 所示。在 B 点，系统平衡，$T_{em} = T_L$，扰动使转速有微小增量，转速由 n_B 上升到 n'_B，$T_{em} > T_L$，系统加速。随着转速上升，电磁转矩继续增大，系统一直加速，即使扰动消失，也不能回到 B 点运行。扰动使转速有微小下降，由 n_B 下降到 n''_B，$T_{em} < T_L$，系统减速。随着转速下降，电磁转矩减小，一直到 0 为止。即使扰动消失，也不能回到 B 点运行。可见，在 B 点电动机不具有稳定性。

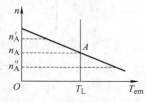
图 1-6　稳定运行的情况

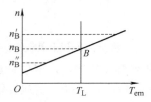
图 1-7　不稳定运行的情况

由此可知，电力拖动系统稳定运行的充分必要条件是：

1）必要条件：电动机的机械特性与负载的转矩特性必须有交点，即存在 $T_{em} = T_L$。

2）充分条件：在交点处，满足：$\dfrac{dT_{em}}{dt} < \dfrac{dT_L}{dt}$。或者说，在交点对应的转速以上存在 $T_{em} < T_L$，在交点对应的转速以下存在 $T_{em} > T_L$。

注意：以上条件，无论对直流电动机还是对交流电动机都适用，具有普遍的意义。

▶ 1.2　直流电动机的电力拖动基础

1.2.1　他励直流电动机的机械特性

他励直流电动机当电枢电压 $U = U_N$（额定电压），励磁磁通 $\Phi = \Phi_N$（额定励磁磁通），电枢回路总电阻 $R = R_a$（电动机电枢电阻）时的机械特性称为固有机械特性，即电枢两端加额定电压 U_N，励磁绕组中通入额定励磁电流 I_{fN}，电枢回路没有串电阻时，如果忽略电枢反应，则气隙每极磁通量为额定值时的机械特性，也称为自然机械特性。

$$n = \frac{U_N}{K_e \Phi_N} - \frac{R_a}{K_e K_T \Phi_N^2} T_{em} \tag{1-3}$$

式中　n——转速；

K_e——电动势常数；

K_T——转矩常数。

或

$$n = \frac{U_N}{K_e \Phi_N} - \frac{R_a}{K_e \Phi_N} I_a \tag{1-4}$$

式中　I_a——电枢电流。

由于电枢电阻很小，特性曲线斜率很小，所以固有机械特性是硬特性，如图 1-8 所示。

他励直流电动机固有机械特性具有以下几个特点：

1）随着电磁转矩 T_{em} 的增大，转速 n 降低，其特性是略向下倾斜的直线。

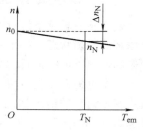
图 1-8　固有机械特性

2）当 $T_{em}=0$ 时，$n=n_0=\dfrac{U_N}{K_e\Phi_N}$ 为理想空载转速。

3）机械特性斜率 $\beta=\dfrac{R_a}{K_e K_T \Phi_N^2}$，其值很小，特性较平，习惯上称为硬特性。

4）当 $T_{em}=T_N$，$n=n_N$ 时，此点为电动机的额定工作点，此时转速差 $\Delta n=n_0-n_N=\beta T_N$，为额定转速差。一般 $\Delta n\approx 0.05 n_N$。

5）$n=0$，即电动机起动时感应电动势 $E_a=K_e\Phi n=0$，此时的电枢电流称为起动电流，电磁转矩 T_{em} 为起动转矩。由于电枢电阻很小，起动电流比额定值大很多（可达几十倍），会给电动机和传动机构等带来冲击性的危害。

1.2.2 他励直流电动机的调速

直流电动机具有良好的起动、制动性能，适宜在大范围内平滑调速，在许多需要调速和快速正反转的电力拖动领域中得到了广泛的应用。

1）调速：在一定的最高转速和最低转速范围内，分档地（有级）或平滑地（无级）调节转速。

2）稳速：以一定的精度在所需转速上稳定运行，在各种干扰下不允许有过大的转速波动，以确保产品质量。

3）加、减速：频繁起动、制动的设备要求加、减速尽量快，以提高生产率；不宜经受剧烈速度变化的机械则要求起动、制动尽量平稳。

根据直流电动机转速方程

$$n=\dfrac{U-I_d R}{K_e \Phi_N}=\dfrac{U}{K_e \Phi_N}-\dfrac{R}{K_e \Phi_N}I_d=n_0-\Delta n \tag{1-5}$$

可以看出，有以下三种方法调节电动机的转速：

1. 调节电枢供电电压 U

保持 R 与 Φ_N 不变，只改变电枢电压 U，此时 $n_0=\dfrac{U}{K_e\Phi_N}$，即 n_0 随 U 变化，而 $\Delta n=\dfrac{R}{K_e\Phi_N}I_d$ 不变。随着 U 的改变，曲线是一组平行线，如图1-9所示。由于电枢电压 U 不能超过额定电压 U_N，故调节电枢电压只能在额定转速以下调速，且电压越低，转速越低，同时特性硬，调速精度高。这种调速方式最常用，习惯上又把这种调速方式称为调压调速。

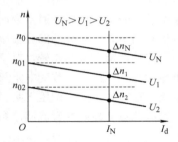

图1-9 调压调速系统特性图

采用调压调速的优点是：电源电压能够平滑调节，可实现无级调速。调速前后的机械特性的斜率不变，硬度较高，负载变化时稳定性好。无论轻载还是负载，调速范围 D 相同，一般 D 在 $2.5\sim 12$ 之间，且电能损耗较小。缺点是：需要一套电压可连续调节的直流电源，设备费用较高，投资大，维修较复杂。

2. 减弱励磁磁通 Φ

保持电枢回路电阻 R 与 U 不变，只改变励磁磁通 Φ，此时 $n_0=\dfrac{U}{K_e\Phi}$，即 n_0 随励磁磁通 Φ 变化，而 $\Delta n=\dfrac{R}{K_e\Phi}I_d$ 也随励磁磁通 Φ 变化，如图1-10所示。由于励磁磁通 Φ 不能超过额定励磁磁通 Φ_N，故励磁磁通 Φ 只能减小，因此 n_0 增大。故只能在额定转速以上调速，且磁通越小，转速越高,同时特性软,调速精度低,这种调速方式一般不单独使用。习惯上将这种调速方式称为弱磁升速。

采用弱磁升速的优点是:由于在电流较小的励磁回路中进行调节,因而控制方便,能量损耗小,设备简单,调速平滑性好。弱磁升速后电枢电流增大,电动机的输入功率增大,但由于转速升高,输出功率也增大,电动机的效率基本不变,因此经济性比较好。缺点是:机械特性的斜率变大,特性变软;转速的升高受到电动机换向能力和机械强度的限制,升速范围不可能很大,一般情况下 $D \leqslant 2$。

3. 改变电枢回路电阻 R

保持 Φ_N 与 U 不变,只改变电枢回路电阻 R,此时 $n_0 = \dfrac{U}{K_e \Phi_N}$ 不变,而 $\Delta n = \dfrac{R}{K_e \Phi_N} I_d$ 随电枢回路电阻 R 变化,如图 1-11 所示。由于电枢回路电阻 R 只能外接附加电阻增大,故只能在额定转速以下调速,且电阻越大,转速越低。这种调速方式特性软,调速精度低,通常外接附加电阻为分段电阻,因此为有级调速,一般很少采用。习惯上将这种调速方式称为电枢回路串电阻调速。

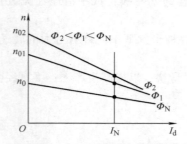
图 1-10 减弱磁通系统特性图

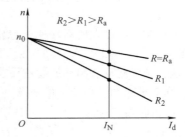
图 1-11 改变电枢回路电阻调速系统特性图

采用电枢回路串电阻调速的优点是:设备简单,操作方便;缺点是:由于电阻只能分段调节,所以调速的平滑性差。低速时特性曲线斜率大,静差率大,所以转速的相对稳定性差。轻载时调速范围小,一般情况下额定负载时调速范围 $D \leqslant 2$。同时损耗大,效率低,不经济。对恒转矩负载,调速前后因磁通不变而使电磁转矩和电枢电流不变,输入功率不变,输出功率却随转速的下降而下降,减少的部分被串联电阻消耗了。

三种调速方法的比较:对于要求在一定范围内无级平滑调速的系统来说,以调节电枢供电电压的方式为最好。改变电阻只能实现有级调速;减弱磁通虽然能够实现平滑调速,但调速范围不大,往往只是配合调压方案,在基速(即电动机额定转速)以上做小范围的弱磁升速。

因此自动控制的直流调速系统往往以调压调速为主。

▶ 1.3 直流调速系统的供电方式与调速指标

1.3.1 直流调速系统的供电方式

由 1.2.2 节分析可知,调压调速是直流调速系统用的主要调速方法,要调节电枢供电电压就需要有专门的可控直流电源。一般自动控制系统中常用的可控直流电源调速系统有以下三种:

1. 旋转变流机组调速系统

旋转变流机组调速系统又称为 G-M 调速系统。采用交流电动机和直流发电机组成机组,以获得可调的直流电压。图 1-12 所示为旋转变流机组和由它供电的直流调速系统原理图。该系统由一台交流电动机拖动直流发电机 G,再由直流发电机 G 对需要调速的直流电动机 M 进行供电,调节直流发电机 G 的励磁电流 I_f 即可改变其输出电压 U，从而达到调节电动机的转速 n 的目的。这样的调节系统简称 G-M 系统。为了给直流发电机 G 和电动机 M 提供励磁，通常要专门设置一台直流励磁发电机 GE，可装在变流机组同轴上，也可用另外一台交流电动机拖动。

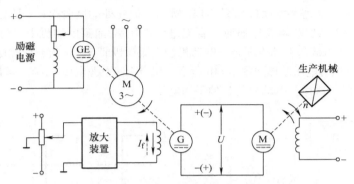

图 1-12 旋转变流机组供电的直流调速系统（G-M 系统）

当被控负载对系统的调速性能要求不高时，励磁电流 i_f 可直接由励磁电源供电。但对要求较高的闭环调速系统，一般都要通过放大装置进行控制。G-M 系统的放大装置多采用电机型放大器（如交磁放大机）和磁放大器，当需要进一步提高放大器放大倍数时，还可增设前级放大（通常用电子放大器）。

由于 G-M 系统需要旋转变流机组，其中至少包含两台与调速电动机容量相当的旋转电机，还要有一台励磁发电机，因而具有设备多、体积大、效率低、费用高、安装复杂、运行噪声大、维护不方便的缺点。

2. 晶闸管-电动机调速系统

用静止可控整流器，例如晶闸管可控整流器，以获得可调的直流电压。图 1-13 所示为晶闸管-电动机调速系统，简称 V-M 系统，是近年来直流调速系统的主要形式。

图中 V 是晶闸管可控整流器，通过调节触发脉冲装置 GT 的控制电压来移动触发脉冲的相位，达到改变整流器输出电压 U_d 的目的，从而实现平滑调速。

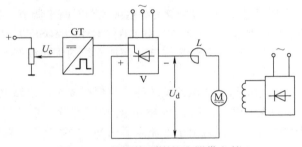

图 1-13 晶闸管可控整流器供电的直流调速系统（V-M 系统）

晶闸管可控整流器的功率放大倍数很大，一般在 10^4 以上，其门极电流可以直接用晶体管驱动，不需要较大的功率放大装置，控制上具用良好的快速性，大大提高了系统的动态性能。

晶闸管整流器的缺点主要表现在：

1）由于晶闸管具有单向导电性，即不允许电流反向，给系统的可逆运行造成困难。

2）晶闸管器件过载能力差，对过电压、过电流及过高的电压上升率、电流上升率，任一指标超过允许值都可能在短时间内造成晶闸管器件损坏。

3）当系统处于深调速状态以较低速运行时，晶闸管的导通角很小，使系统的功率因数很低，且会产生较大的谐波电流，导致电网电压发生畸变，殃及附近的用电设备，造成所谓的"电力公害"。

3. PWM 调速系统

PWM 调速系统用恒定直流电源或不控整流电源供电,利用直流斩波器或脉宽调制变换器产生可变的直流平均电压。

采用晶闸管直流斩波器基本原理如图 1-14a 所示。但此处晶闸管 VT 不是受相位控制的,而是工作在开关状态。当 VT 被触发导通时,直流电源电压 U_s 加到电动机上,电动机在全压下运行;当 VT 关断,直流电源与电动机断开,电动机经续流二极管 VD 续流,两端电压接近于零。如此不断重复,使得电枢端电压波形如图 1-14b 所示,相当于使电源电压 U_s 在一段时间 $(T - t_{on})$ 内被斩断后形成的波形。这样,电动机得到的平均电压为

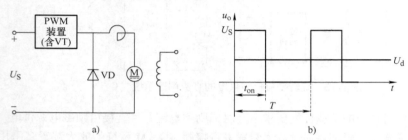

图 1-14 晶闸管直流斩波器原理图和电压波形
a) 原理图 b) 电压波形

$$U_d = \frac{t_{on}}{T} U_s = \rho U_s \tag{1-6}$$

式中 ρ ——占空比。

晶闸管一旦导通,门极失去控制作用,因此不能再用门极触发信号将它关断。若要关断晶闸管,必须在阳极和阴极之间加反向电压,这需要附加强迫管断电路。可见,直流斩波器的平均电压 U_d 可以通过改变主晶闸管的导通或关断时间来调节。实际应用中,常用既可控制开通又可控制关断的全控型电力电子器件(如 GTO、GTR、MOSFET、IGBT 等)来替代晶闸管和强制关断电路。

与 V-M 系统比较,PWM 调速系统的优缺点如下。

优点:

1) 由于 PWM 调速系统的开关频率较高,仅靠电枢电感的滤波作用就可能就足以获得脉动较小的直流电流,因此电枢电流容易连续,系统的低速运行较平稳,调速范围较宽,可达 1:10000 左右。同时由于电流波形比 V-M 系统好,在相同的平均电流(即相同的输出转矩)下,电动机的损耗和发热都较小。

2) 由于 PWM 中的电力电子器件开关频率高,若与快速响应的电动机配合,则可使系统可以获得很宽的频带,快速响应性能好,动态抗扰能力强。

3) 由于电力电子器件只工作在开关状态,主电路损耗较小,PWM 控制装置效率较高。

缺点:受到器件容量的限制,直流 PWM 调速系统目前只用于中、小功率的系统。

1.3.2 直流调速系统的调速指标

调速系统的调速指标通常分为静态调速指标和动态调速指标两类。

1. 静态调速指标

(1) 调速范围

额定负载下,生产机械要求电动机提供的最高转速与最低转速之比称为调速范围,用大写

字母 D 表示，即

$$D = \frac{n_{\max}}{n_{\min}} \tag{1-7}$$

式中 $n_{\max}$——电动机的最高转速。通常为电动机铭牌上所标的额定转速 n_N；

$n_{\min}$——电动机的最低转速。

通常要求调速范围 D 要尽量大一些，即调速范围比较宽。

不同的生产机械对调速范围要求不同，要扩大调速范围，必须尽可能提高电动机的 $n_{\max}$ 和降低 $n_{\min}$，但电动机的最高转速 $n_{\max}$ 受电动机机械强度、电压等级和换向等因素影响，一般在额定转速以上，转速提高的范围不大。而最低转速 $n_{\min}$ 受到低速时的相对稳定性的限制。

（2）静差率

当系统在某一转速下运行时，负载由理想空载增加到额定值时所对应的转速降 Δn_N，与理想空载转速 n_0 之比，称作静差率 s，如图1-15所示。

$$s = \frac{\Delta n_N}{n_0} \times 100\% \tag{1-8}$$

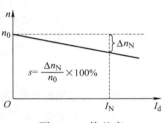

图1-15 静差率

静差率越小，转速降越小，系统的抗扰能力越强，相对稳定性越好。静差率和机械特性硬度是有区别的。一般调压调速系统在不同转速下的机械特性是互相平行的。对于同样硬度的特性，理想空载转速越低时，静差率越大，转速的相对稳定度也就越差。

例如，在1000r/min时转速降10r/min，s 只占1%；在100r/min时同样转速降10r/min，s 就占10%；如果在只有10r/min时，再转速降10r/min，s 就占100%，这时电动机已经停止转动，转速全部下降完毕。

因此，调速范围和静差率这两项指标并不是彼此孤立的，必须同时提才有意义。调速系统的静差率指标应以最低速时所能达到的数值为准。

（3）调速范围、静差率和额定转速降之间的关系

设电动机额定转速 n_N 为最高转速，转速降为 Δn_N，则按照上面分析的结果，该系统的静差率应该是最低速时的静差率，即

$$s = \frac{\Delta n_N}{n_{0\min}} = \frac{\Delta n_N}{n_{\min} + \Delta n_N} \tag{1-9}$$

于是最低转速为

$$n_{\min} = \frac{\Delta n_N}{s} - \Delta n_N = \frac{(1-s)\Delta n_N}{s} \tag{1-10}$$

而调速范围为

$$D = \frac{n_{\max}}{n_{\min}} = \frac{n_N}{n_{\min}} \tag{1-11}$$

将式(1-10)代入式(1-11)，得

$$D = \frac{n_N s}{(1-s)\Delta n_N} \tag{1-12}$$

式(1-12)为调压调速系统的调速范围、静差率和额定转速降之间所应满足的关系。对于同一个调速系统，n_N、Δn_N 值一定，由式(1-12)可见，如果对静差率要求越严，即要求 s 越小时，系统能够允许的调速范围也越小。一个调速系统的调速范围，是指在最低速时还能满足所需静差率的转速可调范围。换句话说：在保证一定的静差率指标的前提下，要扩大调速范围 D，就必

须减少 Δn_N，即提高机械特性的硬度。

2. 动态调速指标

动态调速指标是指在给定控制信号和扰动信号作用下，控制系统输出动态响应中的各项指标。动态调速指标分成给定控制信号和扰动信号作用下两类性能指标。

（1）给定控制信号作用下的动态主要性能指标

系统在单位阶跃给定控制信号作用下的动态响应曲线如图 1-16 所示。

1）上升时间（响应时间）t_r 是从加上阶跃给定的时刻起到系统输出量第一次达到稳态值所需的时间。

2）调节时间（过渡过程时间）t_s 是从加上阶跃给定的时刻起到系统输出量进入（并且不再超出）其稳态值的 ±5%（或 ±2%）允许误差范围之内所需的最短时间。

3）超调量 σ 是指在动态过程中系统输出量超过其稳态值的最大偏差值 C_{max} 与稳态值 C_∞ 之比，通常用百分数表示。

$$\sigma = \frac{C_{max} - C_\infty}{C_\infty} \times 100\% \tag{1-13}$$

超调量 σ 指标用来表征系统的相对稳定性，超调量 σ 小表示系统的稳定性好。t_r 用来表征系统动态过程的快速性，t_r 越小表示系统快速性越好。这两者往往是互相矛盾的，减少了超调量 σ，就导致 t_r 增加，也就延长了过渡过程时间。反之，加快过渡过程时间，减小 t_r 时间，却又增加了超调量 σ。

（2）扰动信号作用下的动态主要性能指标

系统在突加阶跃扰动作用下动态响应曲线如图 1-17 所示。

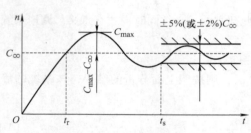
图 1-16 给定控制信号作用下的动态主要性能指标

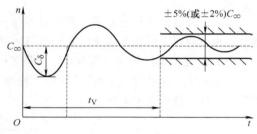
图 1-17 扰动信号作用下的动态主要性能指标

1）最大动态速降 δ_m 对应在突加阶跃扰动作用下，系统的输出响应的动态速降 C_δ 的最大值，常用百分数表示。

$$\delta_m = \frac{C_\infty - C_\delta}{C_\infty} \times 100\% \tag{1-14}$$

2）恢复时间 t_V 是从加上突加阶跃扰动的时刻起到系统输出量进入原稳态值的 95% ~ 105%（或 98% ~ 102%）范围内，即与稳态值之差 ±5% 或（±2%）所需的最短时间。最大动态速降越小，恢复时间 t_V 越小，说明系统的抗扰能力越强。

3. 其他指标

（1）调速的平滑性

在一定的调速范围内，调速的级数越多，调速越平滑。调速的平滑性用平滑系数来表示，为相邻两级转速之比，即

$$\varphi = \frac{n_i}{n_{i-1}} \tag{1-15}$$

φ 越接近 1，平滑性越好，当 $\varphi = 1$ 时，称为无级调速，即转速可以连续调节。调速不连续时，级数有限，称为有级调速。

（2）调速的经济性

主要指调速设备的投资、运行效率及维修费用等。在满足一定的技术指标下，力求投资设备少、电能损耗小，维护方便以及电动机在调速时能否得到充分利用等。

▶ 1.4　思考与练习

1. 简述电力拖动系统的运动方程式，并说明系统旋转运动的三种状态。
2. 简述电力拖动系统的运动方程式中转矩正负号的规定。
3. 负载转矩特性的含义是什么？恒转矩负载特性、恒功率负载特性和风机与泵类负载特性各有什么特点？
4. 电力拖动系统稳定运行的充分必要条件是什么？
5. 简述他励直流电动机的三种调速方法。
6. 与 V–M 系统比较，PWM 调速系统有哪些优点？
7. 名词解释：调速范围 D、静差率 s、上升时间 t_r、调节时间 t_s、超调量 σ、最大动态速降 δ_m 和恢复时间 t_v。
8. 简述调速范围、静差率和额定速降之间的关系。

第 2 章 单闭环直流调速系统

[学习目标]

1. 掌握开环直流调速系统的结构，理解系统中各环节的功能，了解 V–M 系统的功能和优缺点；掌握闭环直流调速系统的构成，理解闭环控制系统中各环节的功能和作用。

2. 理解有静差转速负反馈直流调速系统的组成，能够根据系统的构成绘制闭环控制系统框图和系统稳态结构图；能够根据负载的变化和电源电压的变化分析系统的调节过程。

3. 掌握并独立完成有静差转速负反馈直流调速系统静特性的分析；理解系统三个基本特征。

4. 掌握比例（P）调节器、积分（I）调节器和比例积分（PI）调节器的作用。

5. 理解无静差转速负反馈直流调速系统的构成，能够根据系统的构成绘制闭环控制系统稳态结构图；能够根据负载的变化分析系统的调节过程；完成系统静特性的分析。

6. 理解电压负反馈直流调速系统、带电流补偿的电压负反馈直流调速系统和电流截止负反馈的构成，能够根据各系统的构成绘制对应的闭环控制系统稳态结构图；能够完成系统工作过程的分析。

▶ 2.1 开环直流调速系统

2.1.1 开环直流调速系统的构成

图 2-1 所示为晶闸管-电动机速度控制系统（V–M 系统）。图中，电动机是被控对象，转速 n 是要求实现自动控制的物理量，称为被控量（输出量），转速给定 U_n^* 为系统输入量。当系统输入端给定一个电压 U_n^*（输入量）时，电动机就有对应一个转速 n（输出量）。当给定电压 U_n^* 增大时，通过触发器 GT 使晶闸管整流装置的控制角 α 减小，晶闸管整流装置输出电压 U_d 增加，电动机的转速增加。

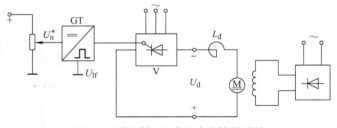

图 2-1　晶闸管-电动机速度控制系统
U_{lf}—触发脉冲电压

开环系统对应的系统框图如图 2-2 所示。图中，作用于系统输入端的量 U_n^* 为输入量，作用于被控对象（电动机）的量 U_d 称为控制量，转速 n 是被控制的输出量，亦称为被控量。

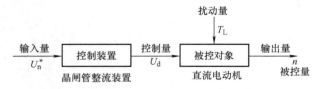

图 2-2　晶闸管-电动机速度控制系统框图

作用于被控对象（电动机）的负载转矩 T_L 称为扰动量。从理论上来说，所有使被控量（转速 n）偏离给定值的因素都是扰动，如电源电压的波动、电动机励磁电流的变化等因素在转速给定值 U_n^* 不变时，都将引起被控量

(转速 n)的变化。

为了分清主次,把各种扰动分为主扰动和次扰动,系统分析时主要考虑主扰动。对于图 2-1 所示直流电动机控制系统,电动机负载转矩 T_L 为主扰动。上述控制系统输出量(被控量)只能受控于输入量,输出量不反送到输入端参与控制的系统称为开环控制系统。

开环控制系统可以按给定量控制方式组成系统,也可以按扰动控制方式组成系统。图 2-1 所示开环控制系统是按给定量控制的开环控制系统。

按扰动控制方式组成的开环控制系统,用仪器仪表来测量扰动,使系统按照扰动进行控制,以减小或抵消扰动对输出量的影响,这种开环控制系统也称之为前馈控制系统。前馈控制系统是利用可测量的扰动量产生一种补偿作用,能针对扰动迅速调整控制量,使被控量及时得到调整,以提高抗扰性能和控制精度。

按给定量控制的开环控制系统结构简单、调整方便、成本低,但控制系统抗扰性能差,控制精度低,往往不能满足生产要求。

由于在加工过程中负载转矩变化而产生不同的转速降,从而引起转速波动,造成加工精度差,不能满足生产要求。为了提高抗扰性能和控制精度,可采用闭环控制(反馈控制)系统。

2.1.2 晶闸管整流器供电的直流电动机开环调速特性

晶闸管整流器供电时由于电流波形的脉动,可能出现电流连续和断续两种情况,这是 V-M 系统的又一个特点。当 V-M 系统主电路有足够大的电感量,而且电动机的负载也足够大时,整流电流便具有连续的脉动波形。当电感量较小或负载较轻时,在某一相导通后电流升高的阶段里,电感中的储能较少;等到电流下降而下一相尚未被触发以前,电流已经衰减到零,于是,便造成电流波形断续的情况。

当电流连续时,V-M 系统的机械特性方程式为

$$U_{d0} = \frac{m}{\pi} U_m \sin \frac{\pi}{m} \cos\alpha \qquad (2-1)$$

式中 α——从自然换相点算起的触发脉冲控制角;

U_m——$\alpha = 0$ 时的整流电压波形峰值;

m——交流电源一周内的整流电压脉波数。

对于不同的整流电路,整流电压的数值见表 2-1。

表 2-1 不同整流电路的整流电压值

整流电压	单相全波	三相半波	三相全波	六相半波
U_m	$\sqrt{2} U_2$	$\sqrt{2} U_2$	$\sqrt{6} U_2$	$\sqrt{2} U_2$
m	2	3	6	6
U_{d0}	$0.9 U_2 \cos\alpha$	$1.17 U_2 \cos\alpha$	$2.34 U_2 \cos\alpha$	$1.35 U_2 \cos\alpha$

改变控制角 α 可得一组平行直线,如图 2-3 所示。图中电流较小的部分画成虚线,表明这时电流波形可能断续,式(2-1)已经不适用了。

只要电流连续,晶闸管可控整流器就可以看成是一个线性的可控电压源。

图 2-4 绘出了完整的 V-M 系统机械特性,分为电流连续区和电流断续区。由图 2-4 可见,电流连续区时,特性还比较硬;断续区时特性很软,而且呈显著的非线性,理想空载转速翘得很高,如图 2-4 所示。

在进行调速系统的分析和设计时,可以把晶闸管触发和整流装置当作系统中的一个环节来看待。

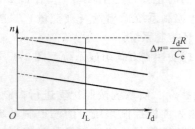

图 2-3 改变控制角 α 得一组平行直线

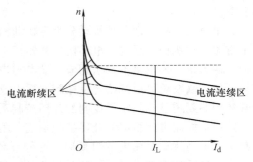

图 2-4 V-M 系统机械特性

在 V-M 系统中,脉动电流会产生脉动的转矩,对生产机械不利,同时也增加电动机的发热。为了避免或减轻这种影响,须采用抑制电流脉动的措施,主要有设置平波电抗器、增加整流电路相数和采用多重化技术。

2.1.3 开环调速系统的缺陷

若可逆直流脉宽调速系统是开环调速系统,那么调节控制电压就可以改变电动机的转速。如果负载的生产工艺对运行时的静差率要求不高,这样的开环调速系统都能实现一定范围内的无级调速,可以找到一些用途。

但是,许多需要调速的生产机械常常对静差率有一定的要求。在这些情况下,开环调速系统往往不能满足要求。

【例 2-1】 某龙门刨床工作台拖动采用直流电动机,其额定数据如下:60kW、220V、305A、1000r/min,采用 V-M 系统,主电路总电阻 $R = 0.18\Omega$,电动机电动势系数 $C_e = K_e \Phi_N = 0.2 \text{V} \cdot \text{min/r}$。如果要求调速范围 $D = 20$,静差率为 5%,采用开环调速能否满足要求?若要满足这个要求,系统的额定速降最多能有多少?

解:当电流连续时,V-M 系统的额定速降为

$$\Delta n_N = \frac{I_{dN}R}{K_e \Phi_N} = \frac{I_{dN}R}{C_e} = \frac{305 \times 0.18}{0.2} \text{r/min} = 275 \text{r/min}$$

开环系统机械特性连续段在额定转速时的静差率为

$$s_N = \frac{\Delta n_N}{n_N + \Delta n_N} = \frac{275}{1000 + 275} = 0.216 = 21.6\%$$

该静差率已大大超过了 5% 的要求,高速时已不能满足静差率要求,低速时更加无法满足要求。如果要求 $D = 20$,$s \leq 5\%$,则

$$\Delta n_N = \frac{n_N s}{D(1-s)} \leq \frac{1000 \times 0.05}{20 \times (1-0.05)} \text{r/min} = 2.63 \text{r/min}$$

可以看出,开环调速系统的额定速降是 275r/min,而生产工艺要求的速降却只有 2.63r/min,相差几乎百倍。由此可见,开环调速已不能满足要求,需采用反馈控制的闭环调速系统来解决这个问题。

2.2 转速负反馈直流调速系统

2.2.1 转速负反馈直流调速系统的组成

开环调速系统抗扰能力差,当电动机的负载或电网电压发生波动时,电动机的转速就会随

之改变，即转速不够稳定，因此开环调速只能应用于负载相对稳定、对调速系统性能要求不高的场合。

根据自动控制理论，要想使被控量保持稳定，可将被控量反馈到系统的输入端，构成负反馈闭环控制系统。将直流电动机的转速检测出来，反馈到系统的输入端，可构成转速负反馈直流调速系统。

闭环控制系统的基本元件，一般可由给定元件、比较元件、放大校正元件、执行元件、被控对象和检测反馈元件组成，如图 2-5 所示。

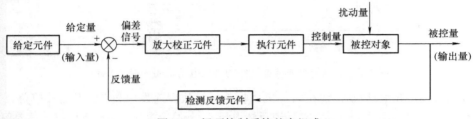

图 2-5　闭环控制系统基本组成

图中，⊗ 代表比较元件，它将检测反馈元件检测到的被控量的反馈量与给定量进行比较，"－"表示给定量与反馈量极性相反，即负反馈，"＋"表示给定量与反馈量极性相同，即正反馈。

信号从输入端沿箭头方向达到输出端的传输通道称为前向通道，系统输出量经检测元件反馈到输入端传输通道称为反馈通道。

各类元件作用如下：

1）给定元件：给出与希望的被控量相对应的系统输入量（给定量）。

2）比较元件：把检测反馈元件检测的被控量实际值的反馈量与给定元件给出的给定量进行比较，求出它们之间的偏差信号。

3）放大校正元件：对偏差信号进行放大与运算，校正输出一个按一定规律变化的控制信号，以提高系统的稳态性能和动态性能。放大校正元件可采用运算放大器、电阻和电容组成。

4）执行元件：根据放大校正元件单元的输出信号产生一个具有一定功率并能够被被控对象接受的控制量，使被控量与希望值趋于一致。

5）被控对象：自动控制系统中需要进行控制的设备或生产过程，它接受控制量，输出被控量，如电动机。

6）检测反馈元件：对被控量进行检测并输出反馈量。如果这个物理量是非电量，一般需再转换为电量，如测速发电机用于检测电动机转速并转换成直流电压。

自动控制系统的信号包括给定量（输入量）、反馈量、偏差信号、控制量、被控量（输出量）、扰动量等，各种信号作用如下：

1）给定量（输入量）：给定元件的输出信号，实际输入到系统的输入量。

2）反馈量：检测反馈元件的输出信号，与被控量成某种函数关系，一般是成比例关系。

3）偏差信号：它由比较元件产生，是给定量和反馈量的比较值。

4）控制量：执行元件的输出信号，作用于被控对象的信号，通常是具有一定的功率，并且能够被被控对象所接受的一种物理量。

5）被控量（输出量）：它是系统要求实现自动控制的物理量，是系统的输出量。

6）扰动量：它往往是外部扰动信号，影响被控量的控制精度，使被控量偏离希望值。

2.2.2 转速负反馈直流调速系统的分析

图 2-6 所示为晶闸管整流装置供电的直流电动机闭环控制系统。

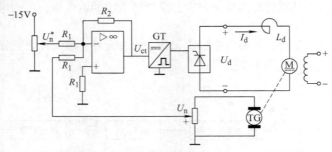

图 2-6　晶闸管整流装置供电的直流电动机闭环控制系统

测速发电机 TG 与电动机 M 装在同一机械轴上,并从测速发电机 TG 引出转速负反馈电压 U_n,此电压正比于电动机的转速 n。该转速反馈电压 U_n 与给定电压 U_n^* 进行比较,其差值 $\Delta U_n = U_n^* - U_n$ 经调节放大器后输出控制电压 U_{ct},经触发器 GT 控制晶闸管变流器的输出电压 U_d 从而控制电动机转速 n,使转速 n 与转速给定值趋于一致。图 2-6 所示直流电动机闭环控制系统的框图如图 2-7 所示。

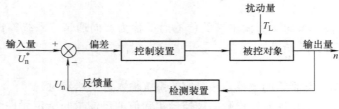

图 2-7　闭环控制系统框图

根据自动控制原理,反馈控制的闭环系统是按被调量的偏差进行控制的系统,只要被调量出现偏差,它就会自动产生纠正偏差的作用。调速系统的转速降落正是由负载引起的转速偏差,显然,引入转速闭环将使调速系统应该能够大大减少转速降落。

当负载增加时,电动机因负载增加而转速 n 下降,则转速反馈电压 U_n 减小。由于转速给定电压 U_n^* 不变,偏差 $\Delta U_n = U_n^* - U_n$ 增加,通过调节放大器,使晶闸管变流器输出电压 U_d 增加,从而使电动机的转速 n 回升。该调节过程可以表示为:

$$负载\uparrow \to I_d\uparrow \to n=\frac{U_d-I_dR}{C_e}\downarrow \to U_n\downarrow \to \Delta U_n\uparrow \to U_{ct}\uparrow \to U_d\uparrow$$
$$n\uparrow \hookleftarrow$$

由此可见,当 U_n^* 不变而电动机转速 n 由于某种原因而产生变化时,可通过转速负反馈自动调节电动机转速 n 而维持稳定,从而提高了控制精度。

同样可分析电网电压下降时系统的抗扰性能。电网电压下降时,整流装置输出电压 U_d 减小,电动机转速下降,系统调节过程如下:

$$U_d\downarrow \to n=\frac{U_d-I_dR}{C_e}\downarrow \to U_n\downarrow \to \Delta U_n\uparrow \to U_{ct}\uparrow \to U_d\uparrow$$
$$n\uparrow \hookleftarrow$$

比较图 2-2 所示开环控制系统和图 2-5 所示闭环控制系统可以发现,闭环控制系统与开环控制系统最大的差别在于闭环控制系统存在一条从被控量（转速 n）经过检测反馈元件（测速发电机）到系统输入端的通道，这条通道称为反馈通道。闭环控制系统有以下三个重要功能：

2-1 转速负反馈直流调速系统调节过程

1）检测被控量。
2）将被控量检测所得的反馈量与给定值进行比较得到偏差。
3）根据偏差 ΔU_n 对被控制量进行调节。

综上所述，闭环控制系统建立在负反馈基础上，按偏差进行控制，当系统由于某种原因使被控制量偏离希望值而出现偏差时，必定会产生一个相应的控制作用来减小或消除这个偏差，使被控制量与希望值趋于一致。

假定忽略各种非线性因素，并假定系统中各环节的输入-输出关系都是线性的，或者只取其线性工作段，同时忽略控制电源和电位器的内阻，可以分析闭环调速系统的稳态特性，以确定它如何能够减少转速降。

转速负反馈直流调速系统中各环节处于稳态时，电压比较环节输出电压

$$\Delta U_n = U_n^* - U_n \tag{2-2}$$

设反馈系数为 α，则测速反馈环节的反馈电压

$$U_n = \alpha n \tag{2-3}$$

将式(2-3)代入式(2-2)可得

$$\Delta U_n = U_n^* - U_n = U_n^* - \alpha n \tag{2-4}$$

设放大器的电压放大系数为 K_p，则放大器构成的调节器输出电压

$$U_{ct} = K_p \Delta U_n \tag{2-5}$$

将式(2-4)代入式(2-5)可得

$$U_{ct} = K_p \Delta U_n = K_p (U_n^* - \alpha n) \tag{2-6}$$

把晶闸管触发和整流装置当作系统中的一个环节来看待，晶闸管触发与整流装置的输入-输出电压放大倍数为 K_s，则整个电力电子变流装置输出电压

$$U_d = K_s U_{ct} \tag{2-7}$$

将式(2-6)代入式(2-7)可得

$$U_d = K_s U_{ct} = K_s K_p (U_n^* - \alpha n) \tag{2-8}$$

而直流电动机开环机械特性为

$$n = \frac{U_d - I_d R}{K_e \Phi_N} \tag{2-9}$$

将式(2-8)代入式(2-9)可得

$$n = \frac{U_d - I_d R}{K_e \Phi_N} = \frac{K_s K_p (U_n^* - \alpha n) - I_d R}{K_e \Phi_N} \tag{2-10}$$

整理后，即得转速负反馈闭环直流调速系统的静特性方程式

$$n = \frac{K_s K_p U_n^* - I_d R}{K_e \Phi_N \left(1 + \frac{K_s K_p \alpha}{K_e \Phi_N}\right)} \tag{2-11}$$

令 $K = \frac{K_s K_p \alpha}{K_e \Phi_N}$，称为闭环系统的开环放大系数，$C_e = K_e \Phi_N$ 称为电动机的电动势系数，则式(2-11)经整理可得转速负反馈闭环直流调速系统的静特性方程式

$$n = \frac{K_s K_p U_n^* - I_d R}{C_e (1 + K)} = \frac{K_s K_p U_n^*}{C_e (1 + K)} - \frac{I_d R}{C_e (1 + K)} \tag{2-12}$$

可将以上各环节绘制成闭环系统的稳态结构框图，如图 2-8 所示。

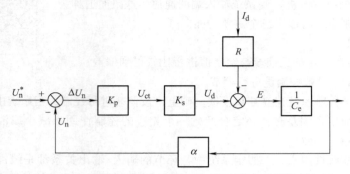

图 2-8　转速负反馈闭环直流调速系统稳态结构图

闭环调速系统的静特性表示闭环系统电动机转速与负载电流（或转矩）间的稳态关系，它在形式上与开环机械特性相似，但本质上不同，故定名为"静特性"，以示区别。因此根据直流电动机转速公式 $n = n_0 - \Delta n$，可得闭环理想空载转速和闭环转速降分别为

$$n_{0b} = \frac{K_s K_p U_n^*}{C_e(1+K)} \tag{2-13}$$

$$\Delta n_b = \frac{I_d R}{C_e(1+K)} \tag{2-14}$$

如果断开反馈回路，则上述系统的开环机械特性为

$$n = \frac{K_s K_p U_n^* - I_d R}{C_e} = \frac{K_s K_p U_n^*}{C_e} - \frac{I_d R}{C_e} \tag{2-15}$$

则开环理想空载转速和开环转速降分别为

$$n_{0k} = \frac{K_s K_p U_n^*}{C_e} \tag{2-16}$$

$$\Delta n_k = \frac{I_d R}{C_e} \tag{2-17}$$

比较一下开环系统的机械特性和闭环系统的静特性可得

1）在同样的负载扰动下，闭环系统转速降为开环系统转速降的 $\frac{1}{1+K}$，即

$$\Delta n_b = \frac{\Delta n_k}{1+K} \tag{2-18}$$

2）当 $n_{0b} = n_{0k}$ 时，闭环系统的静差率为开环系统静差率的 $\frac{1}{1+K}$，即

$$s_b = \frac{s_k}{1+K} \tag{2-19}$$

3）如果电动机的最高转速不变，而对最低速静差率的要求相同，则闭环系统的调速范围为开环系统调速范围的 $(1+K)$ 倍，即

$$D_b = (1+K)D_k \tag{2-20}$$

闭环调速系统可以获得比开环调速系统硬得多的稳态特性，从而在保证一定静差率的要求下，能够提高调速范围，为此需要增设电压放大器以及检测与反馈装置。

由于闭环控制系统具有良好的抗扰能力（不论是来自系统的外部扰动，还是系统内部的参数变化），有较高的控制精度，在实际应用中得到了广泛应用。但是，这种系统需要检测反馈元件、使用元件多、线路较复杂、调整较复杂。

机械特性调速系统是对开环而言的，静特性是对闭环系统而言的。两者都表示电动机转速与负载电流之间的关系，即 $n = f(I_d)$。一条机械特性曲线对应于一个不变的电枢电压，而一条静特性曲线对应于一个不变的给定电压。如图 2-9 所示，设电动机开始工作于 A 点，当负载电流增大时，开环系统和闭环系统的工作原理是不同的：对于开环系统，给定不变，电枢电压就不变，电流增加，工作点将沿最下面那条机械特性向下移动；而对于闭环调速系统，给定不变，电流增加时，系统有维持转速不下降的趋势，通过调节，

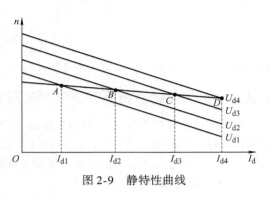

图 2-9 静特性曲线

电枢电压升高，工作点将移至 B、C 或 D。$ABCD$ 所在直线就是闭环系统的在该给定电压下的一条静特性曲线。

转速反馈闭环调速系统是一种基本的反馈控制系统，它具有以下三个基本特征，也就是反馈控制的基本规律：

(1) 被调量有静差

从静特性分析中可以看出，由于采用了比例放大器，闭环系统的开环放大系数 K 值越大，系统的稳态性能越好。因为闭环系统的稳态速降为

$$\Delta n_b = \frac{I_d R}{C_e(1+K)} \tag{2-21}$$

只有 $K = \infty$，才能使闭环的转速降为 0，而这是不可能的。因此这样的调速系统叫作有静差调速系统。实际上，这种系统正是依靠被调量的偏差进行控制的。

(2) 服从给定，抑制扰动

反馈控制系统具有良好的抗扰性能，它能有效地抑制一切被负反馈环所包围的前向通道上的扰动作用，但完全服从给定作用。

(3) 系统的精度依赖于给定量和反馈检测精度

如果系统的给定电压发生波动，反馈控制系统无法鉴别是给定电压的正常调节还是不应有的电压波动。因此，高精度的调速系统必须有更高精度的给定稳压电源。由于反馈检测装置的误差不通过闭环系统的前向通道，因此检测精度直接影响系统输出精度。

【例 2-2】 某 V – M 转速负反馈调速系统，电动机额定转速 $n_N = 1000 \text{r/min}$，系统的开环转速降为 $\Delta n_k = 100 \text{r/min}$，调速范围 $D = 10$，若要求系统的静差率由 15% 降到 5%，则开环放大倍数 K 应该怎样变化？

解：当静差率为 $s_1 = 15\%$ 时，系统对应的闭环转速降为

$$\Delta n_{b1} = \frac{s_1 n_N}{D(1-s_1)} = \frac{0.15 \times 1000}{10 \times 0.85} \text{r/min} = 17.6 \text{r/min}$$

由 $\dfrac{\Delta n_k}{\Delta n_{b1}} = 1 + K_1$，得

$$K_1 = \frac{\Delta n_k}{\Delta n_{b1}} - 1 = \frac{100}{17.6} - 1 = 4.7$$

当静差率为 $s_2 = 5\%$ 时，系统对应的闭环转速降为

$$\Delta n_{b2} = \frac{s_2 n_N}{D(1-s_2)} = \frac{0.05 \times 1000}{10 \times 0.95} \text{r/min} = 5.3 \text{r/min}$$

由 $\dfrac{\Delta n_k}{\Delta n_{b2}} = 1 + K_2$,得

$$K_2 = \dfrac{\Delta n_k}{\Delta n_{b2}} - 1 = \dfrac{100}{5.3} - 1 = 17.9$$

即开环放大倍数 K 应由 4.7 增大到 17.9。

2.2.3 无静差转速负反馈直流调速系统

所谓无静差调速系统是指调速系统达到稳定工作状态时,转速反馈与转速给定的值相等,调节器的输入偏差电压等于零,这种调速系统称为无静差调速系统。有静差调速与无静差调速的区别在于调节器的选择不同,从而引起系统的特性不同。

1. 调节器及其特性

调节器是由运算放大器构成的电路单元。调速系统中常见的调节器有比例调节器、积分调节器、比例积分调节器三种。

(1) 比例调节器 (P 调节器)

比例调节器 (P 调节器) 亦可称为比例放大器。P 调节器电路图如图 2-10 所示,一般采用反相输入。

P 调节器输入-输出特性为

$$U_o = -\dfrac{R_2}{R_1}(U_n^* - U_n) = -K_P(U_n^* - U_n) = -K_P \Delta U_n \tag{2-22}$$

式中 K_P——P 调节器的放大倍数,$K_P = \dfrac{R_2}{R_1}$。

P 调节器的特点为:输出随时跟随输入,控制调节速度快。P 调节器的输入偏差一般不为零,只能实现有静差控制。

(2) 积分调节器 (I 调节器)

积分调节器 (I 调节器) 的电路如图 2-11 所示。I 调节器就是将 P 调节器电路中的反馈电阻 R_2 换成电容 C。

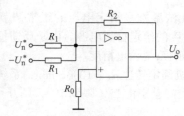
图 2-10 P 调节器电路图

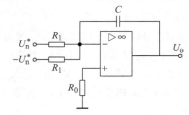
图 2-11 I 调节器电路图

I 调节器输入-输出特性为

$$U_o = -\dfrac{1}{RC}\int(U_n^* - U_n)\mathrm{d}t = -\dfrac{1}{RC}\int \Delta U_n \mathrm{d}t = -\dfrac{1}{T}\int \Delta U_n \mathrm{d}t \tag{2-23}$$

I 调节器具有几个显著特点:

1) 输出电压不能突变,输入电压的突变并不能引起输出电压的突变。输出电压和输入电压对时间的积分成正比,只要输入电压存在,哪怕是很小值,输出电压就一直积分直至达到饱和值 (或限幅值)。

2) 输出电压增加的快慢 (即上升斜率的大小) 和输入电压的大小、积分时间常数的大小有关。当输入电压相同时,积分时间常数大,输出电压增加慢,上升斜率小。

3) I 调节器具有记忆保持作用。当输入电压为零时,输出电压始终保持在输入电压为零前那个瞬间的输出值上。

(3) 比例积分调节器(PI 调节器)

比例积分调节器(PI 调节器)的电路如图 2-12 所示。PI 调节器的输入-输出特性是 P 调节器和 I 调节器的特性叠加:积分作用之前先经比例放大,输出比 I 调节器响应快;输出稳定时,调节器的输入端偏差为零,可实现无静差控制。

PI 调节器输入-输出特性为

$$U_\text{o} = -\left(K_\text{P}\Delta U_\text{n} + \frac{1}{T}\int \Delta U_\text{n}\text{d}t\right) \tag{2-24}$$

PI 调节器的特点为:同时具有 P 调节器和 I 调节器的优点,既能实现无静差控制,控制响应速度也比较快。采用 PI 调节器的控制系统具有较好的动态和稳态性能,因此 PI 调节器应用广泛。

要说明的是,纯积分调节器只是一种理论的模型,实际实现较难,一般不单独应用。对于转速负反馈调速系统,转速调节器采用 P 调节器时可实现有静差调速;若要实现无静差调速,转速调节器应采用 PI 调节器。

2. 无静差调速系统

实现无静差调速必须同时满足采用转速负反馈和转速调节器采用 PI 调节器(纯 I 调节器只是一种理论的模型,实际上实现较难,一般不单独应用)两个条件。无静差转速负反馈直流调速系统如图 2-13 所示。

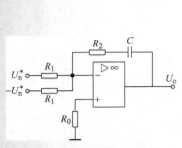

图 2-12 PI 调节器电路图

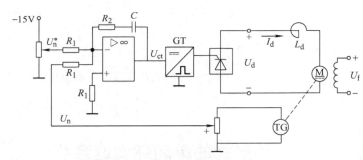

图 2-13 无静差转速负反馈直流调速系统

当负载转矩 T_L1 突增到 T_L2 时,负载转矩大于电动机转矩造成电动机转速下降,转速反馈电压 U_n 随之下降,使调节器输入偏差 $\Delta U_\text{n}\neq 0$,于是引起 PI 调节器的调节过程。

由图 2-13 可见,在调节过程的初设系统运行时,电动机转速为 n,偏差电压 $\Delta U_\text{n} = U_\text{n}^* - U_\text{n} = 0$。当负载增大时,自动调节过程如下:

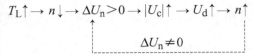

只要 $\Delta U_\text{n}\neq 0$,调节过程便将一直持续下去。当 $\Delta U_\text{n} = 0$ 时,U_ct 和 U_d 不再升高,达到新的稳定,这时的 U_ct 和 U_d 已经上升,不是原来的数值,但转速已回复到原值。应当指出,所谓"无静差"只是理论上的,因为 I 调节器或 PI 调节器在静态时电容两端电压不变,相当于开路,运算放大器的放大系数理论上为无穷大,所以才使系统静差 $\Delta n = 0$。实际上,这时放大系数是运算放大器本身的开环放大系数,其数值虽然很大,但还是有限,因此系统仍存在着很小的静差,只是在一般精度要求下可以忽略不计而已。同

时无静差调速系统只是在稳态上的无静差,在动态时还是有差的。

单闭环无静差调速系统稳态结构图如图2-14所示。

无静差调速系统达到稳定工作状态时,系统的一个显著特点就是调节器的输入偏差为零,即

$$\Delta U_\text{n} = U_\text{n}^* - U_\text{n} = 0 \quad (2\text{-}25)$$

也就是说

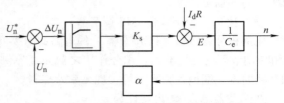

图 2-14 单闭环无静差调速系统稳态结构图

$$U_\text{n}^* = U_\text{n} = \alpha n \quad (2\text{-}26)$$

这就是无静差调速系统的静特性方程。

【例 2-3】 单闭环无静差调速系统的稳态结构图如图 2-14 所示。电动机参数如下：$U_\text{N} = 220\text{V}$, $I_\text{N} = 55\text{A}$, $R_\text{a} = 1\Omega$, $n_\text{N} = 1500\text{r/min}$。整流装置的放大倍数 $K_\text{s} = 40$,转速反馈系数 $\alpha = 0.01\text{V} \cdot \text{min/r}$,给定电压 $U_\text{n}^* = 12\text{V}$ 时,负载电流 $I_\text{d} = 50\text{A}$。试计算电动机的转速 n、整流输出电压 U_d 及转速调节器的输出电压 U_ct。

解:系统采用 PI 调节器,稳态时 $\Delta U_\text{n} = 0$,可得

$$n = \frac{U_\text{n}}{\alpha} = \frac{U_\text{n}^*}{\alpha} = \frac{12}{0.01}\text{r/min} = 1200\text{r/min}$$

由 $n_\text{N} = \dfrac{U_\text{N} - I_\text{N} R_\text{a}}{C_\text{e}}$ 得

$$C_\text{e} = \frac{U_\text{N} - I_\text{N} R_\text{a}}{n_\text{N}} = \frac{220 - 55 \times 1}{1500}\text{V} \cdot \text{min/r} = 0.11\text{V} \cdot \text{min/r}$$

由 $n = \dfrac{U_\text{d} - I_\text{d} R_\text{a}}{C_\text{e}}$ 得

$$U_\text{d} = C_\text{e} n + I_\text{d} R_\text{a} = (0.11 \times 1200 + 50 \times 1)\text{V} = 182\text{V}$$

$$U_\text{ct} = \frac{U_\text{d}}{K_\text{s}} = \frac{182}{40}\text{V} = 4.55\text{V}$$

2.3 其他形式的单闭环调速系统

2.3.1 电压负反馈直流调速系统

由于转速负反馈需要有测速发电机进行转速负反馈,测速发电机要求精度很高,和电动机必须同轴相联,安装技术较高。在对转速要求不太严格的系统中,电动机机械特性关系式为 $n = \dfrac{U_\text{d}}{C_\text{e}} - \dfrac{R}{C_\text{e}} I_\text{d}$,可以采用调节电动机电枢电压来补偿电动机的转速,因此将电枢电压作为被调节量,而电动机转速作为间接调节量,同样可以实现自动调速,只是精度要差些。

图 2-15 所示为具有电压负反馈的直流调速系统原理图。图中使用了 P 调节器,在电枢回路中接入分压电阻 R_3、R_4,该电阻必

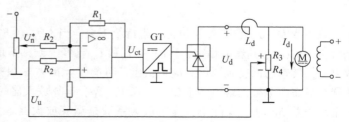

图 2-15 具有电压负反馈的直流调速系统原理图

须接在平波电抗器后面，以该电阻为分界，在该电阻前是平波电抗器和电源，在该电阻后是电枢。

由分压电阻得电压负反馈的反馈电压 $U_u = \dfrac{R_4}{R_3 + R_4} U_d$，从电路图所标极性可知，引入 P 调节器输入端的 U_u 是负值，所以是电压负反馈。把 $\Delta U = U_n^* - U_u$，作为比例调节器的输入信号，输出信号为 U_{ct}。U_{ct} 的值决定脉冲触发器产生的控制角 α 的大小，以控制晶闸管的整流输出电压 U_d，从而控制电动机转速。

当负载变化时，例如负载增加，则电动机转速下降，而电枢回路的电流将增加，在电枢回路中电源内阻和滤波电抗器内阻上的电压降将增加，使电枢电压下降。反馈电压 U_u 下降，ΔU 增加，使 U_{ct} 上升，促使控制角前移，晶闸管输出电压上升，可导致电动机转速的回升。

电压负反馈直流调速系统的稳态结构图如图 2-16 所示。由于调节的对象是电动机电枢电压，电动机转速是间接调节量，所以调速效果不如转速负反馈直流调速系统好。电压负反馈电阻接在电枢前面，这种反馈只能使主回路中的电压变化得到补偿，电动机电枢电阻上的电压变化没有得到补偿。因为前者在反馈圈内，而后者在反馈圈外。同样，对于电动机励磁电流变化所造成的扰动，电压负反馈也无法克服。因此，电压负反馈直流调速系统的静态转速降比同等放大系数的转速负反馈系统更大一些，稳态性能要差一些。在实际系统中，为了尽可能减小静态速降，电压负反馈的两根引出线应该尽量靠近电动机电枢两端。

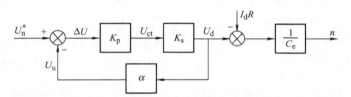

图 2-16　电压负反馈直流调速系统的稳态结构图

虽然调节性能不如转速负反馈系统，但由于省略了测速发电机，使系统的结构简单，维护方便，所以仍然得到了广泛的使用。一般在调速范围 D 小于 10，静差率 s 为 15%～30% 的场合，可以使用这种系统。

注意：在图 2-15 所示系统中，反馈电压直接取自接在电动机电枢两端的电位器上，这种方式虽然简单，却把主电路的高电压和控制电路的低电压串在一起了，从安全角度上看是不合适的。对于小容量调速系统还可以勉强使用，对于电压较高、电动机容量较大的系统，通常应在反馈电路中加入电压隔离变换器，使主电路和控制电路之间没有直接电的联系。

2.3.2　带电流补偿的电压负反馈直流调速系统

在控制系统中，当某个物理量发生变化时，可以产生某种效果，影响输出量，就可以利用该变化的物理量进行对输出量的补偿。在自动控制的调速系统中，由于负载转矩（反映在电枢回路中是电枢电流）的变化，产生了电动机的转速降 $\Delta n = \dfrac{R}{C_e} I_d$。可见，可以使电枢电流变化对电动机的转速进行补偿。图 2-17 是电压负反馈带电流正反馈的直流调速系统原理图。为了提高电压负反馈直流调速系统的静特性的硬度，减小静态误差，在系统中加入电流补偿环节（电流正反馈环节）。

设电动机在某转速下运转，若负载转矩增大，除电压负反馈起作用外，电流正反馈也将起作用。由于在电枢回路中串接了一个电流反馈用的电阻 R_i，电阻 R_i 上的电压降为 $I_d R_i$，作为正反馈信号接到 P 调节器的输入端，从电压极性可以得到，$\Delta U_n = U_n^* - U_u + U_i$，其中 $U_i = I_d R_i$ 即电流正反馈信号。

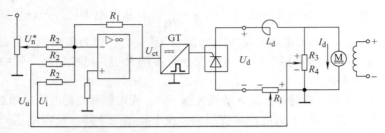

图 2-17 电压负反馈带电流正反馈补偿的直流调速系统原理图

电压负反馈带电流正反馈补偿的直流调速系统的稳态结构图如图 2-18 所示。假设由于负载增加，引起 $U_i = I_d R_i$ 的增加，则使偏差电压 ΔU 增大，ΔU 增加，使 U_{ct} 上升，促使控制角前移，晶闸管输出电压上升，电动机的转速得到补偿。需要注意的是，电流正反馈环节是一种补偿环节，而不是反馈环节，但习惯上称它为电流正反馈环节。

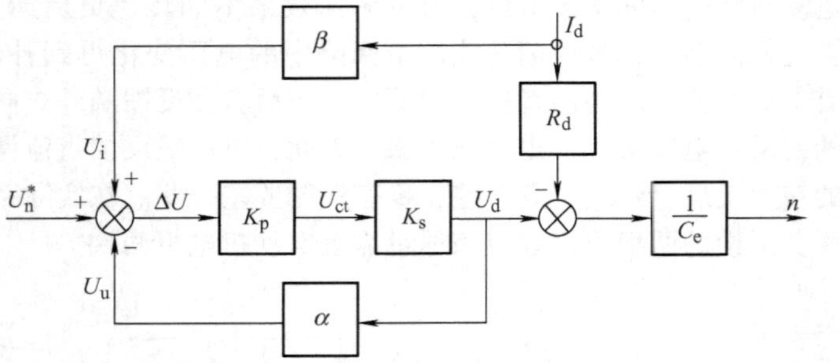

图 2-18 电压负反馈带电流正反馈补偿的直流调速系统的稳态结构图

从理论上讲，只要参数选配适当，可以用电流正反馈的方式完全补偿回路电压降所引起的转速降，使静特性呈一条水平线，从而使电动机的转速与负载大小无关。但实际上做不到，主要原因是系统中的各元件参数在系统工作时，不是绝对稳定的。例如，电流正反馈电阻 R_i 将随着电流的增加及长期工作，而温度升高，电阻值随温度升高而变大。如选择电路参数使得系统的静特性呈水平直线，那么在电阻值随温度升高而变大后，电流正反馈的值 $U_i = I_d R_i$ 将比原先预计得大，而产生过补偿，系统静特性曲线将上翘，引起系统的不稳定。因此，为了保证系统的稳定性，宁可使电流正反馈作用弱些。

根据以上分析过的几种调速系统，可知电压负反馈时对转速有自动调速的功能，但不够理想，具有电压负反馈带电流正反馈补偿的直流调速系统对转速的自动调节更进了一步，转速负反馈系统调速效果最好。

2.3.3 电流截止负反馈直流调速系统

众所周知，直流电动机全电压起动时，如果没有采取专门的限流措施，会产生很大的冲击电流，这不仅对电动机换向不利，对于过载能力低的晶闸管等电力电子器件来说，更是不允许的。采用转速负反馈的单闭环调速系统（不管是比例控制的有静差调速系统，还是比例积分控制的无静差调速系统），当突然加给定电压 U_n^* 时，由于系统存在的惯性，电动机不会立即转起来，转速反馈电压 U_n 仍为零。

因此加在调节器输入端的偏差电压，$\Delta U_n = U_n^* - U_n = U_n^* - 0 = U_n^*$，差不多是稳态工作值的 $(1+K)$ 倍。这时由于放大器和触发驱动装置的惯性都很小，使功率变换装置的输出电压迅速达到最大值 U_{dmax}，对电动机来说相当于全压起动，通常是不允许的。对于要求快速起制动的生产机械，给定信号多半采用突加方式。另外，有些生产机械的电动机可能会遇到堵转的情况，例如挖土机、轧钢机等，闭环系统特性很硬，若无限流措施，电流会大大超过允许值。如果依靠过电流继电器或快速熔断器进行限流保护，一过载就跳闸或烧断熔断器，将无法保证系统的正常工作。

为了解决反馈控制单闭环调速系统起动和堵转时电流过大的问题，系统中必须设有自动限制电枢电流的环节。根据反馈控制的基本概念，要维持某个物理量基本不变，只要引入该物理的负反馈就可以了。所以，引入电流负反馈能够保持电枢电流不变，使它不超过允许值。但是，电流负反馈的引入会使系统的静特性变得很软，不能满足一般调速系统的要求，电流负反馈的限流作用只应在起动和堵转时存在，在正常运行时必须去掉，使电流能自由地随着负载增减。这种当电流大到一定程度时才起作用的电流负反馈叫作电流截止负反馈。

为了实现电流截止负反馈，必须在系统中引入电流负反馈截止环节。电流负反馈截止环节的具体线路有不同形式，但是无论哪种形式，其基本思想都是将电流反馈信号转换成电压信号，然后去和一个比较电压 U_{com} 进行比较。电流负反馈信号的获得可以采用在交流侧的交流电流检测装置，也可以采用直流侧的直流电流检测装置。最简单的是在电动机电枢回路串入一个小阻值的电阻 R_s，$I_d R_s$ 是正比于电流的电压信号，用它去和比较电压 U_{com} 进行比较。当 $I_d R_s > U_{com}$ 时，电流负反馈信号 U_i 起作用，当 $I_d R_s \leq U_{com}$ 时，电流负反馈信号被截止。比较电压 U_{com} 可以利用独立直流电源，在反馈电压 $I_d R_s$ 和比较电压 U_{com} 之间串接一个二极管组成电流负反馈截止环节，如图 2-19 所示。

也可以利用稳压管的击穿电压 U_{br} 作为比较电压，组成电流负反馈截止环节，如图 2-20 所示，此类线路更为简单。在实际系统中，也可以采用电流互感器来检测主回路的电流，从而将主电路与控制电路实行电气隔离，以保证人身和设备安全。

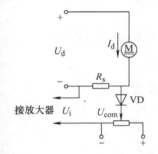
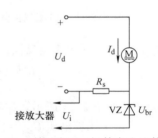

图 2-19 利用独立直流电源作比较电压　　图 2-20 利用稳压二极管产生比较电压

带电流截止负反馈的转速负反馈直流调速系统如图 2-21 所示。图中稳压管 VZ 构成一个比较环节，它的击穿电压提供了一个比较电压。当电枢电流 I_d 小于允许值时，使反馈电压 U_i 小于 VZ 的击穿电压，VZ 未导通，U_i 对控制不起作用；当电枢电流 I_d 大于允许值稳压管 VZ 被击穿导通，U_i 反馈输入端，使得输出电压急骤下降，转速 n 随之也急速下降，从而限制了电流增长，起到保护晶闸管和电动机的作用。

带电流截止负反馈的转速负反馈直流调速系统稳态结构图如图 2-22 所示。设截止电流为 I_{dcr}，则当 $I_d \leq I_{dcr}$ 时，电流负反馈被截止，静特性公式和只有转速负反馈调速系统的静特性相同，即

$$n = \frac{K_p K_s U_n^*}{C_e(1+K)} - \frac{R_d I_d}{C_e(1+K)} \tag{2-27}$$

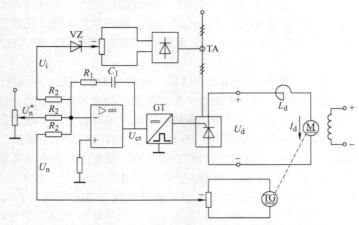

图 2-21 带电流截止负反馈的转速负反馈直流调速系统

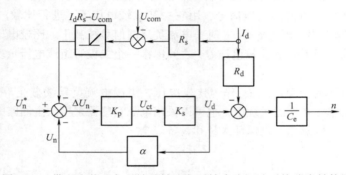

图 2-22 带电流截止负反馈的转速负反馈直流调速系统稳态结构图

当 $I_d > I_{dcr}$ 时，引入了电流负反馈，静特性公式变成

$$n = \frac{K_p K_s (U_n^* + U_{com})}{C_e (1+K)} - \frac{(R_d + K_p K_s R_s) I_d}{C_e (1+K)} \tag{2-28}$$

画出的静特性如图 2-23 所示。比较图中两段特性，可以看出 $n_0' \gg n_0$，这是由于比较电压 U_{com} 与给定电压 U_n^* 的作用一致，因而提高了理想空载转速 n_0'，即

$$n_0' = \frac{K_p K_s (U_n^* + U_{com})}{C_e (1+K)} \tag{2-29}$$

实际图 2-23 中用虚线表示的 $n_0' - A$ 段由于电流负反馈被截止而不存在。电流负反馈的作用相当于在主电路中串入一个大电阻 $K_p K_s R_s$，因而稳态转速降极大，静特性呈现急剧下垂，表现出限流特性。

$$\Delta n_0' = \frac{(R_d + K_p K_s R_s) I_d}{C_e (1+K)} \tag{2-30}$$

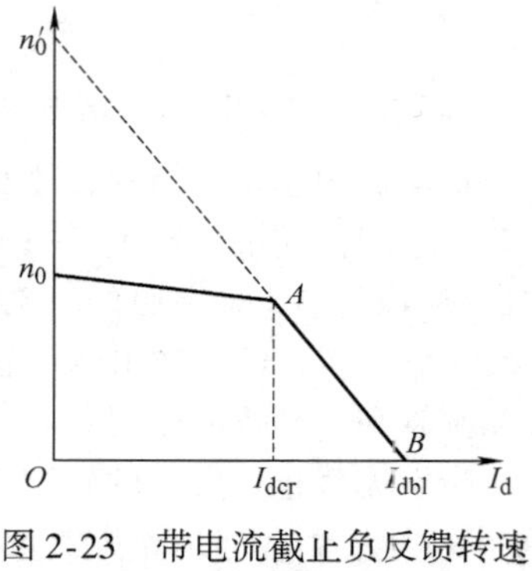

图 2-23 带电流截止负反馈转速闭环直流调速系统的静特性

这种两段式的静特性常被称为下垂特性或挖土机特性。A 点称为截止电流点，对应的电流是截止电流 I_{dcr}，B 点称为堵转点，对应的电流称为堵转电流 I_{dbl}。

截止电流应大于电动机的额定电流，一般取

$$I_{dcr} \geq (1.1 \sim 1.2) I_N \tag{2-31}$$

堵转电流 I_{dbl} 应大于电动机允许的最大电流，一般取

$$I_{dbl} = (1.5 \sim 2) I_N \tag{2-32}$$

上述关系作为设计电流截止负反馈环节参数的依据。

注意：电流截止负反馈环节只是解决了系统的限流问题，使直流调速系统能够实际运行，但它的动态特性并不理想，所以只适用于对动态特性要求不太高的小容量系统。

2.4 小型直流电动机调速系统案例分析

图2-24 所示为电压负反馈直流电动机无级调速系统电路。该电路中合上开关 SQ_1，按下起动按钮 SB_1，继电器 KA 线圈得电，KA 触点闭合，通过熔断器 FU_1、FU_2 给主电路供电。同时 KA 一个辅助触点闭合自锁，另一个辅助触点闭合接通 HL_2 指示灯，提示直流电动机无级调速系统正在工作。当按下停止按钮 SB_2，继电器 KA 线圈失电，各触点复位，主电路断开，同时 HL_2 指示灯失电熄灭，表示直流电动机无级调速系统停止工作。

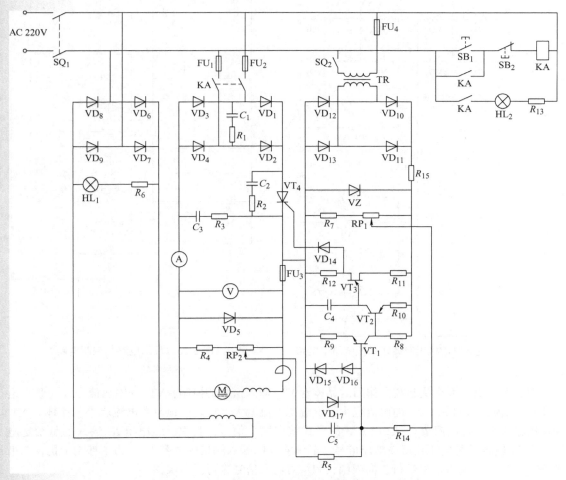

图 2-24 电压负反馈直流电动机无级调速系统电路

图2-25 所示为直流电动机无级调速系统电路主电路，其中 $VD_6 \sim VD_9$ 构成二极管桥式整流电路，通过限流电阻 R_6，点亮指示灯 HL_1，提示他励直流电动机已励磁式供电。$VD_1 \sim VD_4$ 构成

二极管桥式整流电路,将220V交流电转换成脉动的直流电,再通过晶闸管 VT_4 转换成可调直流电压向他励直流电动机供电。VD_5 是续流二极管,为电动机提供续流回路;R_1-C_1 构成阻容吸收回路对桥式整流电路起过电压保护作用,R_2-C_2 构成阻容吸收回路对晶闸管起过电压保护作用;熔断器 FU_1、FU_2 对电路交流侧起过电流保护作用,FU_3 对电路直流侧起过电流保护作用。

在直流电动机无级调速系统电路中,控制电路如图2-26b所示。控制电路中 $VD_{10} \sim VD_{13}$ 二极管构成的桥式整流电路将220V交流电转换为脉动直流电,经过稳压管 VZ 进行削波,得到同步梯形波电压。R_{12}、R_{11}、VT_3、C_4、VT_2、R_{10} 组成单结晶体管触发电路,其中 R_{10}、VT_2 为恒流源电路,用来代替电容的充电电路。恒流源充电电流大,则电容充电快,输出的触发脉冲的控制角小;反之,则输出的触发脉冲的控制角大。

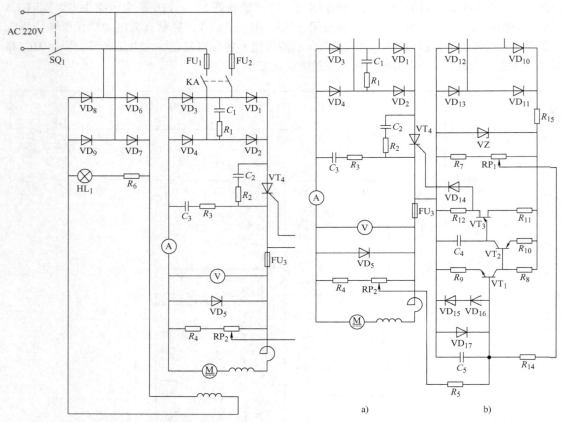

图2-25 直流电动机无级调速系统电路主电路

图2-26 反馈电路与控制电路
a) 反馈电路 b) 控制电路

恒流源电流的大小受起放大作用的晶体管 VT_1 输入信号的控制,VT_1 的输入信号大(基极电位高),则流过电阻 R_8、R_{10} 的电流也大,恒流源电流就大,反之则恒流源电流就小。晶体管 VT_1 的基极输入端通过电阻 R_{14}、R_5 以并联的形式接有两个信号,其中,经电阻 R_{14} 输入的是给定电压,经 R_5 输入的是电压负反馈电压信号。晶体管 VT_1 输入端接的电容 C_5 是为了抑制干扰;二极管 VD_{15}、VD_{16} 对输入信号进行正向限幅,VD_{17} 对输入信号进行反向限幅。

在直流电动机无级调速系统电路中,反馈电路与控制电路如图2-26所示,电阻 R_4 和电位器 RP_2 是电压负反馈的取样电阻,调节 RP_2 的大小就可以调节反馈信号的大小。当负载增加或电网电压下降时,反馈电压也降低,使得加到 VT_1 基极的叠加电压上升,触发脉冲前移,VT_4 导通角增加,输出直流电压上升,使得电动机转速上升,维持原来转速不变。反之,当负载减小或电网电压升高引起电动机转速上升时，电动机电枢两端电压上升，反馈电压也上升，使得加到 VT_1 基极的电压下降，触发脉冲后移，VT_4 导通角变小，输出直流电压减小，使得电动机转速降低，同样维持在原来转速不变。

2.5 思考与练习

1. 什么是开环控制系统？画出晶闸管-电动机速度控制系统框图，并解释图中各量的含义。
2. 简述完整的 V – M 系统机械特性的特性。
3. 简述闭环控制系统的结构，画出闭环控制系统框图，并说明各元件的作用。
4. 简述给定量（输入量）、反馈量、偏差信号、控制量、被控量（输出量）、扰动量等信号的作用。
5. 画出晶闸管整流装置供电的直流电动机闭环控制系统图，并以此画出转速负反馈闭环直流调速系统稳态结构图，并分析当负载增加时和电网电压下降时两种情况下系统的调整过程。
6. 闭环控制系统有哪三个重要功能？
7. 与开环系统的机械特性相比较，闭环系统的静特性有哪些特点？
8. 转速反馈闭环调速系统有什么基本特征？
9. 简述 P 调节器、I 调节器和 PI 调节器的功能。
10. 什么是有静差调速？什么是无静差调速？
11. 画出无静差转速负反馈直流调速系统图和系统稳态结构图。分析当负载转矩增大时，系统的调节过程。
12. 画出有静差电压负反馈直流调速系统图和系统稳态结构图，并分析当负载增加时的调节过程。
13. 画出有静差电压负反馈带电流正反馈补偿的直流调速系统图和系统稳态结构图，并分析当负载增加时的调节过程。
14. 画出带电流截止负反馈的转速负反馈直流调速系统图和系统稳态结构图。举例说明电流截止负反馈的作用。

第 3 章　双闭环直流调速系统

[学习目标]
1. 掌握双闭环直流调速系统的构成,能够画出转速、电流双闭环系统原理图、结构图和稳态结构图,理解电流调节器(ACR)和速度调节器(ASR)的调节作用。
2. 理解双闭环系统中常见二极管钳位的外限幅电路和稳压管钳位的外限幅电路的工作原理。
3. 理解 PI 调节器的稳态特征,能够完成双闭环调速系统的静特性和稳态参数的分析。
4. 理解双闭环直流调速系统的起动和抗扰分析,掌握动态调整过程中转速调节器和电流调节器的工作状态和作用。
*5. 能够按照正确的方法完成转速、电流双闭环调速系统的工程设计。

▶ 3.1　双闭环直流调速系统的组成

3.1.1　单闭环控制系统存在的问题

单闭环直流调速系统是通过测速发电机将转速反馈电压 U_n 引至系统的输入端后再与给定电压 U_n^* 相比较。PI 调节器对偏差 $\Delta U_n = U_n^* - U_n$ 进行比例积分运算后,得到控制电压 U_{ct},从而通过控制晶闸管可控整流器的输出电压,实现对电动机转速的控制。

尽管如此,这种调速系统也只能做到稳态无静差,动态上还是有差的。如果负载突然增大,PI 调节器的输入电压 $U_n^* - U_n > 0$,经过调节器的积分作用,系统达到新的稳态时,$\Delta U_n = 0$,但调整前输出直流平均电压 U_{d2} 大于调整后输出直流平均电压 U_{d1},由此产生的整流电压的增量 ΔU_d 正好补偿了由于负载增加引起的那部分主电路电阻压降 $\Delta I_d R$,才能保证 $n_1 = n_2$。

因此,调速系统在动态精度要求较高的情况下,降低动态转速降和缩短动态恢复时间,是单闭环系统必须解决的一个问题。

电流截止负反馈的应用,解决了系统起动和堵转时电流过大问题。此时,PI 调节器需要完成两种调节任务:一方面是正常负载时进行转速调节,另一方面是过载时进行电流调节。由于用一个调节器,把给定信号 U_n^*、转速负反馈信号 U_n 和电流截止负反馈信号 U_i 在该调节器中综合,这样各参数相互影响,互相牵制,系统的动、稳态参数配合调整很困难。显然,采用一个 PI 调节器的单闭环直流调速系统不能得到令人满意的电流控制规律,对电流的控制就成了单闭环系统必须解决的另一个问题。因此提出了采用两个调节器,把转速调节和电流调节分开进行,电流调节环在里面,是内环;转速调节环在外面,是外环。这就是转速、电流双闭环调速系统。

同时从工业控制领域来看,由于加工工艺特点和生产的需要,许多生产机械经常处于起动、制动、反转的过渡过程中,此时速度的变化能达到稳定运转的为梯形速度图,如图 3-1a 所示,速度的变化不能达到稳定运转的为三角形速度图,如图 3-1b 所示。

从图 3-1 可以看出,电动机起动和制动过程的大部分时间是工作在过渡过程中,如何缩短这一时间,充分发挥生产机械效率是生产工艺对调速系统首先提出的要求,为此提出了"最佳过渡过程"的概念。

---

*　表示选学的内容。

要使生产机械过渡过程最短、提高生产率，电动机在起动或制动时就必须发出最大起动（或制动）转矩。电动机可能产生的最大转矩是由它的过载能力所限制的。通常把充分利用电动机过载能力以获得最高生产率的过渡过程称之为限制极值转矩的最佳过渡过程。这样，既要限制起动时的最大允许电流，又要保证电动机能发出最大转矩。最佳过渡过程中各量的变化规律如图 3-2 所示。

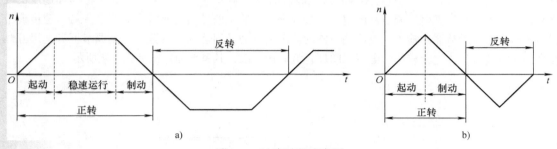

图 3-1　过渡过程速度图
a）梯形速度图　b）三角形速度图

在讨论动态电流变化规律时，忽略了主电路电感的影响。实际上电动机的电枢电流不可能从零突变到最大值，总有一上升过程。因此实际波形与上述情况不尽相同。为了使电流接近理想波形，必须使电流在起动刚开始的瞬间强迫其迅速上升至系统最大值。这就必须让晶闸管整流装置在起动初期提供最大整流输出电压，一旦电流达到 I_{max}，将电压突降至维持最大电流所需的数值，然后电压、转速按线性规律上升。实际各量的变化规律如图 3-3 所示。

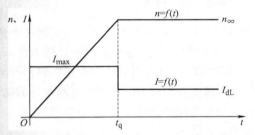

图 3-2　最佳过渡过程中各量的变化规律
t_q—调整时间

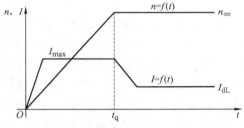

图 3-3　最佳过渡过程实际各量的变化规律

满足最佳过渡过程的条件如下：

1）电动机在起动、制动时，应保持主电路电流为最大值不变。当过渡过程结束时，尽快使电流下降至系统稳态值。

2）应保证晶闸管整流电压在起动、制动过程的初瞬有一突变，然后按某一线性规律递增。这样可以实现电动机转速以最大加速度上升，缩短过渡过程。

3）要想实现主电路电流的这一变化规律，必须增设一个 PI 调节器，对电流波形进行控制，即引入电流负反馈环节，形成转速、电流双闭环直流调速系统。

3.1.2　双闭环直流调速系统的构成

按照反馈控制规律，采用某个物理量的负反馈就可以保持该量基本不变。在起动过程中，实现在允许条件下最快起动的关键是要获得一段使电流保持为最大值的恒流过程，即采用电流负反馈来得到近似的恒流过程。但应注意：在起动过程中，应只有电流负反馈作用，而不能让它和转速负反馈同时加到一个调节器的输入端，到达稳态转速后，转速负反馈起主要作用，不再需要靠电流负反馈来发挥主要作用。

所以，只有采用双闭环调速系统才能做到这种既存在转速和电流两种负反馈作用，又使它们只能分别在不同阶段起作用的功能。

为了实现在允许条件下的最快起动，设想引入一个电流调节器，使电动机在起动时保持电流为最大值 I_{max} 的恒流过程，起动过程结束转入无静差的速度调节过程。由于电流的变化率和速度的变化率相差较大，往往把电流调节和转速调节分开进行，给定信号加到速度调节器输入端，速度调节器的输出为电流调节器的输入，电流调节器的输出去驱动晶闸管触发装置。电流调节器和速度互相配合，同时调节，称之为转速、电流双闭环直流调速系统，其系统原理图如图3-4所示。

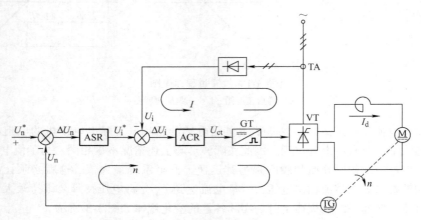

图 3-4　转速、电流双闭环直流调速系统原理图

为了实现转速和电流两种负反馈分别起作用，在系统中设置了两个调节器，一个调节电流，称为电流调节器，用 ACR 表示；另一个调节转速，称为速度调节器，用 ASR 表示。两者之间实行串级连接，从闭环结构上看，电流调节环在里面，叫作内环；转速调节环在外边，叫作外环，如图 3-4 所示。这就是说，把转速调节器的输出当作电流调节器的输入，再用电流调节器的输出去控制晶闸管整流器的触发装置。这样就形成了转速、电流双闭环调速系统。

转速、电流双闭环直流调速系统电气原理图，如图 3-5 所示。

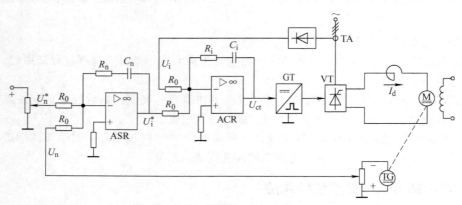

图 3-5　转速、电流双闭环直流调速系统电气原理图

为了获得良好的静、动态性能，双闭环调速系统的两个调节器一般都采用 PI 调节器，通常两个 PI 调节器的输出都是带限幅的，ASR 的输出限幅（饱和）电压决定了电流调节器给定电压

的最大值；ACR 的输出限幅电压限制了晶闸管整流器输出电压的最大值。

双闭环系统中常见的输出限幅电路有两种：二极管钳位的外限幅电路和稳压管钳位的外限幅电路。

图 3-6 所示为二极管钳位的外限幅电路。$VD_1 - RP_1$ 构成正向输出限幅电路，$VD_2 - RP_2$ 构成负向输出限幅电路。RP_1 调节正向限幅值，RP_2 调节负向限幅值。其工作原理为：当输出电压为正时，忽略二极管的管压降，输出最大值不会超出 M 点电位，否则 VD_1 导通，输出被钳位（等于 M 点电位）。同理，当输出电压为负时，忽略二极管管压降，输出最小值不会超出 N 点电位，否则 VD_2 导通，输出被钳位（等于 N 点电位）。

图 3-7 所示为稳压管钳位的外限幅电路。假设稳压管 VZ_1 的稳压值为 U_{VZ1}，稳压管 VZ_2 的稳压值为 U_{VZ2}。其工作原理为：当输出电压为正时，输出最大值不会超出 VZ_1 的稳压值 U_{VZ1} + 0.7V，否则 VZ_1 导通，输出被钳位在 U_{VZ1} + 0.7V。同理，当输出电压为负时，输出最小值不会超出 VZ_2 的稳压值 U_{VZ2} - 0.7V，否则 VZ_2 导通，输出被钳位在 U_{VZ2} - 0.7V。

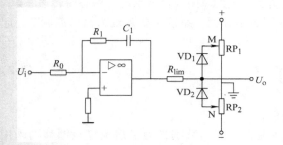

图 3-6　二极管钳位的外限幅电路

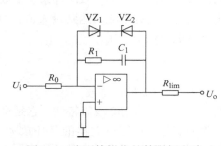

图 3-7　稳压管钳位的外限幅电路

3.2　双闭环直流调速系统的特性分析

3.2.1　稳态结构图与静特性

根据转速、电流双闭环的原理图画出稳态结构图，如图 3-8 所示。ASR 与 ACR 均采用有限幅输出特性的 PI 调节器。

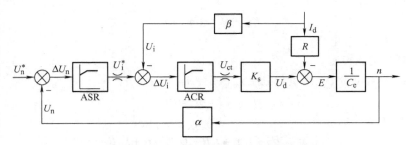

图 3-8　转速、电流双闭环直流调速系统稳态结构图

PI 调节器的稳态特征是：当调节器饱和时，输出为恒值，输入量的变化不再影响输出，除非有反向的输入信号使调节器退出饱和。换句话说，饱和的调节器暂时隔断了输入和输出间的联系，相当于使该调节环开环。当 PI 调节器不饱和时，PI 调节器的作用使输入偏差电压在稳态时总是零。

实际上，在正常运行时，ACR 是不会达到饱和状态的。因此，对于静特性来说，只有 ASR

饱和与不饱和两种情况。双闭环直流调速系统的静特性如图 3-9 所示，实线为理想特性，虚线为实际特性。

正常工作状态下，ASR 不饱和，此时输出转速为

$$n = \frac{U_n^*}{\alpha} = n_0 \tag{3-1}$$

式中 α——转速反馈系数。

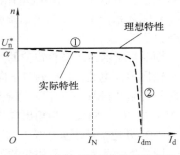

图 3-9 双闭环直流系统的静特性

即转速由转速给定值决定，转速给定没变，所以转速不变，而电流可为任意值。与此同时，由于 ASR 不饱和，$U_i^* < U_{im}^*$，也就是说 $I_d < I_{dm}$（电枢最大平均电流）。这就是说，图 3-9 所示①段静特性从理想空载状态的 $I_d = 0$ 一直延续到 $I_d = I_{dm}$，而 I_{dm} 一般都是大于额定电流 I_{dN} 的。这就是静特性的运行段，它是水平的特性。

恒流调节阶段，ASR 饱和。这时，ASR 输出达到限幅值 U_{im}^*，转速环呈开环状态，转速的变化对系统不再产生影响。双闭环系统变成一个电流无静差的单闭环调节系统。稳态时转速 $n = 0$，而电流给定和电枢电流均达到最大值，ACR 起主要调节作用，系统主要表现为恒电流调节，起到自动过电流保护作用。

$$I_d = \frac{U_{im}^*}{\beta} = I_{dm} \tag{3-2}$$

式中 β——电流反馈系数。

即为如图 3-9 所示的②段静特性，它是垂直的特性。

然而实际上运算放大器的开环放大系数并不是无穷大，特别是为了避免零点漂移而采用"准 PI 调节器"时，静特性的两段实际上都略有很小的静差，如图 3-9 中虚线所示。

双闭环调速系统的静特性在负载电流小于 I_{dm} 时表现为转速无静差，这时，转速负反馈起主要调节作用，当负载电流达到 I_{dm} 后，ASR 饱和，ACR 起主要调节作用，系统表现为电流无静差，得到过电流的自动保护。这就是采用了两个 PI 调节器分别形成内、外两个闭环的效果。这样的静特性显然比带电流截止负反馈的单闭环系统静特性好。

3.2.2 稳态参数计算

双闭环调速系统在稳态工作中，当两个调节器都不饱和时，在稳态工作点上，转速 n 是由给定电压 U_n^* 决定的，即

$$U_n^* = U_n = \alpha n = \alpha n_0 \tag{3-3}$$

式中 U_n——转速环反馈电压；
　　n_0——理想空载转速。

而此时 ASR 的输出量 U_i^* 由负载电流 I_{dL} 决定，即

$$U_i^* = U_i = \beta I_d = \beta I_{dL} \tag{3-4}$$

控制电压 U_{ct} 的大小为

$$U_{ct} = \frac{U_d}{K_s} = \frac{C_e n + I_d R}{K_s} = \frac{C_e U_n^*/\alpha + I_{dL} R}{K_s} \tag{3-5}$$

式中 C_e——电动机电动势系数；
　　I_d——输出平均电流；
　　R——电枢回路总电阻；
　　I_{dL}——负载电流。

即控制电压 U_{ct} 同时取决于 n 和 I_d，或者说，同时取决于 U_n^* 和 I_{dL}。

以上关系反映了 PI 调节器输出量的稳态值与输入无关，而是由它后面环节的需要决定的。后面需要 PI 调节器提供多么大的输出值，它就能提供多少，直到饱和为止。鉴于这一特点，双闭环调速系统的稳态参数计算与单闭环有静差系统完全不同，而是和无静差系统的稳态计算相似，即根据各调节器的给定与反馈值计算有关的反馈系数。

转速反馈系数为

$$\alpha = \frac{U_{nm}^*}{n_{max}} \tag{3-6}$$

电流反馈系数为

$$\beta = \frac{U_{im}^*}{I_{dm}} \tag{3-7}$$

两个给定电压的最大值 U_{nm}^* 和 U_{im}^* 由设计者选定，U_{nm}^* 受运算放大器允许输入电压和稳压电源的限制，U_{im}^* 为 ASR 的输出限幅值。

▶ 3.3 双闭环直流调速系统的动态分析

3.3.1 双闭环直流调速系统的起动

设置双闭环的一个重要目的就是要获得接近于理想的起动过程。当双闭环系统加入给定电压 U_n^* 起动时，转速和电流的过渡过程如图 3-10 所示。整个过渡过程可分为电流上升、恒流升速和转速调节三个阶段。

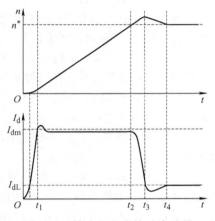

$0 \sim t_1$ 段为电流上升阶段。加入给定电压 U_n^* 后，由于电动机的惯性作用，电动机的转速增长较慢，所以转速负反馈电压很小，造成偏差电压 $\Delta U_n = U_n^* - U_n$ 数值较大，使得 ASR 的输出值很快变为 ASR 的饱和限幅电压 U_{im}^*，强迫电枢电流 I_d 迅速上升。当 I_d 上升至 I_{dm}，电流反馈电压 U_{im} 趋于或等于电流环给定电压 U_{im}^*，ACR 的作用使 I_d 不再上升，标志着这一阶段的结束。在这一阶段中，ASR 由不饱和很快达到饱和，ACR 一般不饱和，以达到保证电流环的调节作用。

图 3-10 转速和电流的过渡过程

$t_1 \sim t_2$ 为恒流升速阶段。从电流升到最大值 I_{dm} 开始，电动机转速 n 线性上升。在这一阶段中，ASR 一直饱和，系统在恒流电流环给定电压 U_{im}^* 作用下进行电流调节，与此同时，电动机的反电动势 E_a 正比于转速线性上升，它欲使电枢电流下降。电枢电流一旦减小，U_i 就会减小，反馈到 ACR 输入端，产生了偏差电压 $\Delta U_i = U_{im}^* - U_i > 0$。$\Delta U_i$ 使 ACR 继续积分，其输出 U_{ct} 线性增大，从而保证了 U_d 随 E 的增长而等速增长，维持 $U_d - E_a = I_{dm}R$ 不变，即获得恒流升速到电动机转速上升到给定值。

3-1 双闭环直流调速系统的启动

$t_2 \sim t_3$ 为转速调节阶段。电动机转速上升至略大于给定转速时，速度调节器输入信号 ΔU_n 变为负值，并在一段时间内受负偏差电压控制，ASR 退出饱和，其输出电压（即 U_i^*）使主电流 I_d 下降。此时 ASR 与 ACR 都不饱和，两个调节器同时起调节作用，由于转速环为外环，所以 ASR 处于主导作用，使得转速逐渐下降至给定转速。

综上所述，双闭环系统起动过程具有以下三个特点：

1）饱和非线性。即指转速调节器有不饱和、饱和、退饱和三种工作状态。

2）准时间最优控制。双闭环系统起动过程充分发挥系统的电流过载能力，基本上实现最大允许电流起动，起动过程最快。

3）转速超调。只有转速超调，才能使ASR退饱和。

3.3.2 双闭环直流调速系统的抗扰分析

电动机在一定负载转矩 T_{L1} 下以给定转速 n_g 稳定运转时，若负载突然增加为 T_{L2}，因为电磁转矩 T_e 尚未改变，故造成 $T_e < T_{L2}$，使转速下降。然而，双闭环系统具有克服这种转速降，使电动机恢复到给定转速运行的能力。系统就会自动进行调整，其调整过程如下：

$$I_L \uparrow \to n \downarrow \to U_n \downarrow \to \Delta U_n \uparrow \to U_i^* \uparrow \to U_{ct} \uparrow \to \alpha \downarrow \to U_d \uparrow \to n \uparrow$$

一旦电动机转速下降，反馈电压 U_n 亦随之下降，ASR 的输入偏差电压增大，其输出电压 U_i^* 加大。ACR 输入偏差电压随 U_i^* 的加大而变大，其输出电压 U_{ct} 即使晶闸管变流器的触发延迟角减小，变流器整流电压 U_d 增大，使电枢电流 I_d 跟着增大，电动机产生的电磁转矩增加，转速得以回升，其全部变化过程如图 3-11 所示。

在图 3-11a 中，t_0 时刻负载转矩由 T_{L1} 阶段跳跃变为 T_{L2}，转速 n 下降而偏离给定值，ASR 输入出现偏差，其输出 U_i^* 增大，于是电枢电流 I_d 随之增大，这就是电流环的调节作用，I_d 从原来与负载转矩 T_{L1} 相对应的电流 I_{L1} 值开始上升。当 U_i^* 上升到超过新负载下稳定值 U_{i2}^* 值时，电枢电流上升至 $I_d = I_{L2}$，达到转矩平衡条件 $T_e = T_{L2}$，亦即 $I_d = I_{L2}$，转速 n 不再下降，即 t_1 时刻对应的情况。

但是，由图 3-11b 可见，在 t_1 时刻及以后，电动机转速 n 仍小于给定值 n^*，即转速反馈电压 U_n 仍低于给定电压 U_n^*，所以 ASR 输入仍有正偏差电压，输出 U_i^* 继续积分增长，以至超过 U_{i2}^*。由于电流调节环的作用，I_d 总是跟随 U_i^* 变化，于是 I_d 继续上升超过 I_{L2}。电磁转矩 T_e 超过负载转矩 T_{L2} 使转速 n 回升，在 t_2 时刻 n 达到给定值 n^*，即 $n = n^*$，此时 ASR 输入偏差为零，其输出停止积分增长，即 U_i^* 达到顶峰值，

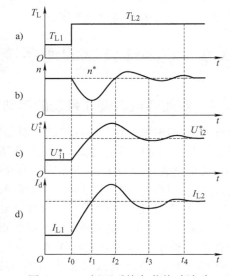

图 3-11 双闭环系统负载扰动波动
a）负载变化情况　b）转速调整过程
c）ACR 给定变化情况　d）输出电流调整过程

3-2 双闭环直流调速系统的抗干扰分析

U_i^* 停止增加。在电流调节环的作用下，晶闸管变流器的整流电压停止增大，电动机电枢电压 U_d 亦停止增加。

t_2 时刻以后，仍然存在 $T_e > T_{L2}$ 的情况，所以出现了转速 n 的超调，ASR 输入反向偏差电压，其输出 U_i^* 积分下降，直到 t_3 时刻 $n = n^*$ 时停止下降。而这时因为 $U_{i1}^* < U_{i2}^*$，$I_d < I_{L2}$，会使转速再次降低至小于给定转速 n^*。经过一次或几次振荡后可以获得稳定，如图 3-11b 所示的 t_4 时刻，转速进入系统规定误差范围，结束过渡过程。

系统动态过程结束后，在新的负载下稳定运行，系统转速给定电压 U_n^* 未变，电动机运行转速 n^* 也未变，但是电流环的给定电压 U_i^* 加大了，同时晶闸管变流器的控制电压加大了，电动机电枢电压亦加大了，这就是负载转矩加大后，需要电枢电流加大满足转矩平衡的条件来维持

转速不变。

依据以上分析可以看出，克服负载扰动的主要环节是转速环，而电流环在调节过程中只起电流跟随作用。从表面上看，在不设电流环的单独转速反馈系统中，可以避免 ACR 的积分输出延缓作用，加快调节过程。但实际上，电流环具有加快调节电枢电流使其到达 I_{L_2} 的能力，它可以等效为一个短时间常数的惯性环节，从而加快了系统的响应速度，使降落的转速能迅速恢复。

另外，如果系统原来处于轻载工作状态，当负载突然加大使转速降得很多时，ASR 输出进入饱和状态，它能辅之以恒流升速，既避免了电枢电流的过大，又加快了恢复过程。

通常，在单闭环调速系统中，电网电压扰动的作用点距被调量较远，调节作用受到多个环节的延滞，因此单闭环调速系统抵抗电压扰动的性能要差一些。在双闭环系统中，由于增设了电流内环，电压波动可以通过电流反馈得到比较及时的调节，不必等它影响到转速以后才能反馈回来，抗扰性能大有改善。因此，在双闭环系统中，由电网电压波动引起的转速动态变化会比单闭环系统小得多。

3.3.3 转速调节器与电流调节器的作用

1. 转速调节器的作用

1）使转速跟随给定电压变化，实现稳态无静差。
2）对负载电流变化起抗干扰作用。
3）其输出限幅值决定了最大电枢电流。

2. 电流调节器的作用

1）使电枢电流跟随给定电压变化，实现稳态无静差。
2）对电网电压波动起及时抗干扰作用。
3）在起动过程中，保证获得允许的最大电流；在过载甚至堵转时，起自动过电流保护作用。

▶ * 3.4 转速、电流双闭环调速系统的工程设计法

3.4.1 工程设计法的基本思路

用经典的动态校正方法设计调节器，需同时解决稳、准、快、抗干扰等各方面相互有矛盾的静、动态性能要求，需要设计者有扎实的理论基础和丰富的实践经验，而初学者不易掌握，于是有必要建立实用的设计方法。

大多数现代的电力拖动自动控制系统均可近似于低阶系统。若事先深入研究低阶典型系统的特性并制成图表，再将实际系统校正或简化成典型系统的形式再与图表对照，设计过程就简便多了。这样就有了建立工程设计方法的可能性。

工程设计方法的原则如下：
1）概念清楚、易懂。
2）计算公式简明、好记。
3）不仅给出参数计算的公式，而且指明参数调整的方向。
4）能考虑饱和非线性控制的情况，同样给出简单的计算公式。
5）适用于各种可以简化成典型系统的反馈控制系统。

工程设计方法的基本思路是：

1) 选择调节器结构，使系统典型化并满足稳定和稳态精度。
2) 设计调节器的参数，以满足动态性能指标的要求。

3.4.2 典型系统中参数与性能指标的关系

低阶典型系统如图 3-12 所示。

一般来说，许多控制系统的开环传递函数都可表示为

$$W(s) = \frac{K\prod_{j=1}^{m}(\tau_j s + 1)}{s^r \prod_{i=1}^{n}(T_i s + 1)} \tag{3-8}$$

式中，分母中的 s^r 项表示该系统在原点处有 r 重极点，或者说，系统含有 r 个积分环节。根据 $r = 0, 1, 2$ 等不同数值，分别称作 0 型、Ⅰ型、Ⅱ型等系统。

自动控制理论已经证明，0 型系统稳态精度低，而Ⅲ型和Ⅲ型以上的系统很难稳定。因此，为了保证稳定性和较好的稳态精度，多选用Ⅰ型和Ⅱ型系统。

低阶典型Ⅰ型系统结构图如图 3-13 所示。

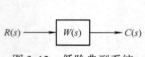

图 3-12 低阶典型系统

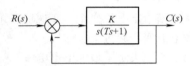

图 3-13 低阶典型Ⅰ型系统结构图

低阶典型Ⅰ型系统开环传递函数为

$$W(s) = \frac{K}{s(Ts + 1)} \tag{3-9}$$

式中　T——系统的惯性时间常数；
　　　K——系统的开环增益。

低阶典型Ⅰ型系统开环对数频率特性如图 3-14 所示。

低阶典型的Ⅰ型系统结构简单，其对数幅频特性的中频段以 -20dB/dec 的斜率穿越 0dB 线，只要参数的选择能保证足够的中频带宽度，系统就一定是稳定的，且有足够的稳定裕度，即选择参数满足

$$\omega_c < \frac{1}{T} \tag{3-10}$$

式中　ω_c——截止频率；
　　　T——系统的惯性时间常数。

或

$$\omega_c T < 1 \tag{3-11}$$

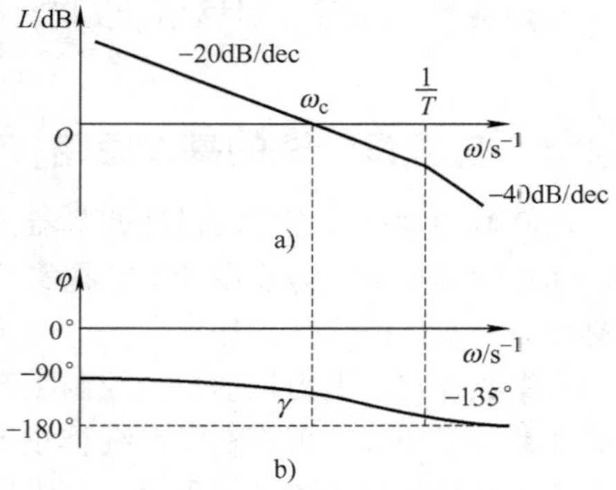

图 3-14 低阶典型Ⅰ型系统开环对数频率特性
a) 对数幅频特性　b) 相频特性

于是，相位稳定裕度

$$\gamma = 180° - 90° - \arctan\omega_c T = 90° - \arctan\omega_c T > 45° \tag{3-12}$$

低阶典型Ⅱ型系统结构图如图 3-15 所示。

低阶典型Ⅱ型系统开环传递函数为

$$W(s) = \frac{K(\tau s + 1)}{s^2(Ts + 1)} \tag{3-13}$$

低阶典型Ⅱ型系统开环对数频率特性如图 3-16 所示。

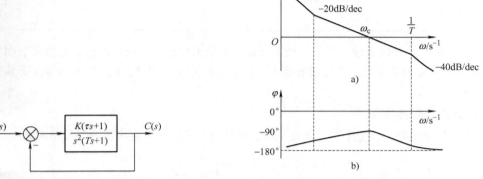

图 3-15　低阶典型Ⅱ型系统结构图

图 3-16　低阶典型Ⅱ型系统开环对数频率特性
a) 对数幅频特性　b) 相频特性

低阶典型的Ⅱ型系统也是以 −20dB/dec 的斜率穿越 0dB 线。由于分母中 s^2 项对应的相频特性是 −180°，后面还有一个惯性环节，在分子添上一个比例微分环节（$\tau s+1$），是为了把相频特性抬到 −180°线以上，以保证系统稳定，即应选择参数满足

$$\frac{1}{\tau}<\omega_c<\frac{1}{T} \tag{3-14}$$

或

$$\tau>T \tag{3-15}$$

且 τ 比 T 大得越多，系统的稳定裕度越大。

低阶典型Ⅰ型系统的开环传递函数如式（3-9）所示，它包含两个参数：开环增益 K 和时间常数 T。其中，时间常数 T 在实际系统中往往是控制对象本身固有的，能够由调节器改变的只有开环增益 K，也就是说，K 是唯一的待定参数。设计时，需要按照性能指标选择参数 K 的大小。

K 与开环对数幅频特性的关系如图 3-17 所示。图中绘出了在不同 K 值时典型Ⅰ型系统的开环对数幅频特性，箭头表示 K 值增大时特性变化的方向。

K 与截止频率 ω_c 的关系：当 $\omega_c<\frac{1}{T}$ 时，特性以 −20dB/dec 斜率穿越 0dB 线，系统有较好的稳定性。由图 3-17 中的特性可知

$$20\lg K = 20(\lg\omega_c - \lg 1) = 20\lg\omega_c$$

所以当 $\omega_c<\frac{1}{T}$ 时

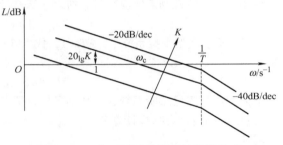

图 3-17　K 与开环对数幅频特性的关系

$$K=\omega_c \tag{3-16}$$

式（3-16）表明，K 值越大，截止频率 ω_c 也越大，系统响应越快，但相位稳定裕度 $\gamma = 90° - \arctan\omega_c T$ 越小，这也说明快速性与稳定性之间的矛盾。在具体选择参数 K 时，需在两者之间取折中。

下面将用数字定量地表示低阶典型Ⅰ型系统跟随性能指标与参数的关系。

1. 稳态跟随性能指标

系统的稳态跟随性能指标可用不同输入信号作用下的稳态误差来表示，见表 3-1。

表 3-1　Ⅰ型系统在不同输入信号作用下的稳态误差

输入信号	阶跃输入 $R(t)=R_0$	斜坡输入 $R(t)=v_0 t$	加速度输入 $R(t)=\dfrac{a_0 t^2}{2}$
稳态误差	0	$\dfrac{v_0}{K}$	∞

由表 3-1 可见：在阶跃输入下的Ⅰ型系统稳态时是无稳态误差的；但在斜坡输入下则有恒值稳态误差，且与 K 值成反比；在加速度输入下稳态误差为 ∞。因此，Ⅰ型系统不能用于具有加速度输入的随动系统。

2. 动态跟随性能指标

1）闭环传递函数：典型Ⅰ型系统是一种二阶系统，其闭环传递函数的一般形式为

$$W_{cl}(s)=\frac{C(s)}{R(s)}=\frac{\omega_n^2}{s^2+2\zeta\omega_n s+\omega_n^2} \tag{3-17}$$

式中　ω_n——无阻尼时的自然振荡角频率，或称固有角频率；

ζ——阻尼比，或称衰减系数。

2）K、T 与一般形式中的参数的换算关系为

$$\omega_n=\sqrt{\frac{K}{T}} \tag{3-18}$$

$$\zeta=\frac{1}{2}\sqrt{\frac{1}{KT}} \tag{3-19}$$

$$\zeta\omega_n=\frac{1}{2T} \tag{3-20}$$

二阶系统的性质为：

当 $\zeta<1$ 时，系统动态响应是欠阻尼的振荡特性；

当 $\zeta>1$ 时，系统动态响应是过阻尼的单调特性；

当 $\zeta=1$ 时，系统动态响应是临界阻尼。

由于过阻尼特性动态响应较慢，所以一般常把系统设计成欠阻尼状态，即

$$0<\zeta<1 \tag{3-21}$$

由于在低阶典型Ⅰ型系统中，$KT<1$，代入式(3-19) 得 $\zeta>0.5$。因此在低阶典型Ⅰ型系统中应取

$$0.5<\zeta<1 \tag{3-22}$$

下面列出欠阻尼二阶系统在零初始条件（系统在 $t=0$ 时，输入、输出量及其各阶导数均为 0）下的阶跃响应动态指标计算公式。

超调量

$$\sigma=e^{-(\zeta\pi/\sqrt{1-\zeta^2})}\times 100\% \tag{3-23}$$

上升时间

$$t_r=\frac{2\zeta T}{\sqrt{1-\zeta^2}}(\pi-\arccos\zeta) \tag{3-24}$$

峰值时间

$$t_p=\frac{\pi}{\omega_n\sqrt{1-\zeta^2}} \tag{3-25}$$

表 3-2 为低阶典型Ⅰ型系统跟随性能指标、频域指标（γ、ω_c）与参数的关系。

表 3-2 低阶典型 I 型系统跟随性能指标、频域指标与参数的关系

参数关系 KT	0.25	0.39	0.5	0.69	1.0
阻尼比 ζ	1.0	0.8	0.707	0.6	0.5
超调量 σ	0%	1.5%	4.3%	9.5%	16.3%
上升时间 t_r	∞	6.6T	4.7T	3.3T	2.4T
峰值时间 t_p	∞	8.3T	6.2T	4.7T	3.2T
相位稳定裕度 γ	76.3°	69.9°	65.5°	59.2°	51.8°
截止频率 ω_c	0.243/T	0.367/T	0.455/T	0.596/T	0.786/T

注：ζ 与 KT 的关系服从于式(3-19)。

具体选择参数时，应根据系统工艺要求选择参数以满足性能指标。

低阶典型 I 型系统抗扰性能指标与参数的关系。

图 3-18 是在扰动 F 作用下的低阶典型 I 型系统，其中，$W_1(s)$ 是扰动作用点前面部分的开环传递函数，$W_2(s)$ 是扰动作用点后面部分的开环传递函数，于是

$$W_1(s)W_2(s) = W(s) = \frac{K}{s(Ts+1)} \tag{3-26}$$

只讨论抗扰性能时，令输入作用 $R=0$，得到图 3-19 所示的等效结构图。由于抗扰性能与 $W_1(s)$ 有关，因此抗扰性能指标也不定，随着扰动点的变化而变化。在此，针对常用的调速系统，分析一种情况，其他情况可类此处理。经过一系列计算可得到表 3-3 所示的数据。

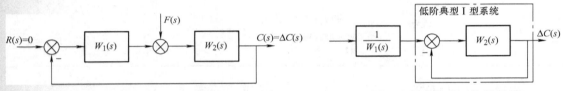

图 3-18 在扰动 F 作用下的低阶典型 I 型系统   图 3-19 在扰动 F 作用下的低阶典型 I 型系统等效结构图

表 3-3 低阶典型 I 型系统动态抗扰性能指标与参数的关系

$m = \dfrac{T_1}{T_2} = \dfrac{T}{T_2}$	$\dfrac{1}{5}$	$\dfrac{1}{10}$	$\dfrac{1}{20}$	$\dfrac{1}{30}$
$\dfrac{\Delta C_{max}}{C_b} \times 100\%$	55.5%	33.2%	18.5%	12.9%
t_m/T	2.8	3.4	3.8	4.0
t_v/T	14.7	21.7	28.7	30.4

注：控制结构和扰动作用点如图 3-18、图 3-19 所示，已选定的参数关系 $KT=0.5$。

由表 3-3 中的数据可以看出，当控制对象的两个时间常数相距较大时，动态降落减小，但恢复时间却拖得较长。

3.4.3 非典型系统的典型化

1. 调节器结构的选择

调节器结构的选择思路是将控制对象校正成为低阶典型系统，如图 3-20 所示。

调节器结构的选择规律是，用典型系统替

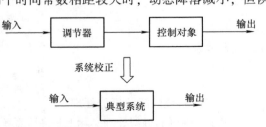

图 3-20 控制对象校正成为低阶典型系统

代控制对象。几种校正成低阶典型Ⅰ型系统和低阶典型Ⅱ型系统的控制对象和相应的调节器传递函数列于表3-4和表3-5中，表中还给出了参数配合关系。有时仅靠P、I、PI、PD及PID几种调节器都不能满足要求，就不得不做一些近似处理，或者采用更复杂的控制规律。

表3-4　校正成低阶典型Ⅰ型系统的几种调节器选择

控制对象	$\dfrac{K_2}{(T_1s+1)(T_2s+1)}$ $T_1>T_2$	$\dfrac{K_2}{Ts+1}$	$\dfrac{K_2}{s(Ts+1)}$	$\dfrac{K_2}{(T_1s+1)(T_2s+1)(T_3s+1)}$ $T_1、T_2>T_3$	$\dfrac{K_2}{(T_1s+1)(T_2s+1)(T_3s+1)}$ $T_1\gg T_2、T_3$
调节器	$\dfrac{K_{pi}(\tau_1 s+1)}{\tau_1 s}$	$\dfrac{K_i}{s}$	K_p	$\dfrac{(\tau_1 s+1)(\tau_2 s+1)}{\tau s}$	$\dfrac{K_{pi}(\tau_1 s+1)}{\tau_1 s}$
参数配合	$\tau_1=T_1$			$\tau_1=T_1,\ \tau_2=T_2$	$\tau_1=T_1,$ $T_\Sigma=T_2+T_3$

表3-5　校正成低阶典型Ⅱ型系统的几种调节器选择

控制对象	$\dfrac{K_2}{s(Ts+1)}$	$\dfrac{K_2}{(T_1s+1)(T_2s+1)}$ $T_1\gg T_2$	$\dfrac{K_2}{s(T_1s+1)(T_2s+1)}$ $T_1、T_2$相近	$\dfrac{K_2}{s(T_1s+1)(T_2s+1)}$ $T_1、T_2$都很小	$\dfrac{K_2}{(T_1s+1)(T_2s+1)(T_3s+1)}$ $T_1\gg T_2、T_3$
调节器	$\dfrac{K_{pi}(\tau_1 s+1)}{\tau_1 s}$	$\dfrac{K_{pi}(\tau_1 s+1)}{\tau_1 s}$	$\dfrac{(\tau_1 s+1)(\tau_2 s+1)}{\tau s}$	$\dfrac{K_{pi}(\tau_1 s+1)}{\tau_1 s}$	$\dfrac{K_{pi}(\tau_1 s+1)}{\tau_1 s}$
参数配合	$\tau_1=hT$	$\tau_1=hT_2$ 认为 $\dfrac{1}{Ts_1+1}\approx\dfrac{1}{T_1s}$	$\tau_1=hT_1$（或hT_2） $\tau_2=hT_2$（或T_1）	$\tau_1=h(T_1+T_2)$	$\tau_1=h(T_2+T_3)$ 认为 $\dfrac{1}{T_1s+1}\approx\dfrac{1}{T_1s}$

2. 传递函数近似处理

（1）高频段小惯性环节的近似处理

实际系统中往往有若干个小时间常数的惯性环节，这些小时间常数所对应的频率都处于频率特性的高频段，形成一组小时间常数的惯性群。当系统有一组小时间常数的惯性群时，在一定的条件下，可以将它们近似地看成是一个小时间常数的惯性环节，其时间常数等于小时间常数的惯性群中各时间常数之和。例如，系统的开环传递函数为

$$W(s)=\dfrac{K(\tau s+1)}{s(T_1s+1)(T_2s+1)(T_3s+1)}$$

T_2s、T_3s若为小时间常数的惯性环节，则可以合并。

例如$\dfrac{1}{(T_2s+1)(T_3s+1)}$，当满足条件

$$\omega_c\leqslant\dfrac{1}{3}\dfrac{1}{\sqrt{T_2T_3}} \tag{3-27}$$

时，可表示为

$$\dfrac{1}{(T_2s+1)(T_3s+1)}\approx\dfrac{1}{(T_2+T_3)s+1} \tag{3-28}$$

（2）高阶系统的降阶近似处理

上述小惯性群的近似处理实际上是高阶系统降阶处理的一种特例，它把多阶小惯性环节降为一阶小惯性环节。下面讨论更一般的情况，即如何能忽略特征方程的高次项。以三阶系统为例，设

$$W(s) = \frac{K}{as^3 + bs^2 + cs + 1} \tag{3-29}$$

其中，a，b，c 都是正系数，且 $bc > a$，即系统是稳定的。

若满足条件

$$\omega_c \leq \frac{1}{3} \min\left(\sqrt{\frac{1}{b}}, \sqrt{\frac{c}{a}}\right) \tag{3-30}$$

则忽略高次项，可得近似的一阶系统的传递函数为

$$W(s) \approx \frac{K}{cs+1} \tag{3-31}$$

（3）低频段大惯性环节的近似处理

表 3-5 中已经指出，当系统中存在一个时间常数特别大的惯性环节时，可以近似地将它看成是积分环节，即当满足条件 $\omega_c \geq \frac{3}{T}$ 时，可将 $\frac{1}{Ts+1}$ 简化为 $\frac{1}{Ts}$。

例如，满足条件 $\omega_c \geq \frac{3}{T_1}$，则 $W_a(s) = \frac{K(\tau s+1)}{s(T_1 s+1)(T_2 s+1)}$ 可简化为

$$W_b(s) = \frac{K(\tau s+1)}{T_1 s^2 (T_2 s+1)} \tag{3-32}$$

低频段大惯性环节近似处理对幅频特性的影响，如图 3-21 所示，实质就是低频时把特性 a 近似地看成特性 b。

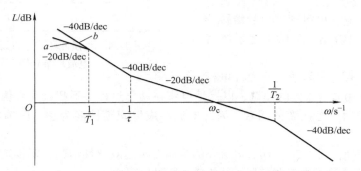

图 3-21 低频段大惯性环节近似处理对幅频特性的影响

3.4.4 电流环的设计

1. 电流环结构图的简化

在按动态性能设计电流环时，可以暂不考虑反电动势变化的动态影响，即 $\Delta E \approx 0$。这时，电流环如图 3-22 所示。

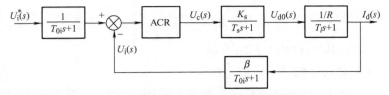

图 3-22 简化后的电流环的动态结构图

如果把给定滤波和反馈滤波两个环节都等效地移到环内，同时把给定信号改成 $\dfrac{U_i^*(s)}{\beta}$，则电流环便等效成单位负反馈系统，如图 3-23 所示。

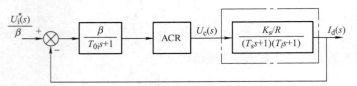

图 3-23　等效成单位负反馈系统结构图

最后，由于 T_s 和 T_{0i} 一般都比 T_l 小得多，可以把点画线框部分当作小惯性群而近似地看作是一个惯性环节，当满足简化条件电流环截止频率

$$\omega_{ci} \leqslant \frac{1}{3}\sqrt{\frac{1}{T_s T_{0i}}} \tag{3-33}$$

时，其时间常数为

$$T_{\Sigma i} = T_s + T_{0i} \tag{3-34}$$

电流环结构图最终简化，如图 3-24 所示。

2. 电流调节器结构的选择

低阶典型系统的选择：从稳态要求上看，希望电流无静差，以得到理想的堵转特性，由图 3-24 可以看出，采用 Ⅰ 型系统就够了。

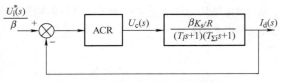

图 3-24　小惯性环节近似处理后的电流环结构图

从动态要求上看，实际系统不允许电枢电流在突加控制作用时有太大的超调，以保证电流在动态过程中不超过允许值，而对电网电压波动的及时抗扰作用只是次要的因素，为此电流环应以跟随性能为主，应选用低阶典型 Ⅰ 型系统。

电流调节器选择：图 3-24 表明，电流环的控制对象是双惯性型的，要校正成低阶典型 Ⅰ 型系统，显然应采用 PI 型的电流调节器，其传递函数可以写成

$$W_{ACR}(s) = \frac{K_i(\tau_i s + 1)}{\tau_i s} \tag{3-35}$$

式中　K_i——电流调节器的比例系数；

　　　τ_i——电流调节器的超前时间常数。

为了让调节器零点与控制对象的大时间常数极点对消，选择

$$\tau_i = T_l \tag{3-36}$$

则电流环的动态结构图便成为图 3-25 所示的典型形式，其中

$$K_I = \frac{K_i K_s \beta}{\tau_i R} \tag{3-37}$$

其对应的开环对数幅频特性如图 3-26 所示。

3. 电流调节器的参数计算

式 (3-35) 给出，电流调节器的参数有 K_i 和 τ_i，其中 τ_i 已选定，剩下的只有比例系数 K_i，可根据所需要的动态性能指标选取。

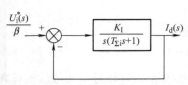
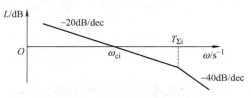

图 3-25 电流环的动态结构图　　　图 3-26 开环对数幅频特性

其参数选择时,在一般情况下,希望电流超调量 $\sigma_i < 5\%$,由表 3-2,可选 $\zeta = 0.707$,$K_I T_{\Sigma i} = 0.5$,则

$$K_I = \omega_{ci} = \frac{1}{2T_{\Sigma i}} \tag{3-38}$$

再利用式(3-37)和式(3-36)得到

$$K_i = \frac{T_l R}{2K_s \beta T_{\Sigma i}} = \frac{R}{2K_s \beta}\left(\frac{T_l}{T_{\Sigma i}}\right) \tag{3-39}$$

注意:如果实际系统要求的跟随性能指标不同,式(3-38)和式(3-39)当然要做出相应的改变。此外,如果对电流环的抗扰性能也有具体的要求,还得再校验一下抗扰性能指标是否满足。

4. 电流调节器的实现

模拟式电流调节器电路如图 3-27 所示,电路为含给定滤波与反馈滤波的 PI 型电流调节器。

电流调节器电路中参数的计算公式为

$$K_i = \frac{R_i}{R_0} \tag{3-40}$$

$$\tau_i = R_i C_i \tag{3-41}$$

$$T_{0i} = \frac{1}{4} R_0 C_{0i} \tag{3-42}$$

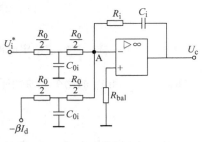

图 3-27 含给定滤波与反馈滤波的 PI 型电流调节器

3.4.5 转速环的设计

1. 电流环的等效闭环传递函数

电流环经简化后可视为转速环中的一个环节,为此须求出它的闭环传递函数。由图 3-25 可知,闭环传递函数为

$$W_{cli}(s) = \frac{I_d(s)}{U_i^*(s)/\beta} = \frac{\frac{K_I}{s(T_{\Sigma i}s+1)}}{1+\frac{K_I}{s(T_{\Sigma i}s+1)}} = \frac{1}{\frac{T_{\Sigma i}}{K_I}s^2 + \frac{1}{K_I}s + 1} \tag{3-43}$$

近似条件可由式(3-30)求出

$$\omega_{cn} \leq \frac{1}{3}\sqrt{\frac{K_I}{T_{\Sigma i}}} \tag{3-44}$$

式中　ω_{cn}——转速环开环幅频特性的截止频率。

满足该条件时,忽略高次项,式(3-43)可降阶近似为

$$W_{cli}(s) \approx \frac{1}{\frac{1}{K_I}s + 1} \tag{3-45}$$

接入转速环内，电流环等效环节的输入量应为 $U_i^*(s)$，因此电流环在转速环中应等效为

$$\frac{I_d(s)}{U_i^*(s)} = \frac{W_{\text{cli}}(s)}{\beta} \approx \frac{\frac{1}{\beta}}{\frac{1}{K_I}s + 1} \tag{3-46}$$

这样，原来是双惯性环节的电流环控制对象，经闭环控制后，可以近似地等效成只有较小时间常数的一阶惯性环节。

其物理意义在于：电流的闭环控制改造了控制对象，加快了电流的跟随作用，这是局部闭环（内环）控制的一个重要功能。

2. 转速调节器结构的选择

转速环的动态结构中，用电流环的等效环节代替电流环后，整个转速控制系统的动态结构图如图 3-28 所示。

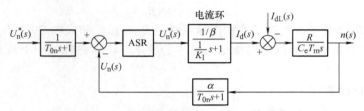

图 3-28 简化后的转速环的动态结构图

和电流环中一样，把转速给定滤波和反馈滤波环节移到环内，同时将给定信号改成 $\frac{U_n^*(s)}{\alpha}$，再把时间常数为 $\frac{1}{K_I}$ 和 T_{0n} 的两个小惯性环节合并起来，近似成一个时间常数为 $T_{\Sigma n}$ 的惯性环节，其中

$$T_{\Sigma n} = \frac{1}{K_I} + T_{0n} \tag{3-47}$$

为了实现转速无静差，在负载扰动作用点前面必须有一个积分环节，它应该包含在 ASR 中，等效成单位负反馈系统和小惯性的近似处理如图 3-29 所示。现在在扰动作用点后面已经有了一个积分环节，因此转速环开环传递函数共有两个积分环节，所以应该设计成低阶典型 II 型系统，这样的系统同时也能满足动态抗扰性能好的要求。

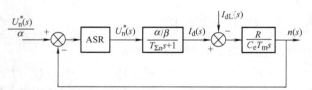

图 3-29 等效成单位负反馈系统和小惯性的近似处理

由此可见，ASR 也应该采用 PI 调节器，其传递函数为

$$W_{\text{ASR}}(s) = \frac{K_n(\tau_n s + 1)}{\tau_n s} \tag{3-48}$$

式中 K_n——转速调节器的比例系数；

τ_n——转速调节器的超前时间常数。

这样，调速系统的开环传递函数为

$$W_n(s) = \frac{K_n(\tau_n s + 1)}{\tau_n s} \cdot \frac{\frac{\alpha R}{\beta}}{C_e T_m s (T_{\Sigma n} s + 1)} = \frac{K_n \alpha R(\tau_n s + 1)}{\tau_n \beta C_e T_m s^2 (T_{\Sigma n} s + 1)} \tag{3-49}$$

令转速环开环增益为

$$K_N = \frac{K_n \alpha R}{\tau_n \beta C_e T_m} \tag{3-50}$$

则

$$W_n(s) = \frac{K_N(\tau_n s + 1)}{s^2(T_{\Sigma n} s + 1)} \tag{3-51}$$

校正后成为低阶典型 II 型系统，如图 3-30 所示。

3. 转速调节器的参数计算

转速调节器的参数包括 K_n 和 τ_n。按照低阶典型 II 型系统的参数关系

$$\tau_n = hT_{\Sigma n} \tag{3-52}$$

再由

$$K_N = \frac{h+1}{2h^2 T_{\Sigma n}^2} \tag{3-53}$$

因此

$$K_n = \frac{(h+1)\beta C_e T_m}{2h\alpha R T_{\Sigma n}} \tag{3-54}$$

选择参数时，中频宽 h 应选择多少，要看动态性能的要求决定。无特殊要求时，一般可选择 $h = 5$。

4. 转速调节器的实现

模拟式转速调节器电路如图 3-31 所示。

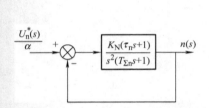

图 3-30　校正后成为低阶典型 II 型系统

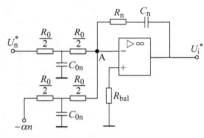

图 3-31　含给定滤波与反馈滤波的 PI 型转速调节器

转速调节器参数计算公式为

$$K_n = \frac{R_n}{R_0} \tag{3-55}$$

$$\tau_n = R_n C_n \tag{3-56}$$

$$T_{0n} = \frac{1}{4} R_0 C_{0n} \tag{3-57}$$

转速环与电流环的关系：外环的响应比内环慢，这是按上述工程设计方法设计多环控制系统的特点。这样做，虽然不利于快速性，但每个控制环本身都是稳定的，对系统的组成和调试工作非常有利。

▶ 3.5　思考与练习

1. 最佳过渡过程的条件是什么？

2. 画出转速、电流双闭环系统原理图、结构图和稳态结构图。
3. 简述转速、电流双闭环系统系统结构。
4. 简述二极管钳位的外限幅电路和稳压管钳位的外限幅电路的工作原理。
5. 简述双闭环直流调速系统的起动过渡过程可分为哪三个阶段？
6. 转速、电流双闭环系统的起动过程具有哪些特点？
7. 试分析转速、电流双闭环系统当负载突然增加时的自动调整过程。
8. 简述转速、电流双闭环系统中转速调节器和电流调节器作用。

第4章　直流可逆调速系统

[学习目标]
1. 掌握改变他励直流电动机旋转方向的方法；了解直流可逆调速系统的分类。
2. 理解 V–M 可逆系统的基本工作原理；理解电动机发电回馈制动的工作原理。
3. 理解环流的定义，了解环流对系统的主要影响；掌握环流的分类；了解可逆系统按处理环流方式不同的分类。
4. 理解 $\alpha=\beta$ 工作制的有环流可逆系统的工作原理。
5. 了解无环流可逆调速系统的分类；掌握逻辑无环流可逆调速系统的组成与工作原理；掌握无环流逻辑控制器的构成和作用。
6. 理解欧陆 514C 直流调速器的基本构成，能够按照要求用欧陆 514C 直流调速器完成可逆系统和不可逆系统的装调与测试。

4.1　直流可逆调速系统概述

4.1.1　直流可逆调速系统的分类

在直流可逆调速系统中，对电动机的最基本要求是能改变其旋转方向。而要改变电动机的旋转方向，就必须改变电动机电磁转矩的方向。由直流电动机的转矩公式 $T_e = K_e \Phi_N I_d$ 可知，改变转矩 T_e 的方向有两种方法：一种是改变电动机电枢电流的方向，实际是改变电动机电枢电压的极性；另一种是改变电动机励磁磁通的方向，实际是改变电动机励磁电流的方向。

根据执行元件的不同，电枢可逆线路可以分为接触器切换电枢可逆线路、晶闸管开关切换电枢可逆线路及两组晶闸管变流器组成的电枢可逆线路三种形式。

图 4-1a 所示线路为接触器切换电枢可逆线路。这种线路只采用一组晶闸管变流器，同时在线路中接入正向和反向接触器来切换电动机电枢电流的方向。图中晶闸管变流的输出电压 U_d 极性不变。当正向接触器 KM_F 触点吸合时，电动机电枢电压 A 端为正，B 端为负，电流方向如图 4-1b 实线箭头所示，电动机正转。当 KM_F 触点断开，而反向接触器 KM_R 吸合时，电动机电枢电压 A 端为负，B 端为正，电流方向改变，如图 4-1c 虚线箭头所示，电动机反转。

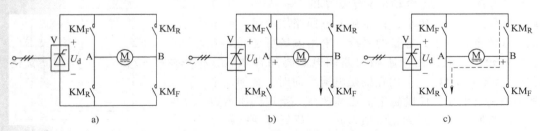

图 4-1　接触器切换电枢可逆线路
a) 接触器切换电枢可逆线路　b) 接触器 KM_F 触点吸合时电流方向　c) 接触器 KM_R 触点吸合时电流方向

接触器的工作状态通常由一套逻辑电路来控制，这种方案比较经济，但接触器的寿命比半导体器件低，且动作时间较长。所以这种方案一般适用于不频繁、不快速正反向运行的生产机械上。

图 4-2 所示线路为用晶闸管代替接触器的主触点,从有触点控制变为无触点控制的可逆线路。当晶闸管 VT_1 和 VT_2 导通、VT_3 和 VT_4 关断时,电动机正转;当 VT_1 和 VT_2 关断、VT_3 和 VT_4 接通时,电动机反转。

这种方案需要多用 4 个晶闸管,经济上无明显优势,一般只适用于几十千瓦及以下的中小功率可逆系统。

图 4-3 所示线路为两组晶闸管变流器供电的电枢可逆线路。正向变流器为 VF,对电动机提供正向电流;反向变流器为 VR,对电动机提供反向电流。通过对正反组实现一定的切换控制,就可以实现电动机的可逆运行。

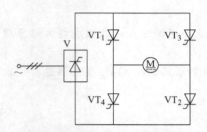

图 4-2　晶闸管切换电枢可逆线路

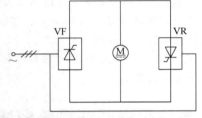

图 4-3　两组晶闸管供电的电枢可逆线路

要使直流电动机反转,除了改变电枢电压的极性之外,还可通过改变励磁通的方向也能得到同样的效果,因此有励磁反接的可逆线路。在磁场可逆线路中,电动机的电枢回路仍用一组晶闸管整流器供电。而电动机的励磁回路可采用与电枢可逆相同的几种方案,即接触器切换、晶闸管开关切换及两组晶闸管变流器供电三种方式,如图 4-4 ~ 图 4-6 所示。

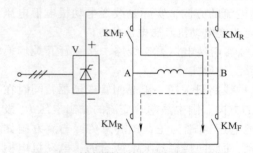

图 4-4　接触器切换的磁场可逆线路

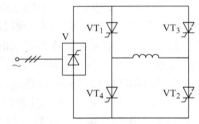

图 4-5　晶闸管开关切换的磁场可逆线路

由于励磁功率只占电动机额定功率的 1% ~ 5%,因而所用晶闸管容量相对较小,只需在电枢回路用一组大容量的晶闸管装置。对于大容量的系统,采用磁场可逆线路方案,投资较省。但是由于励磁回路的电磁时间常数较大(几秒,甚至几十秒),所以在励磁电流反向时,常加上很大的强迫励磁电压,使励磁电流迅速改变,当达到所需数值时立即将励磁电压降到正常值。此外,磁场可逆线路还需要一套较复杂的控制电路,以保证在反向过程中当磁通接近于零时,电枢电流也为零,这样才能防止电动机出现

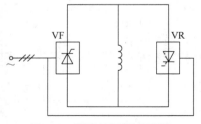

图 4-6　两组晶闸管变流器
供电的磁场可逆线路

弱磁升速现象,产生原方向的转矩,阻碍电动机反向,这些都增加了控制系统的复杂性。因此,只有在电动机容量相当大,而且正反转不太频繁,快速性要求不高时,才考虑采用磁场可逆方案。本章主要介绍 V - M 可逆调速系统。

4.1.2　V-M可逆系统中晶闸管与电动机的工作状态

1. 电动机和晶闸管装置的两种工作状态

直流他励电动机无论是正转还是反转，都可以有两种工作状态，一种是电动运行状态，另一种是制动运行状态（又称发电状态）。

电动运行状态是指电动机电磁转矩的方向与电动机旋转方向相同，电网给电动机输入能量，并转换为负载的动能。

制动运行状态是指电动机电磁转矩的方向与电动机旋转方向相反，电动机将动能转换为电能输出，如果将此电能回送给电网，则这种制动就叫作回馈制动。

在励磁磁通恒定时，电动机电磁转矩的方向就是电枢电流的方向，转速的方向也就是反电动势的方向。所以在分析时，常用电枢电流 I_d 和反电动势 E 的相对方向来表示电动机的电动运行状态和制动运行状态。

晶闸管装置也有两种工作状态，一种是整流工作状态，另一种是逆变工作状态。在由单组晶闸管组成的全控整流电路中，如果电动机带的是位能性负载，当控制角 $\alpha < 90°$ 时，晶闸管装置直流侧输出的平均电压为正值，且其理想空载值 $U_{d0} > E$，所以能输出整流电流 I_d，使电动机产生转矩而将重物提升，如图4-7所示。这时，电能从交流电网经晶闸管装置输送给电动机晶闸管装置，并工作于整流状态。

若要求电动机下放重物，必须将控制角 α 移到90°以上，这时晶闸管装置直流侧输出平均电压的极性便倒了过来，理想空载值变成负值 $-U_{d0}$，它将无法输出电能，但在重物的作用下，电动机将被拉向反转（如果电动机的负载是阻抗性的，电动机将被迫停止旋转），并感生反向的电动势 $-E$，其极性如图4-8所示。当 $|E| > |U_{d0}|$ 时，又将产生电流和转矩，它们的方向仍和提升重物时一样，由于此时电动机是下放重物，所以这个方向的转矩能阻止重物下降得太快而避免发生事故。这时电动机相当于一台由重物拖动的发电机，将重物的位能转化成电能，通过晶闸管装置输送到交流电网，晶闸管装置本身则工作于逆变状态。

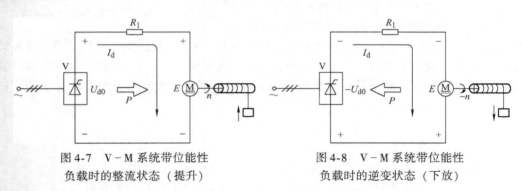

图4-7　V-M系统带位能性　　　　图4-8　V-M系统带位能性
　　负载时的整流状态（提升）　　　　负载时的逆变状态（下放）

由此可见，在单组晶闸管装置供电的V-M系统带位能性负载时，同一套晶闸管装置既可以工作在整流状态，也可以工作在逆变状态。两种状态中电流方向不变，而晶闸管装置直流侧输出的平均电压的极性相反。因此，能在整流状态中输出电能，而在逆变状态中吸收电能。通过上面典型实例的分析，可以归纳出晶闸管装置产生有源逆变状态时普遍适用的两个条件：

1）内部条件：控制角 $\alpha > 90°$，使晶闸管装置直流侧产生一个负的平均电压 $-U_{d0}$。

2）外部条件：外电路必须有一个直流电源，其极性与 $-U_{d0}$ 极性相同，其数值应稍大于 $|U_{d0}|$，以产生和维持逆变电流。

2. 电动机的发电回馈制动

在运行过程中，许多生产机械都需要快速地减速或停车，最经济的办法就是采用发电回馈制动，让电动机工作在机械特性的第二象限上，将制动期间释放出来的能量送回电网。

电动机的发电回馈制动与以上讨论的电动机带位能性负载反转制动状态相比，都是将电能通过晶闸管装置送回电网，但两者之间有着本质上的区别，主要表现在以下三点：

1) 发电回馈制动时，电动机工作在第二象限，转速的方向是正的，转矩方向变负；而带位能性负载反转制动工作在第四象限，转速的方向变成负的，转矩方向不变。

2) 发电回馈制动一般是一个过渡过程，最终仍要回到第一象限才能稳定下来，或者最后回到零点而停止运行，而电动机带位能负载反转制动是一种稳定的运行状态。

3) 发电回馈制动时，从电动机方面看来，任何负载在减速制动过程中都不可能帮助电动机改变其反电动势的极性，要回馈电能必须设法使电流反向，而电动机带位能负载反转制动运行时，电动机反电动势的极性随着转速而改变其方向，以维持原来电流方向的流通。

3. 在 V-M 系统中实现发电回馈制动

从电动机方面来看，实现回馈制动要么改变转速的方向，要么改变电磁转矩（即电枢电流）的方向。而任何负载在减速制动过程中，转速方向都不变，所以要实现回馈制动，必须设法改变电动机电磁转矩的方向，即改变电枢电流的方向。

对于单组 V-M 系统，由于晶闸管具有单向导电性，要想改变电枢电流方向是不可能的。因此，利用原来这组晶闸管就不可能实现回馈制动，需要寻找两组晶闸管装置组成的可逆线路，利用另外一组晶闸管的逆变状态来实现电动机的回馈制动。

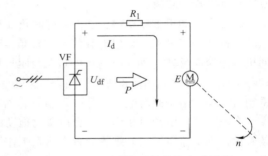

图 4-9　V-M 系统正组整流电动运行

正组晶闸管 VF 给电动机供电，晶闸管装置处于整流状态，输出上正下负的整流电压 U_{df}，电动机吸收能量做电动运行，工作过程如图 4-9 所示。

当需要发电回馈制动时，可利用控制电路切换到反组晶闸管 VR，并使它工作在逆变状态，输出一个上正下负的逆变电压 U_{dr}，这时电动机的反电动势虽然未改变，但当 $|U_{dr}| < E$ 时，便将产生反向电流 $-I_d$，电动机输出能量实现回馈制动，如图 4-10 所示。V-M 系统正组整流电动运行和反组逆变回馈制动的运行范围如图 4-11 所示。

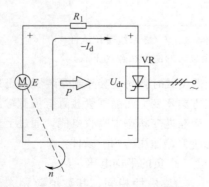

图 4-10　V-M 系统反组逆变回馈制动运行

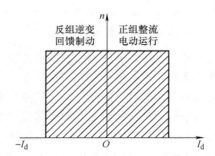

图 4-11　V-M 系统正组整流电动运行和反组逆变回馈制动的运行范围

即使是不可逆系统，电动机并不要求反转，只要是需要快速回馈制动，也应有两组反并联（或交叉连接）的晶闸管装置，正组作为整流供电，反组提供逆变制动。这时反组晶闸管只在短时间内给电动机提供制动电流，并不提供稳态运行电流，因而实际容量可以用得小一些。

对于用两组晶闸管的可逆系统来说，在正转运行时，可利用反组晶闸管实现回馈制动；反转运行时，同样可以利用正组晶闸管实现回馈制动，正反转和制动的装置合而为一，两组晶闸管的容量自然没有区别。

可逆线路正反转时，晶闸管装置和电动机的工作状态归纳起来见表 4-1。

表 4-1　V-M 系统反并联可逆线路的工作状态

V-M 系统的工作状态	正向运行	正向制动	反向运行	反向制动
电枢电压极性	+	+	-	-
电枢电流极性	+	-	-	+
电动机旋转方向	+	+	-	-
电动机运行状态	电动	回馈发电	电动	回馈发电
晶闸管工作的组别和状态	正组整流	反组逆变	反组整流	正组逆变
所在机械特性的象限	一	二	三	四

▶ 4.2　有环流直流可逆调速系统

4.2.1　环流问题

由两组晶闸管变流器组成的可逆线路，除了流经电动机的负载电流之外，还可能产生不流经负载而只流经两组晶闸管变流器的电流，这种电流称为环流，如图 4-12 所示。

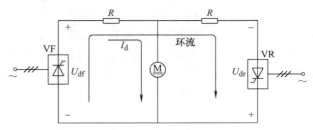

图 4-12　V-M 系统中的环流

环流的出现对系统主要有两方面影响：一方面，环流的存在会显著地增加晶闸管和变压器的负担，增加无功损耗，环流太大时甚至会导致晶闸管损坏，因此必须加以抑制；另一方面，通过适当的控制，可以利用环流作为晶闸管的基本负载电流，当电动机空载或轻载时，由于环流的存在而使晶闸管装置继续工作在电流连续区，避免了电流断续引起的非线性对系统动、稳态性能的不利影响。

环流可分为两大类：

1) 静态环流：静态环流是指晶闸管变流器在某一触发延迟角下稳定工作时，系统中所出现的环流。静态环流又可分为直流环流和脉动环流。

2) 动态环流：当系统工作状态发生变化，出现瞬态过程时，由于晶闸管触发相位突然改变所引起的环流称为动态环流。

在可逆系统中，正确处理环流问题是可逆系统的关键。可逆系统正是按着处理环流的方式不同而分为有环流系统和无环流系统两大类。

4.2.2 α=β 工作制的系统

直流平均环流的产生原因是两组晶闸管装置之间存在正向的直流电压差。若能保证 U_{df} 与 U_{dr} 始终大小相等，方向也相同，则可消除偏差，即

$$U_{df} = -U_{dr} \tag{4-1}$$

当正组 VF 整流时

$$U_{df} = U_{d0max}\cos\alpha_f \tag{4-2}$$

式中 α_f——正组控制角。

反组 VR 处于逆变时

$$U_{dr} = U_{d0max}\cos\alpha_r \tag{4-3}$$

式中 α_r——反组控制角。

故有

$$\cos\alpha_f = -\cos\alpha_r \tag{4-4}$$

可得

$$\alpha_f = 180° - \alpha_r = \beta_r \tag{4-5}$$

式中 β_r——反组逆变角。

即当正组 VF 整流时，让反组 VR 处于待逆变，且正组 VF 的整流角等于反组 VR 的逆变角，以消除直流电压差；反之亦然。这种措施称为 α=β 配合控制。

在 α=β 配合控制条件下，$|U_{df}|=|U_{dr}|$，因而没有直流平均环流，但这只是对输出电压的平均值而言的，整流电压 U_{df} 和逆变电压 U_{dr} 的瞬时值是不相等的，二者之间仍存在瞬时电压差，从而产生瞬时脉动环流。瞬时脉动环流是自然存在的，不能根除，只能通过在主回路中串联环流电抗器来加以抑制，使其幅值减小。

在 α=β 配合控制下，电枢可逆线路中虽然没有直流平均环流，但有瞬时脉动环流，所以这样的控制系统称为有环流可逆调速系统。由于脉动环流是自然存在的，所以又称为自然环流系统，如图 4-13 所示。

4-1 α=β工作制的有环流可逆系统原理

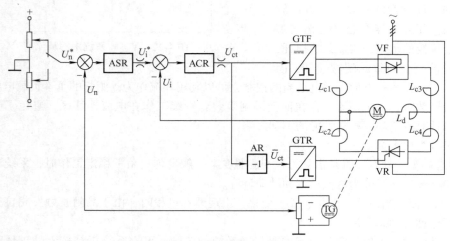

图 4-13 采用 α=β 配合控制的可逆线路

当电动机处于停止状态时，转速给定电压 $U_n^* = 0$，电流调节器给定电压 $U_i^* = 0$，正组控制电

压 $U_{ct}=0$,反组控制电压 $\overline{U}_{ct}=0$,因此输出电压 $U_{d0f}=U_{d0r}=0$,即 $\alpha_{f0}=\alpha_{r0}=90°$,电动机转速 $n=0$。

电动机正向起动运行时,转速给定电压 $U_n^*>0$,电动机正转。正组控制电压 $U_{ct}>0$,正组 VF 处于整流工作状态,反组控制电压 $\overline{U}_{ct}<0$,反组 VR 处于待逆变状态。所谓待逆变状态是指逆变组除环流外并未流过负载电流,也就没有电能回馈电网,确切地说,它只表示该组晶闸管装置是在逆变角控制下等待工作。电动机起动过程与双闭环不可逆系统相同,经历电流上升、恒流升速和转速调节三个阶段之后进入稳定运行状态,当系统稳定时,系统各点电位关系及功率关系如图 4-14 所示。

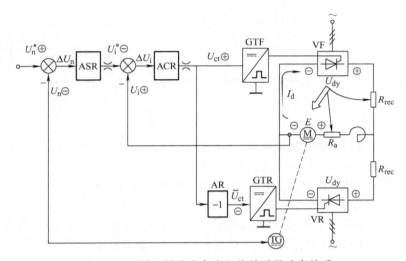

图 4-14 系统正转稳定各点电位关系及功率关系

注:1. U_{dy} 为正转时输出的平均电压。2. 空心箭头表示能量反送电网,实心箭头表示能量消耗在电阻上。

可逆调速系统由正转到反转的过程,可看作是正向制动与反向起动过程的衔接,所以只需对其正向制动过程加以分析。

整个制动过程可以分为正组逆变阶段和反组制动阶段两个主要阶段,现以正向制动过程为例来说明有环流可逆调速系统的制动过程。

1. 正组逆变阶段

发出停车(或反向)指令后,转速给定电压 $U_n^*=0$ 突变为零(或负值),使得 ASR 输出跃变到正限幅值 $+U_{im}^*$,此时 ACR 输出跃变成负限幅值 $-U_{cm}$,导致正组 VF 由整流状态很快变成逆变状态,同时反组 VR 由待逆变状态转变成待整流状态。在这阶段中,电流由正向负载电流下降到零,其方向未变,因此只能通过正组 VF 流通。

在正组 VF 回路中,由于正组 VF 变成逆变状态,极性变负,而电动机反电动势 E 极性未变,迫使电流迅速下降,主电路电感迅速释放储能,企图维持正向电流,这时

$$L\frac{dI_d}{dt}-E>|U_{d0f}|=|U_{d0r}| \tag{4-6}$$

大部分能量通过正组 VF 回馈电网,所以称作"本组逆变阶段",系统各点电位关系及功率关系如图 4-15 所示。由于电流的迅速下降,这个阶段所占时间很短,转速来不及发生明显的变化,其波形如图 4-16 中的阶段 I 所示。

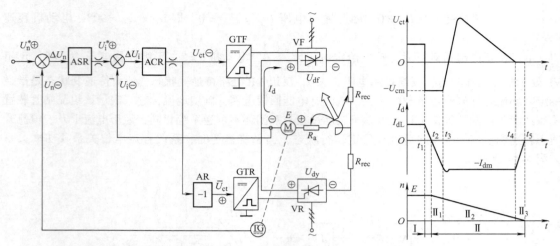

图 4-15　正组逆变阶段系统各点电位关系及功率关系

图 4-16　控制电压、负载电流、转速对应关系波形图

2. 反组制动阶段

当主电路电流下降过零时，正组逆变终止，转到反组 VR 进行工作，开始通过反组制动。从这时起，直到制动过程结束，统称"反组制动阶段"。

反组制动阶段又分成反组建流、反组逆变和反向减流三个子阶段。

（1）反组建流子阶段

当主电路电流 I_d 过零并反向，直至到达 $-I_{dm}$ 以前，ACR 并未脱离饱和状态，其输出仍为 $-U_{cm}$。这时，正组 VF 和反组 VR 输出电压的大小都与本组各自的逆变阶段一样，但由于本组逆变停止，电流变化延缓，$L\dfrac{dI_d}{dt}$ 的数值略减，使

$$L\frac{dI_d}{dt} - E < |U_{d0f}| = |U_{d0r}| \tag{4-7}$$

反组 VR 由待整流进入整流，向主电路提供电流 $-I_d$。由于反组整流电压 U_{d0r} 与反电动势 E 的极性相同，反向电流很快增长，电动机处于反接制动状态，转速明显降低，因此，又可称作"反组反接制动状态"，系统各点电位关系及功率关系如图 4-17 所示。过渡过程波形如图 4-16 中的阶段 II_1 所示。

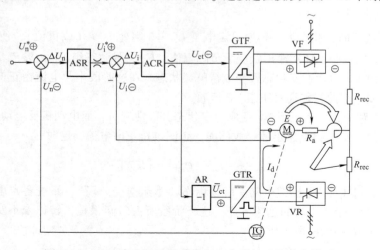

图 4-17　反组建流子阶段系统各点电位关系及功率关系

(2) 反组逆变子阶段

当反向电流达到 $-I_{dm}$ 并略有超调时，ACR 输出电压 U_{ct} 退出饱和，其数值很快减小，又由负变正，然后再增大，使反组 VR 回到逆变状态，而正组 VF 变成待整流状态。此后，在 ACR 的调节作用下，力图维持接近最大的反向电流 $-I_{dm}$，因而电流变化 $L\dfrac{dI_d}{dt}\approx 0$，使

$$E > |U_{d0f}| = |U_{d0r}| \tag{4-8}$$

电动机在恒减速条件下回馈制动，把动能转换成电能，其中大部分通过反组 VR 逆变回馈电网，系统各点电位关系及功率关系如图 4-18 所示。过渡过程波形如图 4-16 中的阶段 II_2 所示，称作"反组回馈制动阶段"或"反组逆变阶段"。由图 4-16 可见，这个阶段所占的时间最长，是制动过程中的主要阶段。

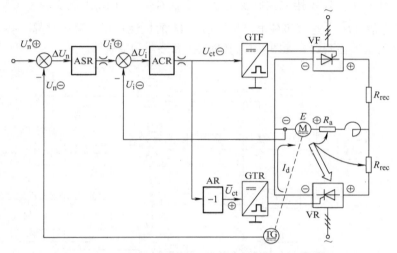

图 4-18 反组逆变子阶段系统各点电位关系及功率关系

(3) 反向减流子阶段

在这一阶段，转速下降得很低，无法再维持 $-I_{dm}$，于是电流立即衰减。在电流衰减过程中，电感 L 上的感应电压 $L\dfrac{dI_d}{dt}$ 支持着反向电流，并释放出存储的磁能，与电动机断续释放出的动能一起通过反组 VR 逆变回馈电网。如果电机随即停止，整个制动过程到此结束。过渡过程波形如图 4-16 中的阶段 II_3 所示。

如果需要在制动后紧接着反转，$I_d = -I_{dm}$ 的过程就会延续下去，直到反向转速稳定时为止。由于正转制动和反转起动的过程完全衔接起来，没有间断或死区，这是有环流可逆调速系统的优点，适用于要求快速正反转的系统。

4.3 逻辑无环流直流可逆调速系统

4.3.1 系统组成与工作原理

当生产工艺过程对系统过渡特性的平滑性要求不高时，特别是对于大容量的系统，从生产可靠性要求出发，常采用既没有直流环流又没有脉动环流的无环流直流可逆调速系统。按实现无环流的原理不同，可将无环流系统分为逻辑无环流系统和错位无环流系统两类。

当一组晶闸管工作时,用逻辑电路封锁另一组晶闸管的触发脉冲,使它完全处于阻断状态,确保两组晶闸管不同时工作,从根本上切断了环流的通路,这就是逻辑控制的无环流可逆系统。

实现无环流的另一种方法是基于触发脉冲相位配合控制的原理,当一组晶闸管整流时,另一组晶闸管处于待逆变状态,但两组触发脉冲的相位错开较远,因而当待逆变组触发脉冲到来时,它的晶闸管器件却处于反向阻断状态,不可能导通,从而也不可能产生环流。这就是错位控制的无环流直流可逆系统。本节只介绍生产中最常用的逻辑无环流控制调速系统。

逻辑控制的无环流直流可逆调速系统(又称为逻辑无环流系统),是目前在生产中应用最为广泛的可逆系统,其原理框图如图4-19所示。主电路采用两组晶闸管装置反并联线路,由于没有环流,不用再设置环流电抗器,但为了保证稳定运行时电流波形的连续,仍应保留平波电抗器L_d。控制电路采用典型的转速、电流双闭环系统,只是电流环分设两个电流调节器,ACR_1用来控制正组触发装置GTF,ACR_2用来控制反组触发装置GTR,ACR_1的给定信号U_i^*经反号器AR作为ACR_2的给定信号$\overline{U_i^*}$,这样可使电流反馈信号U_i的极性在正、反转时都不必改变,从而可采用不反映极性的电流检测器,如图4-19中的交流互感器和整流器。

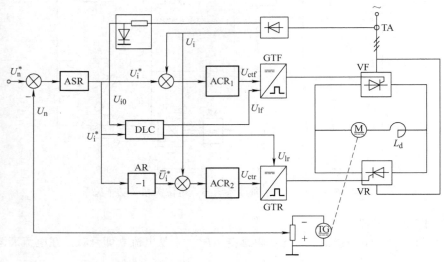

图 4-19 逻辑无环流直流可逆调速系统

TA—交流互感器　U_{i0}—零电流检测信号　U_{ctf}—正组控制电压　U_{ctr}—反组控制电压

由于主电路不设均衡电抗器,一旦出现环流将造成严重的短路事故,所以对工作时的可靠性要求特别高。为此,在逻辑无环流系统中设置了无环流逻辑控制器(DLC),这是系统中的关键部件,必须保证其可靠工作。它按照系统的工作状态,指挥系统进行自动切换,或者允许正组发出触发脉冲而封锁反组,或者允许反组发出触发脉冲而封锁正组。触发脉冲的零位仍整定在$\alpha_{f0} = \alpha_{r0} = 90°$,在任何情况下,决不容许两组晶闸管同时开放,以确保主电路没有产生环流的可能。

由于采用双闭环控制,起动过程也分三个阶段。制动过程与有环流直流可逆调速系统相同,所不同的是:有环流系统两组晶闸管都被触发,一组工作时,另一组仅输出电压,处于待整流(或待逆变)状态;逻辑无环流系统任何时候仅有一组晶闸管被触发。

4.3.2　无环流逻辑控制器的构成

所谓无环流逻辑控制器(DLC)就是根据可逆系统各种运行状态,正确地控制两组晶闸管装置触发脉冲的封锁与开放，使得在正组晶闸管 VF 工作时封锁反组脉冲，在反组晶闸管 VR 工作时封锁正组脉冲。两组触发脉冲决不能同时开放。

可逆系统共有四种运行状态，即四象限运行。当电动机正转和反向制动时，系统运行在第一和第四象限，它们共同点是电枢电流方向为正（在磁场极性不变时，电磁转矩方向与电枢电流方向相同），这时正组晶闸管 VF 分别工作在整流和逆变状态，而反组晶闸管 VR 都处于待工作状态。当电动机反转和正向制动时，系统运行在第二和第三象限，其共同点是电枢电流方向为负。这时，反组晶闸管 VR 分别工作在整流和逆变状态，而正组晶闸管 VF 都处于待工作状态。

由此可见，根据电枢电流的方向（也就是电磁转矩的方向），就可以判别出两组晶闸管所处的状态（工作状态或待机状态），从而决定 DLC 应当封锁哪一组、开放哪一组。具体为：当系统要求有正的电枢电流时，DLC 应当开放正组触发脉冲，使正组晶闸管工作，而封锁反组触发脉冲；当系统要求有负的电枢电流时，DLC 应当开放反组触发脉冲，使反组晶闸管工作，而封锁正组触发脉冲。经分析研究发现，ASR 的输出 U_i^*，也就是电流给定信号，它的极性正好反映了电枢电流的极性。所以，电流给定信号 U_i^* 可以作为 DLC 的指挥信号之一。DLC 首先鉴别 U_i^* 的极性，当 U_i^* 由正变负时，封锁反组，开放正组；反之，当 U_i^* 由负变正时，封锁正组，开放反组。

然而，仅用电流给定信号 U_i^* 去控制 DLC 还是不够的。例如，当系统正向制动时，U_i^* 极性已由负变正，可是在电枢电流未反向以前，仍要保持正组开放，以实现正组逆变。若正组逆变尚未结束，就根据 U_i^* 极性的改变而去封锁正组触发脉冲，结果将使逆变状态下的晶闸管失去触发脉冲，发生逆变颠覆事故。因此，U_i^* 极性的变化只表明系统有了使电流（转矩）反向的意图，电流（转矩）极性的真正变换要等到电流下降到零之后进行。这样，DLC 还必须有一个零电流检测信号 U_{i0}，作为发出正反组切换指令条件。DLC 只有在切换的两个条件满足后，并经过必要的逻辑判断，才发出切换指令。

逻辑切换指令发出后，并不能立刻执行，还需经过两段延时时间，以确保系统的可靠工作，这就是封锁延时 t_{d1} 和开放延时 t_{d2}。

1) 封锁延时 t_{d1}：即从发出切换指令到真正封锁掉原工作组脉冲之前所等待的时间。因为电流未降到零以前，其瞬时值是脉动的。而检测零电流的电平检测器总有一个最小动作电流值 I_0，如果脉动的电流瞬时低于 I_0，而实际仍在连续变化时，就根据检测到的零电流信号去封锁本组脉冲，势必使正处于逆变状态的正组发生逆变颠覆事故。设置封锁延时后，检测到的零电流信号等待一段时间 t_{d1}，使电流确实下降为零，这才可以发出封锁正组脉冲的信号。

2) 开放延时 t_{d2}：即从封锁原工作组脉冲到开放另一组脉冲之间的等待时间。因为在封锁原工作组脉冲时，已被触发的晶闸管要到电流过零时才真正关断，而且在关断之后还要一段恢复阻断能力的时间，如果在这之前就开放另一组晶闸管，仍可能造成两组晶闸管同时导通，形成环流短路事故。为防止这种事故发生，在发出封锁正组信号之后，必须等待一段时间 t_{d2}，才允许开放另一组脉冲。

过小的封锁延时和开放延时会因延时不够而造成两组晶闸管换流失败，造成事故；过大的延时将使切换时间拖长，增加切换死区，影响系统过渡过程的快速性。对于三相桥式电路，一般取 $t_{d1} = 2 \sim 3 \text{ms}$，$t_{d2} = 5 \sim 7 \text{ms}$。

最后，在 DLC 中还必须设置联锁保护电路，以确保两组晶闸管触发脉冲不同时开放。

综上所述，对无环流逻辑控制器的要求可归纳如下：

1) 两组晶闸管进行切换的两个条件是：电流给定信号 U_i^* 改变极性和零电流检测器发出零电流信号 U_{i0}，这时才能发出逻辑切换指令。

2) 发出切换指令后，须经过封锁延时 t_{d1} 才能封锁原导通组脉冲，再经过开放延时 t_{d2} 后，才能开放另一组脉冲。

3) 在任何情况下，两组晶闸管的触发脉冲决不允许同时开放（当一组工作时，另一组关于环流逻辑控制器的具体组成及原理在此不再进一步分析）。

根据对 DLC 的要求，它由四部分组成，即电平检测环节、逻辑判断环节、延时电路环节及联锁保护环节，如图 4-20 所示。

电平检测完成输入量的模/数（A/D）转换。逻辑判断环节根据转矩极性鉴别和零电平检测的输出 UM 和 UI 状态，正确地判断晶闸管的触发脉冲是否需要进行切换及切换条件是否具备。延时环节用于实现封锁延时 t_{d1} 和开放延时 t_{d2}。联锁保护环节保证两组晶闸管不能同时开放。

图 4-20 DLC 的组成

对于普通逻辑无环流系统，在电流换向待工作组刚开放时，因整流电压和电动机反电动势相加会造成很大的电流冲击。例如，系统的正向制动过程，在正组（本组）逆变结束后，其反组（待工作组）脉冲在最小控制角 α_{min} 位置，因此，反组是在整流状态下投入工作的。此时反组的整流电压和电动机反电动势同极性相加，电动机进入反接制动状态，迫使主电路的反向电流迅速增长，产生电流冲击和超调。控制系统正是利用电流超调将反组推入逆变状态的。

为了限制这种换向时的电流冲击，应使反组（待工作组）在逆变状态下投入工作，使反组制动阶段一开始就进入反组逆变子阶段，避开了反接制动，逆变电压与电动机反电动势极性相反，冲击电流自然就小得多了。虽然这样做会使反向制动电流建立得慢一些，但不至于出现过大的冲击电流，这对系统是有利的。

4.3.3 系统的优缺点

通常，使待工作组投入工作时处于逆变状态的环节叫作"推 β"环节。

逻辑无环流直流可逆调速系统的优点是可省去环流电抗器，没有附加的环流损耗，从而可节省变压器和晶闸管装置的设备容量。与有环流系统相比，因换流失败而造成的事故率大为降低。其缺点是由于延时造成了电流换向死区，影响系统过渡过程的快速性。

加入"推 β"信号后，由于切换前转速所决定的反电动势一般都小于 β_{min} 所对应的最大逆变电压，所以切换后并不能立即实现回馈制动，必须等到逆变角 β 移到逆变电压低于电动机反电动势之后，才能产生制动电流。因此，系统除了有关断延时和开放延时造成的死区时间外，还有"推 β"所造成的死区时间，且后者有时长达几十甚至一百多毫秒，大大延长了电流换向死区时间。

若要减小电流切换死区，可采用"有准备切换"逻辑无环流系统。其基本方法是：让待逆变组的 β 在切换前不是处于 β_{min} 处，而是处在使逆变组电压与电动机反电动势相适应的位置。当待逆变组投入时，其逆变电压的大小与电机反电动势基本相等，很快就能产生回馈制动。这种系统的电流换向死区时间就只剩下封锁延时和开放延时时间了。

▶ 4.4 欧陆 514C 直流调速器的应用

4.4.1 欧陆 514C 直流调速器端子功能

欧陆 514C 直流调速装置系统是英国欧陆公司生产的一种以运算放大器作为调节元件的模拟

式直流可逆调速系统,其外观如图 4-21 所示。欧陆 514C 主要用于对他励式直流电动机或永磁式直流电动机的速度进行控制,能控制电动机的转速在四象限中运行。它由两组反并联的晶闸管模块、驱动电源印制电路板、控制电路印制电路板和面板四部分组成。

欧陆 514C 调速装置使用单相交流电源,主电源由一个开关进行选择,采用交流 220V,50Hz。直流电动机的速度通过一个带反馈的线性闭环系统来控制。反馈信号通过一个开关进行选择,可以使用转速负反馈,也可以使用控制器内部的电枢电压负反馈电流来进行正反馈补偿。反馈的形式由速度反馈开关 SW1/3 进行选择。如果采用电压负反馈,则可使用电位器 P8 加上电流正反馈作为速度补偿,如果采用转速负反馈,则电流补偿电位器 P8 应逆时针转到底,关闭电流正反馈补偿功能。功能选择开关 SW1/1、SW1/2 用来设定反馈电压的范围。

图 4-21 欧陆 514C 外观图

欧陆 514C 调速装置控制电路是一个外环是速度环,内环是电流环的双闭环调速系统,同时采用了无环流控制器对电流调节器的输出进行控制,分别触发正、反组晶闸管单相全控桥式整流电路,以控制电动机正、反转的四象限运行。

欧陆 514C 调速装置主电源端子功能见表 4-2。

表 4-2 电源接线端子功能

端子号	功能说明
L1	接交流主电源输入相线 1
L2/N	接交流主电源输入相线 2(中性线)
A1	接交流电源接触器线圈
A2	接交流电源接触器线圈
A3	接辅助交流电源中性线
A4	接辅助交流电源相线
FL1	接励磁整流电源
FL2	接励磁整流电源
A +	接电动机电枢正极
A −	接电动机电枢负极
F +	接电动机励磁正极
F −	接电动机励磁负极

欧陆 514C 调速装置控制接线端子分布如图 4-22 所示,各控制端子功能见表 4-3。

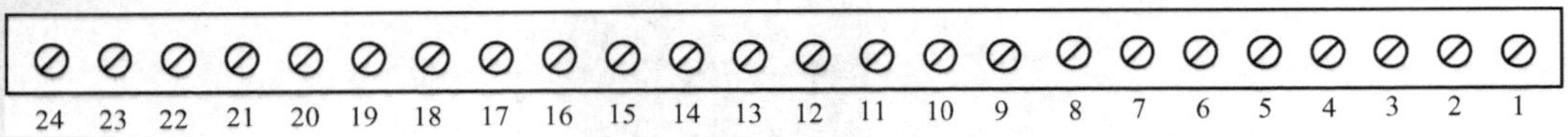

图 4-22 欧陆 514C 调速装置控制接线端子分布

表4-3 控制接线端子功能

端子号	功能	说明
1	测速反馈信号输入端	接测速发电机输入信号，根据电机转速要求，设置测速发电机反馈信号大小，最大电压为350V
2	未使用	
3	转速表信号输出端	模拟量输出：0～±10V，对应0～100%转速
4	未使用	
5	运行控制端	24V运行，0V停止
6	电流信号输出	SW1/5＝OFF：电流值双极性输出；SW1/5＝ON：电流值单极性输出
7	转矩/电流极限输入端	模拟量输入：0～+7.5V，对应0～150%标定电流
8	0V公共端	模拟量/数字量信号公共地
9	给定积分输出端	0～±10V，对应0～±100%积分给定
10	辅助速度给定输入端	模拟量输入：0～±10V，对应0～±100%速度
11	0V公共端	模拟量/数字量信号公共地
12	速度总给定输出端	模拟量输出：0～±10V，对应0～±100%速度
13	积分给定输入端	模拟量输入：0～-10V，对应0～100%反转速度；0～+10V，对应0～100%正转速度
14	+10V电源输出端	输出+10V电源
15	故障排除输入端	数字量输入：故障检测电路复位，输入+10V为故障排除
16	-10V电源输出端	输出-10V电源
17	负极性速度给定修正输入端	模拟量输入：0～-10V，对应0～100%正转速度；0～+10V，对应0～100%反转速度
18	电流给定输入/输出端	模拟量输入/输出（SW1/8＝OFF：电流给定输入；SW1/8＝ON：电流给定输出）：0～±7.5V，对应0～±150%标定电流
19	"正常"信号端	数字量输出：+24V为正常无故障
20	使能输入端	控制器使能输入：+10～+24V为允许输入；0V为禁止输入
21	速度总给定反向输出端	模拟量输出：0～10V，对应0～100%正向速度
22	热敏电阻/低温传感器输入端	热敏电阻或低温传感器：<200Ω为正常；>1800Ω为过热
23	零速/零给定输出端	数字量输出：+24V为停止（零速给定）；0V为运行（无零速给定）
24	+24V电源输出端	输出+24V电源

4.4.2 欧陆514C直流调速器面板与功能的设定

欧陆514C调速装置控制器面板LED指示灯实物及含义如图4-23所示，作用见表4-4。

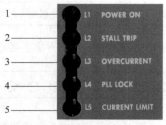

图4-23 欧陆514C控制器面板LED指示灯示意图
1—电源 2—堵转故障跳闸 3—过电流 4—锁相 5—电流限制

表 4-4 欧陆 514C 控制器面板 LED 指示灯含义

指示灯	含义	显示方式	说明
L1	电源	正常时灯亮	辅助电源供电
L2	堵转故障跳闸	故障时灯亮	装置为堵转状态,转速环中的速度失控 60s 后跳闸
L3	过电流	故障时灯亮	电枢电流超过 3.5 倍校准电流
L4	锁相	正常时灯亮 故障时闪烁	
L5	电流限制	故障时灯亮	装置在电流限制、失速控制、堵转条件下 60s 后跳闸

欧陆 514C 控制器功能选择开关如图 4-24 所示,其作用见表 4-5、表 4-6。

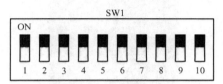

图 4-24 功能选择开关

表 4-5 额定转速下测速发电机的电枢电压的反馈电压范围值

SW1/1	SW1/2	反馈电压范围/V	备注
OFF	ON	10~25	用电位器 P10 调整达到最大速度时所对应的反馈电压数值
ON	ON	25~75	
OFF	OFF	75~125	
ON	OFF	125~325	

注:OFF—断开,ON—接通。

表 4-6 电位器功能开关及作用

开关名称	状态	作用
速度反馈开关 SW1/3	OFF	速度控制测速发电机反馈方式
	ON	速度控制电枢电压反馈方式
零输出开关 SW1/4	OFF	零速度输出
	ON	零给定输出
电流电位计开关 SW1/5	OFF	双极性输出
	ON	单极性输出
积分隔离开关 SW1/6	OFF	积分输出
	ON	无积分输出
逻辑停止开关 SW1/7	OFF	禁止逻辑停止
	ON	允许逻辑停止
电流给定开关 SW1/8	OFF	18#控制端电流给定输入
	ON	18#控制端电流给定输出
过电流接触器跳闸禁止开关 SW1/9	OFF	过电流时接触器跳闸
	ON	过电流时接触器不跳闸
速度给定信号选择开关 SW1/10	OFF	总给定
	ON	积分给定输入

注:OFF—断开,ON—接通。

欧陆514C控制器面板上各电位器的位置如图4-25所示，电位器的功能见表4-7。

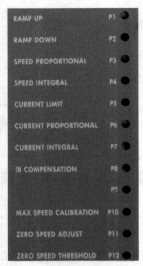

图4-25 面板上各电位器的位置

表4-7 面板上各电位器的功能

电位器名称	功　能
上升斜率电位器 P1	调整上升积分时间（线性1~40s）
下降斜率电位器 P2	调整下降积分时间（线性1~40s）
速度环比例系数电位器 P3	调整速度环比例系数
速度环积分系数电位器 P4	调整速度环积分系数
电流限幅电位器 P5	调整电流限幅值
电流环比例系数电位器 P6	调整电流环比例系数
电流环积分系数电位器 P7	调整电流环积分系数
电流补偿电位器 P8	调节采用电枢电压负反馈时的电流正反馈补偿值
P9	未使用
最高转速电位器 P10	控制电动机最大转速
零速偏移电位器 P11	给定电压为零时，调节转速为零
零速检测阈值电位器 P12	调整零速的检测门槛电平

ASR的输出电压经P5及7#接线端子上所接的外部电位器调整限幅后，作为电流内环的给定信号，与电流负反馈信号进行比较，加到ACR的输入端，以控制电动机电枢电流。电枢电流的大小由ASR的限幅值以及电流负反馈系数加以确定。

1) 在7#端子上不外接电位器，通过P5可得到对应最大电枢电流，其值为1.1倍标定电流的限幅值。

2) 在7#端子上通过外接电位器输入0~+7.5V的直流电压时，通过P5可得到最大电枢电流，其值为1.5倍标定电流值。

4.5 实验

4.5.1 安装、测试欧陆514C直流调速器不可逆调速系统

1. 实验目的

1）能分析双闭环调速系统的原理。
2）能完成欧陆514C不可逆调速装置的接线。
3）能完成欧陆514C不可逆调速装置的调试运行，达到控制要求。

2. 实验要求

1）根据给定的设备和仪器仪表，在规定时间内完成接线、调试、运行及特性测量分析工作，达到规定的要求。自行解决调试过程中的一般故障。
2）测量与绘制调节特性曲线与静特性曲线。
3）画出直流调速装置转速、电流双闭环不可逆调速系统原理图。

3. 实验设备

1）直流514C调速装置。
2）直流电动机-发电机组：Z400/20-220，$P_N = 400W$，$U_N = 220V$，$I_N = 3.5A$，$n_N = 2000r/min$，测速发电机：55V，2000r/min。
3）变阻箱。

4. 实验内容和步骤

1）图4-26所示为514C系统接线图，按要求接入电枢电流表、转速表、测速发电机两端电压表及给定电压表等。按系统接线图完成接线。

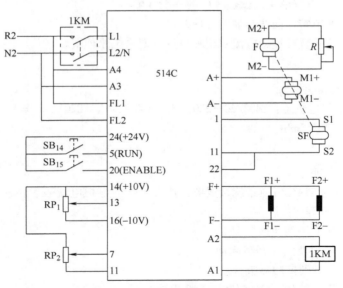

图4-26 欧陆514C不可逆系统接线图

2）将象限开关置于"单象限"处。
3）将电阻箱R调至最大（轻载起动）。

4）按下 SB$_{14}$，可听到接触器吸合动作。

5）将 RP$_2$ 电流限幅值调为 7.5V（150% 标定电流）。

6）按下 SB$_{15}$，调整 RP$_1$ 给定电压，电动机能跟随 RP$_1$ 的变化稳定旋转。

7）调整 RP$_1$ 使给定电压为 0，调节 P11 调零。

8）调整 RP$_1$ 使给定电压为要求电压，调节 P10 使电动机转速为要求的转速。

5. 514C 双闭环不可逆调速控制的测试步骤

1）绘制调节特性曲线。

设定给定电压 U_n^* 为 0 ~ ____V（此处由教师填写），使电动机转速 n 为 0 ~ ____r/min（此处由教师填写）。然后，按照给定的转速值测量给定电压 U_n^*、转速 n 和测速发电机电压 U_{Tn}，在实验报告中记录测量数据，并绘制调节特性曲线。

2）绘制静特性曲线。

设定给定电压 U_n^* 为 0 ~ ____V（此处由教师填写），使电动机转速 n 为 0 ~ ____r/min（此处由教师填写）。在实验报告中记录当 $n =$ ____r/min（此处由教师填写）时的静态特性，并绘制静特性曲线。

3）画出直流调速装置转速、电流双闭环不可逆调速系统原理图。

4.5.2　安装、测试欧陆 514C 直流调速器可逆调速系统

1. 实验目的

1）能分析双闭环调速系统的原理。

2）能完成欧陆 514C 可逆调速装置的接线。

3）能完成欧陆 514C 可逆调速装置的调试运行，达到控制要求。

2. 实验要求

1）根据给定的设备和仪器仪表，在规定时间内完成接线、调试、运行及特性测量分析工作，达到规定的要求。自行解决调试过程中的一般故障。

2）测量与绘制调节特性曲线与静特性曲线。

3）画出直流调速装置转速、电流双闭环可逆调速系统原理图。

3. 实验设备

1）直流 514C 调速装置。

2）直流电动机-发电机组：Z400/20 - 220，$P_N = 400W$，$U_N = 220V$，$I_N = 3.5A$，$n_N = 2000r/min$，测速发电机：55V，2000r/min。

3）变阻箱。

4. 实验内容和步骤

1）图 4-27 所示为 514C 可逆系统接线图，按要求接入电枢电流表、转速表、测速发电机两端电压表及给定电压表等。

2）将象限开关置于"四象限"处。

3）将电阻箱 R 调为最大（轻载起动）。

4）按下 SB$_{14}$，可听到接触器吸合。

5）将 RP$_2$ 电流限幅调为 7.5V（150% 标定电流）。

6）按下 SB$_{15}$，调整 RP$_1$ 给定电压，使电动机能跟随 RP$_1$ 的变化稳定旋转。

7）调整 RP$_1$ 使给定电压为 0，调节 P11 为零。

8）调整 RP$_1$ 使给定电压为要求电压，调节 P10 使电动机转速为要求的转速。

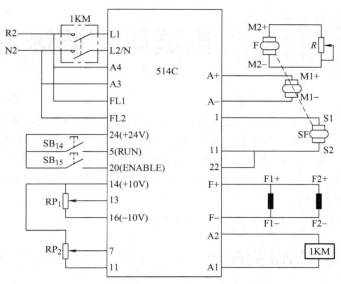

图 4-27　欧陆 514C 可逆系统接线图

5. 514C 双闭环可逆调速控制的测试步骤

1）绘制调节特性曲线

设定给定电压 U_n^* 为____~____V（此处由教师填写），使电动机转速 n 为____~____r/min（此处由教师填写）。然后，按照给定的转速值测量给定电压 U_n^*、电动机转速 n 和测速发电机端电压 U_{Tn}，在实验报告中记录测量数据，并绘制调节特性曲线。

2）绘制静特性曲线

设定给定电压 U_n^* 为____~____V（此处由教师填写），使电动机转速 n 为____~____r/min（此处由教师填写）。在实验报告中记录当 $n=$____r/min（此处由教师填写）时的静态特性，并绘制静特性曲线。

3）画出直流调速装置转速、电流双闭环可逆调速系统原理图。

▶ 4.6　思考与练习

1. 简述改变他励直流电动机的旋转方向的方法。
2. 简述电动机和晶闸管装置的两种工作状态。晶闸管装置有源逆变状态时的条件是什么？
3. 什么是电动机的发电回馈制动？电动机的发电回馈制动有哪些主要的表现？
4. 什么是环流？环流的出现对系统有什么影响？
5. 环流可分为哪两大类？可逆系统按着处理环流的方式不同，可分为哪两大类调速系统？
6. 什么是 $\alpha=\beta$ 工作制的有环流可逆系统？有什么特点？
7. $\alpha=\beta$ 工作制的有环流可逆系统由正转到反转的过程中，制动过程可以分为哪几个阶段？
8. 什么是无环流可逆调速系统？分为哪两大类？
9. 什么是逻辑控制的无环流可逆调速系统？画出逻辑控制无环流可逆调速系统结构图，并简述其工作原理。
10. 无环流逻辑控制器（DLC）有哪几部分构成？对无环流逻辑控制器有哪些要求？
11. 无环流逻辑控制器的控制信号是什么？逻辑切换指令发出后，还需要经过哪两段延时时间？
12. 简述欧陆 514C 直流调速器构成和用途。

第 5 章　直流脉宽调速系统

[学习目标]
1. 理解脉冲宽度调制（PWM）调速控制系统的定义，了解 PWM 调速系统的优点。
2. 理解占空比 D 的含义；理解脉冲宽度调制（PWM）方式和脉冲频率调制（PFM）方式。
3. 理解半桥式电流可逆 PWM 变换电路的工作原理。
4. 理解全桥式 PWM 变换电路的工作原理，包括全桥双极式斩波控制、全桥单极式斩波控制和全桥受限单极式斩波控制。
5. 具备初步分析小功率直流斩波调速系统的能力。

▶ 5.1　不可逆 PWM 变换器

5.1.1　脉宽调制的原理

晶闸管变流器构成的直流调速系统中，由于其线路简单、控制灵活、体积小、效率高、没有旋转噪声和磨损等优点，在一般工业应用中，特别是大功率系统中一直占据着主要的地位。但系统低速运行时，晶闸管的导电角很小，系统的功率因数相应也很低。为克服低速时产生的较大谐波电流，使转矩脉动稳定，提高调速范围等，必须加装大电感量的平波电抗器，但电感大又限制了系统的快速性。同时，功率因数低、谐波电流大，还将引起电网电压波形畸变。整流器设备容量大，还将造成所谓的"电力公害"，在这种情况下必须增设无功补偿和谐波滤波装置。

采用全控型开关器件很容易实现脉冲宽度调制，与半控型的晶闸管变流器相比，体积可缩小 30% 以上，且装置效率高，功率因数高。同时由于开关频率的提高，直流脉冲宽度调速系统与 V-M 调速系统相比，电流容易连续，谐波少，电动机损耗和发热都较小，低速性能好，稳态精度高，系统通频带宽，快速响应性能好，动态抗扰能力强。利用脉宽调制提供方波电压、电流，对于同样的电流而言，它比谐振的正弦波传输更多的功率，并可保持低的正向导通损耗。

许多工业传动系统都是由公共直流电源或蓄电池供电的。在多数情况下，都要求把固定的直流电源电压变换为不同的电压等级，例如地铁列车、无轨电车或由蓄电池供电的机动车辆等，它们都有调速的要求，因此，要把固定电压的直流电源变换为直流电动机电枢用的可变电压的直流电源。脉冲宽度调制（Pulse Width Modulation，PWM）变换器向直流电动机供电的系统称为脉冲宽度调速系统，简称 PWM 调速系统。

同 V-M 调速系统相比，PWM 调速系统具有以下优点：
1) 脉冲电压的开关频率高，电流容易连续。
2) 高次谐波分量少，需要的滤波装置小，甚至只利用电枢电感就已足够，不需外加滤波装置。
3) 电动机的损耗较小、发热较少，效率高。
4) 调速控制动态响应快。

脉宽调制型调速系统原理如图 5-1 所示，全控型开关管 VT 和续流二极管 VD 构成了一个最基本的开关型直流-直流降压变换电路。这种降压变换电路连同其输出滤波电路 LC 被称为 Buck 型 DC-DC 变换器。对开关管 VT 进行周期性的通、断控制，能将直流电源的输入电压 U_s 变换为

电压 u_d 输出给负载,图 5-1 所示电路的输出电压平均值 U_d 可小于或等于输入电压 U_S。

为了获得各类开关型变换器的基本工作特性而又能简化分析,假定变换器是由理想器件组成:开关管 VT 和二极管 VD 从导通变为阻断,或从阻断变为导通的过渡过程时间均为零;开关器件的通态电阻为零,电压降为零。断态电阻为无限大,漏电流为零;电路中的电感和电容均为无损耗的理想储能元件;线路阻抗为零。电源输出到变换器的功率 $U_S I_S$ 等于变换器的输出功率,即 $U_S I_S = U_d I_d$。

基于以上假设,在一个开关周期 T_s 期间内对开关管 VT 施加图 5-2 所示的驱动信号 u_G,在 T_{on} 期间,$u_G > 0$,开关管 VT 处于通态,在 T_{off} 期间,$u_G = 0$,开关管处于断态,对开关管 VT 进行高频周期性的通-断控制,开关周期为 T_s,开关频率 $f_s = \dfrac{1}{T_s}$。

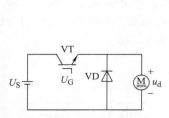

图 5-1 Buck 变换器电路

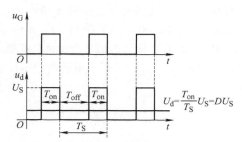

图 5-2 Buck 驱动信号与输出电压波形

开关管导通时间 T_{on} 与周期 T_s 的比值称为开关管导通占空比 D,简称导通比或占空比,$D = \dfrac{T_{on}}{T_s}$,开关管 VT 的导通时间 $T_{on} = DT_s$,开关管 VT 的阻断时间 $T_{off} = T_s - T_{on} = (1-D)T_s$。开关管 VT 导通的 T_{on} 期间,直流电源电压 U_S 经开关管 VT 直接输出,电压为 $u_d = U_S$,这时二极管 VD 承受反压而截止,$i_D = 0$,电源电流 i_S 经开关管 VT 流入负载。在开关管 VT 阻断的 T_{off} 期间,负载与电源脱离,电流经负载和二极管 VD 续流,二极管 VD 也因此被称为续流二极管。如果 VT 阻断的整个 T_{off} 期间电流经二极管 VD 环流时并未衰减到零,则 T_{off} 期间,二极管 VD 一直导电,变换器输出电压为 $u_d = 0$,输出电压 u_d 的波形如图 5-2 所示。

改变开关管 VT 在一个开关周期 T_s 中的导通时间 T_{on},即改变导通占空比 D,可以通过两种方式改变导通占空比 D 来调控输出电压 U_d:

1)脉冲宽度调制(PWM)方式,PWM 为 Pulse Width Modulation 的简称。保持 T_s 不变(开关频率不变),改变 T_{on},即改变输出脉冲电压的宽度调控输出电压 U_d。

2)脉冲频率调制(PFM)方式,PFM 为 Pulse Frequency Modulation 的简称。保持 T_{on} 不变,改变开关频率 f_s 或周期 T_s 调控输出电压 U_d。

实际应用中广泛采用 PWM 方式。因为采用定频 PWM 开关时,输出电压中谐波的频率固定,设计容易,开关过程中所产生的电磁干扰容易控制。此外由控制系统获得可变脉宽信号,比获得可变频率信号更容易实现。

直流-直流变换输出的直流电压有两类不同的应用领域:一是要求输出电压可在一定范围内调节控制,即要求直流-直流变换输出可变的直流电压,例如负载为直流电动机,要求可变的直流电压供电以改变其转速。另一类负载则要求直流-直流变换输出的电压无论在电源电压变化或负载变化时都能维持恒定不变,即输出一个恒定的直流电压。这两种不同的要求均可通过输出电压的反馈控制原理实现。

不可逆 PWM 变换器可实现对电动机的单向旋转控制,根据电动机停车时是否需要制动作用,其电路有两种形式,即无制动作用的和有制动作用的。

5.1.2 无制动作用的不可逆 PWM 变换器

无制动作用的不可逆 PWM 变换器原理图如图 5-3 所示。U_s 为直流电源,通过不可控整流获得,大电容 C 起滤波作用,电力晶体管 VT 是一个高频开关器件,二极管 VD 用于晶体管关断时为电动机提供续流回路。

晶体管 VT 工作在开关状态,只有饱和导通和关断两种状态。控制电压 U_b 是周期性的脉冲电压,周期不变,正、负脉冲的宽度可调。

5-1 无制动作用的不可逆 PWM 变换器

当 $0 \leq t < t_{on}$ 时,U_b 为正,VT 饱和导通,电源 U_s 与电动机接通,电动机上电压瞬时值 u_{AB} 为 $+U_s$,电枢电流经直流电源、VT 构成回路,由于电源的接入,电枢电流 i_d 呈增大趋势。

当 $t_{on} \leq t < T$ 时,$U_b < 0V$,VT 关断,U_s 与电动机脱离,电枢电流 i_d 呈减小趋势,回路电感产生感应电压阻碍电流变化,二极管 VD 为电动机提供续流回路,此时电动机两端电压等于二极管的导通压降,即 $u_{AB}=0V$。可画出电动机上电压波形如图 5-4 所示。

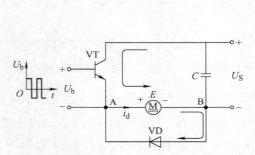
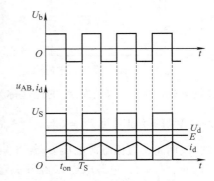

图 5-3 无制动作用的不可逆 PWM 变换器　　图 5-4 电压与电流波形

电动机两端的平均端电压等于一个周期内瞬时电压的平均值,即

$$U_d = \frac{T_{on}}{T_s} U_s = D U_s \tag{5-1}$$

由于开关频率较高,电枢电流的实际脉动幅值很小。电动机是有惯性的,电动机的转速和电动势 E 变化更小,一般认为不变。电压平均值 U_d、电动势 E 和电枢电流 i_d 的波形如图 5-4 所示。

5.1.3 有制动作用的不可逆 PWM 变换器

由一个开关管组成的 PWM 变换电路可以调节直流输出电压,但是输出电压和电流的方向不变,如果负载是直流电动机,电动机只能做单方向电动运行,如果电动机需要快速制动或可逆运行,需要采用桥式 PWM 变换电路。

半桥式电流可逆 PWM 变换电路带直流电动机负载的电路如图 5-5 所示。两个开关器件 VT_1 和 VT_2 串联组成半桥电路的上、下桥臂,两个二极管 VD_1 和 VD_2 与开关管反并联形成续流回路,R、L 包含了电动机的电枢电阻和电感。下面就电动机的电动和制动两种状态进行分析。

1. 电动状态

如图 5-6 所示,在电动机电动工作时,给 VT_1 以 PWM 驱动信号,VT_1 处于开关交替状态,VT_2 处于关断状态。在 VT_1 导通时电流自电源 $E \rightarrow VT_1 \rightarrow R \rightarrow L \rightarrow$ 电动机,电感 L 储能,在 VT_1 关断时,电感储能

5-2 有制动作用的不可逆 PWM 变换器

经电动机和 VD_2 续流。在电动状态，VT_2 和 VD_1 始终不导通，因此不考虑这两个器件，图 5-6 所示电路与降压斩波器相同，工作原理和波形也与降压斩波电动机负载时相同，$U_d = DE$，调节占空比可以调节电动机转速。

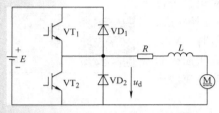

图 5-5 半桥式电流可逆 PWM 变换电路
带直流电动机负载

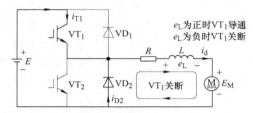

图 5-6 半桥式电流可逆 PWM 变换电路的电动状态
e_L—电感电动势

2. 制动状态

如图 5-7 所示，当电动机工作在电动状态时，电动机电动势 $E_M < E$，当电动机由电动势转向制动时，就必须使负载侧电压 $U_d > E$，但是在制动时，随转速下降，E_M 只会减小，因此需要使用升压斩波提升电路负载侧电压，使负载侧电压 $U_d > E$。半桥斩波器中若给 VT_2 以 PWM 驱信号，在 VT_2 关断时，电动机反电动势 E_M 和电感电动势 e_L（左 +、右 -）串联相加，产生电流经 VD_1 将电能输入电源 E。在制动时，VT_1、VD_2 始终在截止状态，因此不考虑这两个器件，图 5-7 与升压斩波器有相同的结构，不同的是现在工作于发电状态的电动机是电源，而原来的电源 E 成了负载，

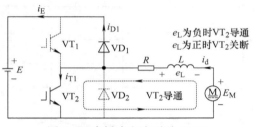

图 5-7 半桥式电流可逆 PWM
变换电路的制动状态

电流自 E 的正极端注入，工作原理也与升压 PWM 变换电路相同，且 $U_d = \dfrac{E_M}{1-D}$。调节 VT_2 驱动脉冲的占空比 D 可以调节 U_d，控制制动电流。

▶ 5.2 可逆 PWM 变换电路

半桥式 DC-DC 电路所用元器件少，控制方便，但是电动机只能以单方向做电动和制动运行，改变转向要通过改变电动机励磁方向。如果要实现电动机的四象限运行，则需要采用全桥式 DC-DC 可逆 PWM 变换电路。

5.2.1 全桥双极式斩波控制

半桥式 PWM 变换电路电动机只能单向运行和制动，若将两个半桥 PWM 变换电路组合，一个提供负载正向电流，一个提供反向电流，电动机就可以实现正反向可逆运行，两个半桥 PWM 变换电路就组成了全桥式 PWM 变换电路。全桥式斩波也称 H 形 PWM 变换电路，其电路如图 5-8 所示。在电路中，若 VT_1、VT_3 导通，则有电流

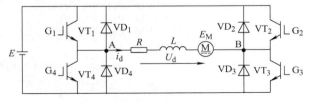

图 5-8 全桥式 PWM 变换电路

自电路 A 点经电动机流向 B 点，电动机正转；若 VT_2、VT_4 导通，则有电流自 B 点经电动机流向 A 点，电动机反转。全桥式 PWM 变换电路有三种驱动控制方式（双极式、单极式、受限单极式），下面分别介绍。

双极式斩波的控制方式是：VT_1、VT_3 和 VT_2、VT_4 成对组合进行 PWM 控制，并且 VT_1、VT_3 和 VT_2、VT_4 的驱动脉冲工作在互补状态，即当 VT_1、VT_3 导通时，VT_2、VT_4 关断；当 VT_2、VT_4 导通时，VT_1、VT_3 关断；VT_1、VT_3 和 VT_2、VT_4 交替导通和关断。双极式斩波控制有正转和反转两种工作状态、四种工作模式，对应的电压和电流波形如图 5-9 所示。

5-3　全桥双极式斩波控制

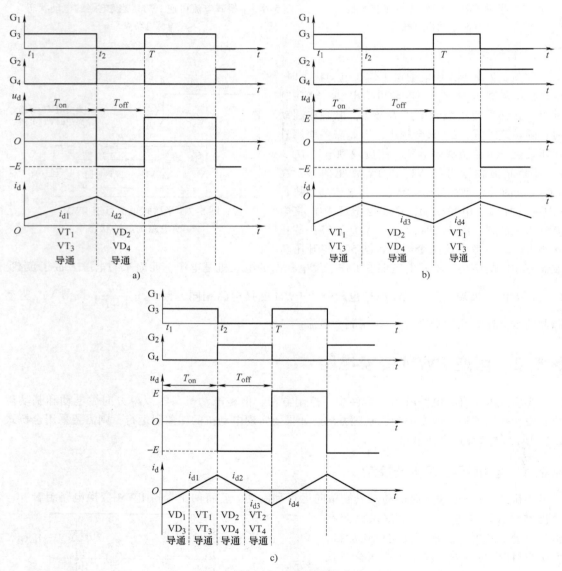

图 5-9　电动机正反转控制波形
a) 正向电流　b) 反向电流　c) 零电流

工作模式 1 如图 5-9a 所示，t_1 时 VT_1、VT_3 同时驱动导通，VT_2、VT_4 关断，电流 i_{d1} 自 $E+ \rightarrow VT_1 \rightarrow R \rightarrow L \rightarrow E_M \rightarrow VT_3 \rightarrow E-$，$L$ 电流上升，e_L 和 E_M 极性如图 5-10 所示。

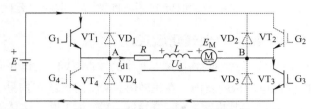

图 5-10 双极式 PWM 变换电路工作模式 1

工作模式 2 如图 5-9a 所示，在 t_2 时 VT_1、VT_3 关断，VT_2、VT_4 驱动，因为电感电流不能立即为 0，这时电流 i_{d2} 的通路是 $E- \rightarrow VD_4 \rightarrow R \rightarrow L \rightarrow E_M \rightarrow VD_2 \rightarrow E+$，$L$ 电流下降。因为电感经 VD_2、VD_4 续流，短接了 VT_2 和 VT_4，VT_2 和 VT_4 虽然已经被触发，但是并不能导通。e_L 和 E_M 极性如图 5-11 所示。

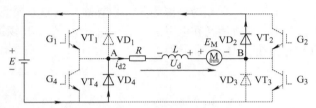

图 5-11 双极式 PWM 变换电路工作模式 2

在工作模式 1 和 2 时，电流的方向是从 $A \rightarrow B$，电动机正转，设 VT_1、VT_3 导通时间为 T_{on}，关断时间为 T_{off}，在 VT_1 导通时 A 点电压为 $+E$，VT_3 导通时 B 点电压为 $-E$，因此 AB 间电压为

$$U_d = \frac{T_{on}}{T}E - \frac{T_{off}}{T}E = \frac{T_{on}}{T}E - \frac{T-T_{on}}{T}E = \left(\frac{2T_{on}}{T} - 1\right)E = DE \qquad (5\text{-}2)$$

式中 D——占空比，$D = \frac{2T_{on}}{T} - 1$。

当 $T_{on} = T$ 时，$D = 1$；当 $T_{on} = 0$ 时，$D = -1$，占空比的调节范围为 $-1 \leq D \leq 1$。在 $0 \leq D \leq 1$ 时，$U_d > 0$，电动机正转，电压、电流波形如图 5-9a 所示。

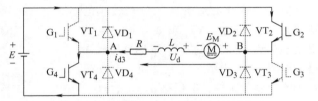

图 5-12 双极式 PWM 变换电路工作模式 3

工作模式 3 如图 5-12 所示，如果 $-1 \leq D \leq 0$，$U_d < 0$，即 AB 间电压反向，在 VT_2、VT_4 被驱动导通后，电流 i_{d3} 的流向是 $E+ \rightarrow VT_2 \rightarrow E_M \rightarrow L \rightarrow R \rightarrow VT_4 \rightarrow E-$，$L$ 电流反向上升，e_L 和 E_M 极性如图 5-12 所示，电动机反转。

工作模式 4 如图 5-13 所示，在电动机反转状态，如果 VT_2、VT_4 关断，L 电流要经 VD_1、VD_3 续流，i_{d4} 的流向是 $E- \rightarrow VD_3 \rightarrow E_M \rightarrow L \rightarrow R \rightarrow VD_1 \rightarrow E+$，$L$ 电流反向下降。

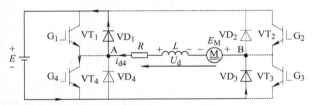

图 5-13 双极式 PWM 变换电路工作模式 4

工作模式 3 和 4 是电动机反转的情况。如果 D 从 1 到 -1 逐步变化，则电动机电流 i_d 从正逐步变到负，在这变化过程中电流始终是连续的，这是双极性 PWM 变换电路的特点。即使在 $D = 0$ 时，$U_d = 0$，电动机也不是完全静止不动，而是在正反电流作用下微振，电路以四种模式交替工作，如图 5-9c 所示。这种电动机的微振可以加快电动机的正反转响应速度。

双极式斩波控制，四个开关器件都工作在 PWM 方式，当开关频率高时，开关损耗较大，并且上、下桥臂两个开关的通断，如果有时差，则容易产生瞬间两个桥臂同时都导通的直通现象，一旦发生直通现象，电压 E 将被短路，这是很危险的。为了避免直通现象，上、下桥臂两个开关导通之间要有一定的时间间隔,即留有一定的"死区"。

5.2.2 全桥单极式斩波控制

单极式斩波控制是使图5-8中的VT_1、VT_3工作在互反的PWM状态,起调压作用,以VT_2、VT_4控制电动机的转向。在正转时,VT_3门极给正信号,始终导通,VT_2门极给负信号,始终关断;反转时情况相反,VT_2恒导通,VT_3恒关断,这就减小了VT_2、VT_3的开关损耗和直通可能。单极式斩波控制在正转VT_1导通时的工作状态与图5-10的工作模式1相同,在反转VT_4导通时的工作状态与工作模式3相同。不同的是在VT_1或VT_4关断时,电感L的续流回路工作模式2和工作模式4。

在正转VT_1关断时,因为VT_3恒导通,电感L要经$E_M \rightarrow VT_3 \rightarrow VD_4$形成回路,如图5-14所示,电感的能量消耗在电阻上,$u_d = u_{AB} = 0$。在VD_4续流时,尽管VT_4有驱动信号,但是被导通的VD_4短接,VT_4不会导通。

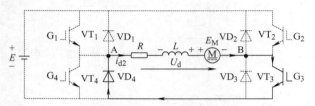

5-4 全桥单极式斩波控制

图5-14 单极式斩波控制正转时模式1

但是电感续流结束后(负载较小的情况),VD_4截止,VT_4就要导通,电动机反电动势E_M将通过VT_4和VD_3形成回路,如图5-15所示,电流反向,电动机处于能耗制动阶段,但仍有$u_d = u_{AB} = 0$。

当一周期结束(即$t = T$)时,VT_4关断,电感L将经$VD_1 \rightarrow E \rightarrow VD_3$放电,如图5-16所示,电动机处于回馈制动状态,$u_d = u_{AB} = E$。

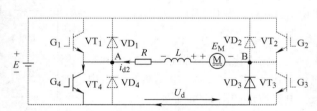

图5-15 单极式斩波控制正转时模式2

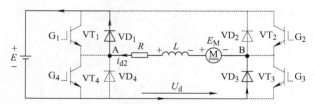

图5-16 单极式斩波控制正转时模式3

不管何种情况,一个周期中负载电压u_d只有正半周,故称为单极式斩波控制。图5-17同时给出了负载较大和较小两种情况的电流波形。

电动机反转时的情况与正转相似,图5-13的工作模式4也有类似的变化,读者可自行分析。

因为单极式控制正转时VT_3恒通,反转时VT_2恒通,所以单极式斩波控制的输出电压平均值为

第5章 直流脉宽调速系统

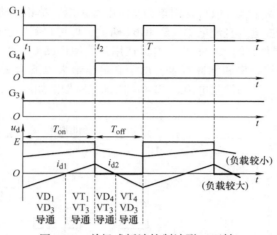

图 5-17 单极式斩波控制波形（正转）

$$U_d = \frac{T_{on}}{T}E = DE \tag{5-3}$$

式中 D——占空比，$D = \dfrac{T_{on}}{T}$，且 T_{on} 在正转时是 VT_1 的导通时间，在反转时是 VT_4 的导通时间。在正转时 U_d 符号为" + "，反转时 U_d 符号为" – "。

5.2.3 全桥受限单极式斩波控制

在全桥单极式斩波控制中，正转时 VT_4 真正导通的时间很少，反转时 VT_1 真正导通的时间很少，因此可以在正转时使 VT_2、VT_4 恒关断，在反转时使 VT_1、VT_3 恒关断。这样对电路工作情况影响不大，这就是所谓的全桥受限单极式斩波控制方式。全桥受限单极式斩波控制中正转时 VT_1 受 PWM 控制，VT_2 恒导通。

全桥受限单极式斩波控制在正转和反转电流连续时的工作状态与单极式控制相同，不同是正转电流较小（轻载）时，没有了反电动势 E_M 经过 VT_4 的通路，因此 i_d 将断续，在断续区间 $u_d = E_M$，因此输出电压平均值 U_d 较电流连续时要升高，如图 5-18 所示，即电动机轻载时转速提高，机械特性变软。受限单极式斩波控制无论正转或反转，都只有一只开关管处于 PWM 方式（VT_1 或 VT_4），进一步减小了开关损耗和桥臂直通的可能，运行更安全，因此全桥受限单极式斩波控制使用较多。

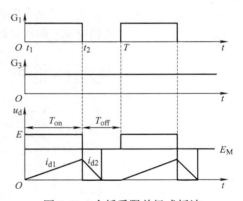

图 5-18 全桥受限单极式斩波控制波形图（正转）

5.3 小功率直流斩波调速系统案例分析

5.3.1 调速系统方案的确定

控制技术要求：$U_d = 110V$，$I_d = 8A$，电压连续可调，稳压精度小于 1%，有限流保护。

由于可调直流电源容量不大，故可采用单相交流电源供电、单相整流变压器降压、二极管桥式整流、电容滤波获得斩波输入直流电源，经 IGBT 斩波，即可得到要求的可调直流电源。

IGBT 为场控型输入器件，输入功率小，这里选用其典型产品 CW494。CW494 集成脉宽控制器可方便获得所要求的斩波频率和脉冲宽度，由于它输出最大电流为 250mA，因此不用驱动放大电路即可满足控制要求，从而简化电路。CW494 内部电路框图如图 5-19 所示。

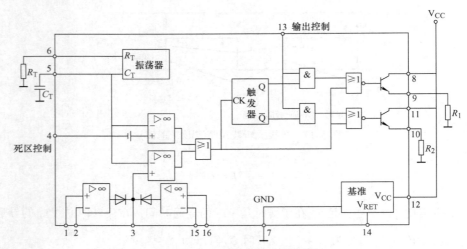

图 5-19　CW494 内部电路框图

CW494 内部有两个放大器，很容易实现电压反馈。若采用比例积分调节，且反馈电阻、电容参数选择得当，电压静态精度可不用计算，动态精度计算也可从略。

为实现限流保护，可采用电流截止反馈。因负载功率小，可用电阻采样，还可加入继电器，过电流严重时可切断主电路电源。限流保护系统框图如图 5-20 所示。

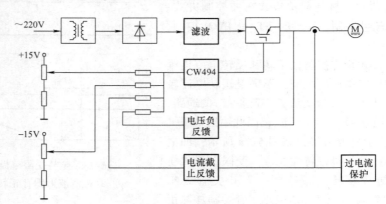

图 5-20　限流保护系统框图

斩波调压主电路如图 5-21 所示。

5.3.2　主电路参数的计算与选择

1. 整流变压器计算

1) U_2 的计算。因为 $U_d = 110V$，考虑占空比为 90%。

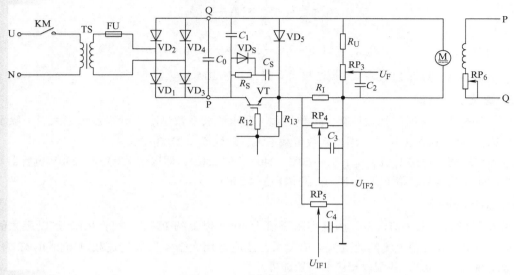

图 5-21 斩波调压主电路图

则
$$U_0 = \frac{U_d}{0.9} = \frac{110}{0.9}\text{V} = 123\text{V}$$

取
$$U_0 = 1.2U_2$$

则
$$U_2 = \frac{U_0}{1.2} = \frac{123}{1.2}\text{V} = 102.5\text{V}$$

考虑10%裕量，则取
$$U_2 = 1.1 \times 102.5\text{V} = 113\text{V}$$

2) 一、二次电流计算。取
$$I_2 = I_d = 8\text{A}$$

电压比
$$K = \frac{U_1}{U_2} = \frac{220}{113} = 1.95$$

$$I_1 = \frac{I_2}{K} = \frac{8}{1.95}\text{A} = 4.1\text{A}$$

考虑空载电流，取 $I_2 = 1.05 \times 4.1\text{A} = 4.3\text{A}$。

3) 变压器容量计算。
$$S_1 = U_1 I_1 = 220 \times 4.3\text{V} \cdot \text{A} = 946\text{V} \cdot \text{A}$$
$$S_2 = U_2 I_2 = 113 \times 8\text{V} \cdot \text{A} = 904\text{V} \cdot \text{A}$$
$$S = \frac{S_1 + S_2}{2} = \frac{1}{2} \times (946 + 904)\text{V} \cdot \text{A} = 925\text{V} \cdot \text{A}$$

2. 整流器件选择

二极管承受最大反向电压 $U_{DM} = \sqrt{2}U_2 = \sqrt{2} \times 113\text{V} = 160\text{V}$，考虑3倍裕量，则 $U_{TN} = 3U_{DM} = 3 \times 160\text{V} = 480\text{V}$，取500V。

该电路整流输出接有大电容，而且负载也不是纯电感负载，但为了简化计算，仍按电感负载进行计算，只是电流裕量可适当取大些即可。

$$I_{DM} = \frac{1}{2}I_d = \frac{1}{2} \times 8\text{A} = 4\text{A}$$

$$I_D = \frac{1}{\sqrt{2}} I_d = \frac{1}{\sqrt{2}} \times 8\text{A} = 5.7\text{A}$$

$$I_{D(AV)} = (1.5 \sim 2)\frac{I_D}{1.57} = 2 \times \frac{5.7}{1.57}\text{A} = 7.3\text{A}$$

$I_{D(AV)}$ 取 10A。故选 ZP10-5 整流二极管 4 只，并配 10A 散热器。

3. 滤波电容选择

C_0 一般根据放电时间常数计算，负载越大，要求纹波系数越小，电容量也越大。一般不做严格计算，多取 2000μF 以上，因该系数负载不大，故取 $C_0 = 2200\mu\text{F}$。

电容耐压值：根据 $1.5 U_{DM} = 1.5 \times 160\text{V} = 240\text{V}$，取 250V，即选用 2200μF、250V 电容器。

为滤除高频信号，取 $C_1 = 1\mu\text{F}$，电容耐压值为 250V。

4. IGBT 选择

因 $U_0 = 123\text{V}$，取 3 倍裕量，选电容耐压值为 400V 以上的 IGBT。由于 IGBT 是以最大值标注，且稳定电流与峰值电流间大致为 4 倍关系，故应选用大于 4 倍额定负载电流的 IGBT 为宜。为此选用 60A 的 IGBT，并配以相应散热器即可。

5. 保护元器件选用

由于变压器最大二次电流 $I_2 = 8\text{A}$，故选用 10A 熔芯即可满足要求。应选用 15A、250V 熔断器，熔断器的结构形式可根据设备结构而定。IGBT 保护电路选择如下：

1）电容 C_S。一般按布线，电感磁场能量全部转化为电场能量估算。

$$C_S \geq \frac{L_b I_0^2}{(U_{cep} - U_0)^2} \tag{5-4}$$

L_b 可由实测确定。这里可按 $L_b = 5 \sim 20\mu\text{H}$ 估算。缓冲电容电压稳定值 U_{cep} 为保证保护可靠，可取稍稍低于 IGBT 耐压值为宜，这里取 $U_{cep} = 300\text{V}$ 进行计算。取 $I_0 = I_d$、$U_0 = 123\text{V}$，得 $C_S = \frac{L_b I_0^2}{(U_{cep} - U_0)^2} = 0.0204\mu\text{F}$。取 $C_S = 0.022\mu\text{F}$、电容耐压值为 400V（略大于 U_{cep}）。

2）缓冲电阻 R_S 的计算。要求 IGBT 关断信号到来之前，将缓冲电容器将所积蓄的电荷放完，以关断信号之前放电 90% 为条件，其计算公式如下：

$$R_S \leq \frac{1}{6fC_S} \tag{5-5}$$

R_S 不能太小，过小会使 IGBT 开通时的集电极初始电流增大，因此在满足上式条件下，希望尽可能选取大的电阻值。

f 为开关频率，IGBT 最大开关频率为 30kHz，实际使用在 10kHz 以内，这里取 $f = 2\text{kHz}$。则有

$$R_S = \frac{1}{6fC_S} \approx 3.8\text{k}\Omega$$

取 $R_S = 3.6\text{k}\Omega$。

缓冲电阻 R_S 功率

$$P_{RS} = fC_S U_0^2 \approx 0.67\text{W}$$

取 1W，即 R_S 选用 1W、3.6kΩ 电阻即可。

3）缓冲电路二极管 VD_S。因 VD_S 用于高频电路中，故应选用快速恢复二极管，以保证 IGBT 导通时很快关断。

VD_S 电流定额可按 IGBT 通过电流的 1/10 选试，然后由调试决定。

6. 电路参数选择

电阻和滤波电容的确定方法如下：

1) 电压反馈总电阻 R_U 一般取几千欧至几十千欧为宜。R_U 过小则损耗大，过大又会使电压反馈信号内阻加大，故取 $R_U=11k\Omega$。考虑一定的功率裕量，可取一个 $10k\Omega$、3W 固定电阻与一个 $1k\Omega$、1W 电位器串联即可满足要求。电位器上分得 10V 电压，完全能满足反馈电压的需求。

2) 电路滤波电容 C_2 选择。放电时间常数为

$$R_F C_2 = (3 \sim 5)\frac{T}{2}$$

式中 T——u_0 电压周期，取 $T=0.01\text{s}$。

因控制电路采用 CW494，其锯齿波电压最大值为 3.6V，故反馈电压最大为 3.6V，对应电位器 RP_3 电阻应为 360Ω，则

$$C_2 = 5 \times \frac{T}{2R_F} = 69\mu F$$

取 $C_2=100\mu F$。因控制电路电源电压为 $\pm 15V$，故取 C_2 耐压值为 50V。

3) 反馈电阻 R_I 及滤波电容 C_4 的选择。因负载不大，可采用电阻取样。一般采用电阻压降应小于 $3\% U_d$，即小于 3.3V。取 $R_I=0.25\Omega$。

$$P_{RI} = I_d^2 R_I = 8^2 \times 0.25W = 16W，取 25W$$

电流截止反馈电位器 RP_5 及过电流继电器保护取样电位器 RP_4 均采用 100Ω、1W 实心电位器即可。

5.3.3 控制电路参数的选择

CW494 控制芯片外围电路如图 5-22 所示。

(1) 振荡器 R_T、C_T 选择

按 $R_T C_T=1.1/f=550\mu s$，取 R_T 取 510Ω、1/4W，C_T 取 $1\mu F$、耐压值为 25V。

(2) R_{10}、R_{11}、R_0 电阻的选择

由于 CW494 内部有两个放大器，其中右边的不用，为防止干扰信号使该放大器饱和输出，而影响另一放大器工作，可以使 $R_{10}=R_{11}$，取 $20k\Omega$、1/4W，并使输入端短接接地，反馈电阻 R_0 取 $1k\Omega$、1/4W。

(3) 放大器的参数选择

使 $R_8=R_3=R_4=R_6=R_7$，取 $20k\Omega$、1/4W，为防止开环，可在 2、3 脚间再接一个 $3M\Omega$、1/4W 电阻，R_5 取 $5.1k\Omega$、1/4W，C_5 取 $10\mu F$、耐压值为 25V，在调试中最后确定 $R_9=10k\Omega$。

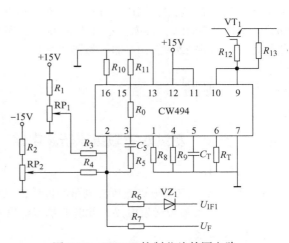

图 5-22 CW494 控制芯片外围电路

(4) R_{12} 及 R_{13} 的选择

R_{12} 一般取 $5\sim 50\Omega$，IGBT 电流定额越大，R_{12} 值越小。IGBT 选 60A，R_{12} 取 33Ω、1/4W。一般 R_{13} 值与 R_{12} 相等即可。

(5) 继电接触器电路的选择与计算

继电接触器电路参考 IGBT 组成的直流斩波调速系统电气原理总图（见图 5-23）。

该环节从主电路取样，过电流保护环节的取值，应稍大于电流截止反馈电流时动作为宜。如

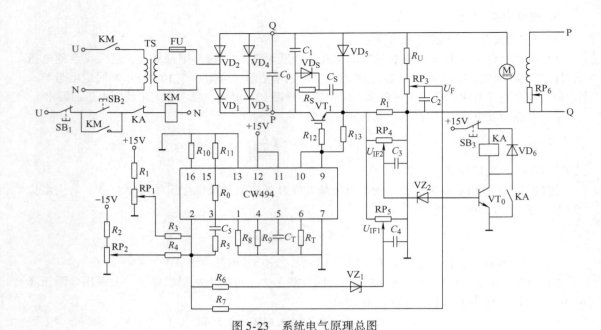

图 5-23 系统电气原理总图

电路电流等于 $I_N = 8A$ 时电流截止反馈起作用,则可调主电路电流 $I_d = 1.1 I_N = 8.8A$(取样电压最大值 $U_{IM} = 8.8A × 0.25Ω = 2.2V$)时,让过电流继电器动作,接触器 KM 失电,切断主电路电源。稳压管 VZ_1、VZ_2 均取 1.25V,当 $U_{IF2} = 1.95V$ 时使晶体管 VT_0 饱和导通,晶体管电流定额可根据继电器电流选择。若选用 JRX-13F,线圈电压为 12V,电阻 300Ω,当加 15V 电压时,电流为 50mA。故耐压为 45V、集电极电流为 300mA 的 3DG12B 晶体管即可满足要求。因变压器一次电流为 4.1A,故选 220V、10A 的接触器即可。

▶ 5.4 实验

5.4.1 安装、测试双象限直流斩波电路

1. 实验目的

1)熟悉 A 型双象限直流斩波电路的接线,观察不同占空比时输出电压波形。
2)初步了解集成触发电路,并能够掌握触发电路的调试,使电路能够正常工作。

2. 实验要求

1)根据给定的设备和仪器仪表,在规定时间内完成接线、调试、测量工作。
① 按照电路原理图进行接线。
② 安装后,通电调试,并根据要求画出波形图。
2)时间:90min。

3. 实验设备

万用表	1 块
双踪慢扫描示波器	1 台
脉宽控制实验板	1 块

整流单元实验板	1 块
控制电压调节器	1 套
直流电动机	1 台
连接导线	若干

4. 实验内容及步骤

1)如图 5-24 所示,根据 A 型双象限直流斩波电路原理图,在电力电子技术实训装置上完成其接线。

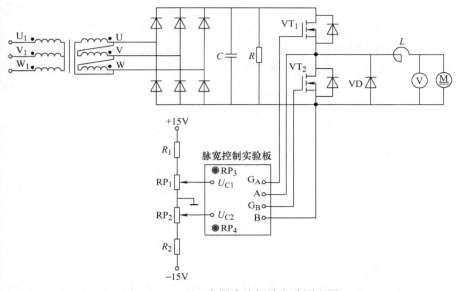

图 5-24　A 型双象限直流斩波电路原理图

2)测定交流电源的相序,在控制电路正常后,适当调节 RP_4 电位器使控制脉冲振荡频率为 500Hz。调节控制电位器 RP_1,使控制电压 $U_{C1}=0V$;调节偏移电位器 RP_2 改变 U_{C2},使输入控制脉冲的宽度为零。

3)然后调节控制电压 U_{C1},用示波器观察并记录 U_{C1} 为不同值时控制脉冲的宽度 t_{on},计算占空比 D 和最大占空比 D_{max},并在实验报告中完成数据记录和 $D=f(U_{C1})$ 特性曲线绘制。

4)调节 U_{C1} 使控制脉冲宽度最大时,改变调节死区时间电位器 RP_3 阻值,观察并记录 PWM 信号波形中死区时间与电位器 RP_3 阻值的关系。调整电位器 RP_3 阻值使死区时间为振荡周期的 20%。

5)调节 $U_{C1}=0V$。关闭电源,用万用表测量电容两端的电压(如电压大于 5V,用电阻或灯对其放电),当电压小于 5V 后,开始主电路接线,G_A、A 接 VT_1,G_B、B 接 VT_2。接通主电路电源,监测直流输入电压的平均值。将脉宽控制实验板的控制方式开关 K2 置 0,使控制电路为 G_A、A 端输出。调节 RP_1 电位器,用示波器观察 D 从 80%~20% 变化时输出电压 u_d 的波形,要求输出电压的平均值能从 0~55V 之间平滑调节。

6)调节 U_{C1} 使电动机电枢电压 U_d 为 40V,测量 u_d、i_d 及电感 L 两端的电压 u_L 的波形。改变 U_{C1},观测记录 D 为 25%、40%、50%、60%、75% 时的输出电压 U_d,在实验报告中完成波形绘制和数据记录,画出控制特性曲线 $U_d=f(D)$。

7)调节 U_{C1} 使电动机电枢电压 U_d 为 50V,测量此时控制脉冲的占空比 D。用双踪示波器配合多通道隔离器,同时监视 u_d 与 i_d 的波形,将 K2 置 1,观察 u_d 与 i_d 波形的变化。电动机转速为零后将 K2 置 0,使电动机转速重新达到 800r/min,关闭主电路电源,观察无制动停车时 u_d 与 i_d 波形的变化情况,与有制动停车时比较,并进行分析。

5.4.2 安装、测试四象限直流斩波电路

1. 实验目的

1) 熟悉桥式可逆四象限直流斩波电路的接线,观察不同占空比时的输出电压波形。
2) 初步了解集成触发电路,并能够掌握触发电路的调试,使电路能够正常工作。

2. 实验要求

1) 根据给定的设备和仪器仪表,在规定时间内完成接线、调试、测量工作。
① 按照电路原理图进行接线。
② 安装后,通电调试,并根据要求画出波形图。
2) 时间:90min。

3. 实验设备

万用表	1 块
双踪慢扫描示波器	1 台
脉宽控制实验板	1 块
整流单元实验板	1 块
控制电压调节器	1 套
直流电动机	1 台
连接导线	若干

4. 实验内容及步骤:

1) 按图 5-25 所示,根据桥式四象限直流斩波电路,在电力电子技术实训装置上完成其接线。

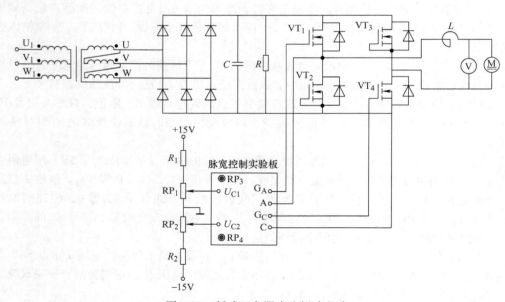

图 5-25 桥式四象限直流斩波电路

2）测定交流电源的相序，在控制电路正常后，适当调节 RP_4 电位器使控制脉冲振荡频率为 500Hz。调整控制电位器 RP_1，使控制电压 $U_{C1}=0V$；调节偏移电位器 RP_2 改变 U_{C2}，使输入控制脉冲的宽度为零。

3）然后调节控制电压 U_{C1}，用示波器观察并记录 U_{C1} 为不同值时控制脉冲的宽度 t_{on}，计算占空比 D 和最大占空比 D_{max}，并在实验报告中完成数据记录和 $D=f(U_{C1})$ 特性曲线绘制。

4）调节 U_{C1} 使控制脉冲宽度最大时，改变调节死区时间电位器 RP_3 阻值，观察并记录 PWM 信号波形中死区时间与电位器 RP_3 阻值的关系。调整电位器 RP_3 阻值使死区时间为振荡周期的 20%。

5）调节 $U_{C1}=0V$。关闭电源，用万用表测量电容两端的电压（如电压大于 5V，用电阻或灯对其放电），当电压小于 5V 后，开始主电路接线，G_A、A 接 VT_1，G_C、C 接 VT_4，VT_2、VT_3 的 G、E 端分别短接。接通主电路电源，监测直流输入电压的平均值。将脉宽控制实验板控制方式开关 K2 置 0 使控制电路为 G_A、A 端输出，将 K1 置 1。调节 RP_1 电位器，用示波器观察 D 从 80%～20% 变化时输出电压 u_d 的波形，要求输出电压的平均值能实现 0～+170V 之间平滑调节。

6）调节 U_{C1} 使电动机电枢电压 $U_d=100V$，记录 u_d、i_d 及电感 L 两端的电压 u_L 的波形，在实验报告中绘制测量波形图。

7）调节 $U_{C1}=0V$。关闭电源，用万用表测量电容两端的电压（如电压大于 5V，用电阻或灯对其放电），当电压小于 5V 后，关闭控制电路电源，重新接线，G_A、A 接 VT_2，G_C、C 接 VT_3，VT_1、VT_4 的 G、E 端分别短接。接通主电路电源，监测直流输入电压的平均值。将控制方式开关 K2 置 0，使控制电路为 G_A/A 端输出，将 K1 置 1。调节 RP_1 电位器，用示波器观察 D 从 80%～20% 变化时输出电压 u_d 的波形，要求输出电压的平均值能实现 0～170V 之间平滑调节。改变 U_{C1}，观测 D 为 25%、40%、50%、60%、75% 时的输出电压 U_d，在实验活页报告中记录测量数据，画出控制特性曲线 $U_d=f(D)$。

8）调节 U_{C1} 使电动机电枢电压 $U_d=-120V$，测量此时控制脉冲的占空比 D。用双踪示波器配合多通道隔离器同时监视 u_d 与 i_d 波形，将 K1 置 1，观察 u_d 与 i_d 波形的变化。电动机转速为零后将 K1 置 0，使电动机转速重新达到 -120V，关闭主电路电源，观察无制动停车时 u_d 与 i_d 波形的变化情况，与有制动停车时比较，并进行分析。

5.5 思考与练习

1. 什么是 PWM 调速系统？PWM 调整系统具有哪些优点？
2. 什么是占空比？通过改变占空比 D 来调节或控制输出电压 U_d 的方式有哪些？
3. 画出半桥式电流可逆 PWM 变换电路图，并说明电动机的电动和制动两种状态下的工作过程。
4. 画出全桥式 PWM 变换电路的电路图，简述全桥双极式斩波控制的四种工作模式。
5. 简述全桥单极式斩波控制与全桥双极式斩波控制的不同之处。
6. 什么是全桥受限单极式斩波控制？简述其工作特点。

第 6 章 交流变频调速系统

[学习目标]

1. 了解三相异步电动机的三种调速方法;理解转差率 s 的调节方式;掌握交流异步电动机调速系统的分类方法;掌握交流调速系统的主要性能指标。
2. 掌握基频以下恒转矩调速和基频以上恒功率调速的原理。
3. 了解交-直-交变频电路的基本构成和不同的控制方式;理解交-交变频器的工作原理和优缺点。
4. 掌握电压型变频器与电流型变频器的构成和原理,理解中间直流环节滤波器的差异。
5. 理解180°导电型变频器与120°导电型变频器的电路结构;掌握180°导电型变频器与120°导电型变频器的工作原理。
6. 理解 SPWM 控制的基本原理和主要特点,掌握单相 SPWM 逆变电路中单极性 SPWM 控制方式和双极性 SPWM 控制方式;理解三相 SPWM 逆变电路的构成及工作原理。
7. 理解载波比 N 的含义,理解同步调制和异步调制的基本原理。

6.1 三相异步电动机电力拖动基础

6.1.1 三相异步电动机调速的基本原理

三相异步电动机的转速公式为

$$n = \frac{60f_1}{n_p}(1-s) = n_0(1-s) \tag{6-1}$$

式中 f_1——供电频率;
n_p——磁极对数;
s——转差率。

由式(6-1)可以看出,有三种方法调节三相异步电动机的转速:

1. 改变供电频率 f_1

保持磁极对数 n_p 与转差率 s 不变,只改变供电频率 f_1,此时 $n_0 = 60f_1/n_p$,即 n_0 随供电频率 f_1 变化,而 $\Delta n = sn_0$ 不变。随 f_1 不同,机械特性曲线是一组平行线,如图 6-1 所示。

利用变频器改变电源供电频率调速,调速范围大,稳定性、平滑性较好,机械特性较硬,就是加上额定负载转速下降得少,属于无级调速,适用于大部分三相笼型异步电动机。最节能高效的就是变频电动机,只是需要在电源部分安装变频器,成本较高。

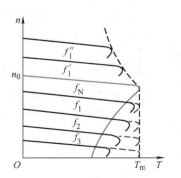

图 6-1 变频调速机械特性

2. 改变磁极对数 n_p

保持供电频率 f_1 与转差率 s 不变,只改变磁极对数 n_p,此时 $n_0 = 60f_1/n_p$,即 n_0 随磁极对数 n_p 变化,而 $\Delta n = sn_0$ 不变,也随磁

极对数 n_p 变化。随磁极对数 n_p 不同，如图6-2所示。由于改变磁极对数 n_p 只能通过改变电动机定子绕组的接线方式，且磁极对数 n_p 只能是整数，所以改变电动机的磁极对数 n_p，只能有级地改变同步转速，实现电动机转速有级调速。例如，电动机的极数增加一倍，同步转速就降低一半，电动机的转速也几乎下降一半，从而实现转速的调节。

采用这种方法调速的平滑性差，但具有较硬的机械特性，稳定性较好，对于不需要无级调速的生产机械，如金属切削机床、通风机、升降机等，多速发动机得到广泛应用。

3. 改变转差率 s

保持供电频率 f_1 与磁极对数 n_p 不变，只改变转差率 s，此时 $n_0 = 60f_1/n_p$，即 n_0 不随转差率 s 变化，而 $\Delta n = sn_0$ 随转差率 s 变化，由于转差率只能变大，因此该调速方案机械特性变软。在实际使用中，由于转差率 s 不是直接的电参数，故只能通过如下方式进行调节：

1）定子回路串电抗。将电抗器与电动机定子绕组串联，利用电抗器上产生的电压降使加到电动机定子绕组上的电压低于电源电压，从而达到降低电动机转速的目的。其机械特性如图6-3所示。这种调速方法只能是由电动机的额定转速往低调，多用于单相电动机调速，如风扇。

2）改变电源电压。改变异步电动机端电压进行调速的机械特性如图6-4所示。调压调速过程中的转差功率损耗在转子里或外接电阻上，效率较低，仅用于特殊笼型和绕线转子等小容量电动机调速系统中。由特性曲线看出，当电动机定子电压改变时，可以使工作点处于不同的工作曲线上，从而改变电动机的工作速度。降压调速的特点是调速范围窄、机械特性软、适用范围窄。为改善调速特性，一般使用闭环工作方式，系统结构复杂。调速范围小，转矩随电压降大幅度下降，一般不用于三相电动机。

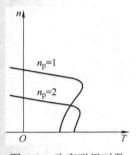

图6-2 改变磁极对数
调速机械特性

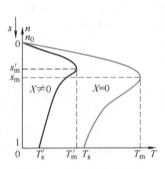

图6-3 定子回路串电抗
调速机械特性
X—外接电抗

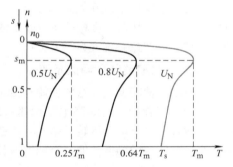

图6-4 改变电源电压调速机械特性

3）转子回路串电阻。适用于绕线转子异步电动机，通过在电动机转子回路中串入不同阻值的电阻，人为改变电动机机械特性的硬度，从而改变在某种负载特性下的转速。机械特性如图6-5所示。优点是：设备简单、价格便宜、易于实现、操作方便，既可实现有级调速，也可实现无级调速；其缺点是：转差功率损耗在电阻上，效率随转差率增加而等比下降，在低速时机械特性软，静差率大，调速范围小，电阻要消耗功率，电动机效率低；一般用于起重机。

4）串级调速。串级调速方式是改变转子回路串电阻调速方式的改进，基本工作方式也是通过改变转子回路的等效阻抗从而改变电动机的工作特性，达到调速的目的。实现方式是在转子回路中串入一个可变的直流电动势从而改变转子回路的回路电流，进而改变电动机转速。相比于其他调速方式，串级调速的优点是：可以通过某种控制方式，使转子回路的能量回馈到电网，从而提高效率；在适当的控制方式下，可以实现低同步或高同步的连续调速。缺点是：只适用于绕线转子异步电动机，且控制系统相对复杂。实质就是转子引入附加电动势，改变它的大小来调速，但效率得到提高。

5）电磁调速。电磁调速异步电动机（俗称滑差电动机）是一种简单可靠的交流无级调速设备。电动机采用组合式结构，由拖动电动机、电磁转差离合器和测速发电机等组成，测速发电机是作为转速反馈信号源供控制用。通过改变励磁线圈的电流无级平滑调速，机构简单，但控制功率较小，不宜长期低速运行。

6.1.2 交流异步电动机调速系统的基本类型

以交流异步电动机作为控制对象来完成各种生产加工过程的装置叫交流调速系统，使用以上不同调速方法的交流调速系统可分为成变极调速系统、交流调压调速系统、绕线转子异步电动机转子串电阻调速系统、串级调速系统、电磁转差离合器调速系统和变频调速系统等。

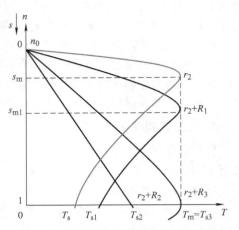

图 6-5 转子回路串电阻调速机械特性
r_2—转子电阻

从交流异步电动机的工作原理知道：电动机从定子传入转子的电磁功率 P_m 可分成两部分，如图 6-6 所示，一部分是拖动负载的有效功率，$P_{mech} = (1-s)P_m$；另一部分是转差功率，$P_s = sP_m$。

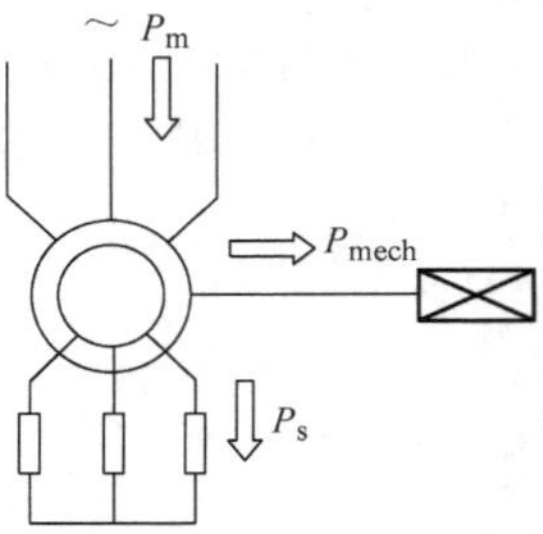

通过考察这些系统在调速时如何处理转差功率 P_s，是消耗掉还是回馈给电网，从而可衡量此系统效率的高低。一般按转差功率是否消耗，把交流调速系统分为三大类：

1. 转差功率消耗型调速系统

转差功率消耗型调速系统在能量传递过程中，转差功率全部都转换成热能而消耗掉，比如降电压调速系统、电磁转差离合器调速系统、绕线转子异步电动机转子串电阻调速系统。这类调速系统的效率最低，是以增加转差功率的消耗来换取转速的降低。但这类调速系统组成的结构最简单，在性能要求不高的小容量场合还有一定应用。

图 6-6 功率关系示意图

2. 转差功率回馈型调速系统

转差功率的一部分消耗掉了，大部分则通过变流装置回馈电网或者转化为机械能予以利用，转速越低时，回收的功率也越多，比如绕线转子异步电动机串级调速属于这一类。用这种调速方法组成的系统效率最高，结构最复杂，不容易实现。

3. 转差功率不变型调速系统

这类系统中无论转速的高低，转差功率的消耗基本不变，比如变频调速、变极调速均属于这一类。其中变极对数的调速方法，只能实现有级调速，应用场合有限。而变频调速方法效率很高，性能最优，应用最多、最广，能取代直流电动机调速，最有发展前途，是交流调速的主要发展方向，是21世纪的主流。

对比以上交流调速系统的效率、性能和结构，可以看出，随着电力电子器件及单片机的大规模应用，交流异步电动机变频调速系统已成为驱动交流异步电动机运行的首选系统。

6.1.3 交流调速系统的主要性能指标

交流调速系统的主要性能指标是考评交流调速系统优劣的依据，在衡量交流调速系统性能好坏时应依据生产实践的需求，从技术和经济角度全面评价。下面介绍评价交流调速系统的技术性能指标。

1. 调速效率

无论何种应用，都希望调速效率越高越好，尤其是为了节能而采用的调速，对调速效率要求更加严格。调速系统的效率应该分为调速电动机本身的效率以及调速控制系统的效率两个部分，而通常由电力半导体构成的调速控制装置，效率都在95%以上，因此系统的效率重点表现在异步电动机上。

2. 调速平滑性

在调速范围内，以相邻两档转速的差值为标志，差值越小，调速越平滑。调速平滑性这个指标表明系统可以获得的转速的准确度，通常用有级和无级来衡量。有级调速是阶梯形的，各个调速速度点之间不连续；而无级调速则是直线形的，在调速范围之内，调速速度点之间是连续的，大多数生产实践都要求实现平滑性好的调速，这样可以满足各种生产条件的需求。

3. 调速范围

调速范围定义为最高转速与最低转速之比，也可以反过来定义。调速范围应该依据实际生产需要科学地确定，不要盲目追求过大范围，因为扩大调速范围通常要付出技术和经济的代价。同时，调速范围也受调速方法的约束，有些调速方法，例如改变磁极对数的调速方法或转差功率消耗型的调速方法，无论如何也不能将调速范围扩得很大。这里所说的调速范围（指理论上能够达到的），是相对地越大越好。

4. 功率因数

调速系统的功率因数包含异步电动机和调速控制系统两个部分的功率因数，并希望功率因数接近于1。

对于异步电动机，当转速下降时，输出机械功率 $P_{mech} = (1-s)P_m$ 减小，输入有功功率 P_1 也随之减小，此时异步电动机功率因数关键取决于励磁无功功率 Q_1 是否减小，如果 Q_1 不变，调速的功率因数必然降低，如果 Q_1 也减小，功率因数将得到改善。

调速系统的功率因数，主要与功率变频装置（变频主电路）的结构形式、控制电路的控制方式有关。功率变频装置如采用晶闸管变频器，则功率因数较低；如采用SPWM变频器，则功率因数较高。

5. 谐波含量

调速系统中的电力电子装置都属于产生畸变的非线性电路，因此调速系统产生电流谐波是必然的。由于谐波对电动机和电源会产生不利影响，因此要求调速系统的谐波要小。

6. 调速的工作特性

调速的工作特性有两个方面：静态特性和动态特性。静态特性主要反映的是调速过程中机械特性的硬度。对于绝大多数负载来说，机械特性越硬，则负载变化时电动机速度变化越小，工作越稳定，所以希望机械特性越硬越好。动态特性即在暂态过程中表现出来的特性，主要指标有两个方面：一是升速（包括起动）和降速（包括制动）过程是否快捷而平稳；二是当负载突然增、减或电压突然变化时，系统的转速能否迅速地恢复。

以上性能指标科学、严谨、专业化，但对于大多数以节能为目标的用户和生产技术人员，简单、通俗的考评标准会更实用,为此,可以将上述内容凝练成以下三性:①节能性。节能性主要考核调速系统的效率,节能性高的要求是平均效率不低于85%。②可靠性。可靠性高的要求是电动机和控制装置的故障率低,过载能力强。③经济性。经济性高的表现是价格相对低廉,维护费用小,投资回期短。

▶ 6.2 交流变压变频调速系统的原理

6.2.1 恒压频比控制方式

交流异步电动机的定子电动势为

$$E_g = 4.44 f_1 N_s k_{N_s} \Phi_m \quad (6-2)$$

式中 E_g——定子每相绕组中气隙磁通感应电动势有效值(V);
　　f_1——供电频率(Hz);
　　N_s——定子每相绕组串联匝数;
　　k_{N_s}——基波绕组系数;
　　Φ_m——每极气隙主磁通量(Wb)。

异步电动机的等效电路图如图6-7所示。

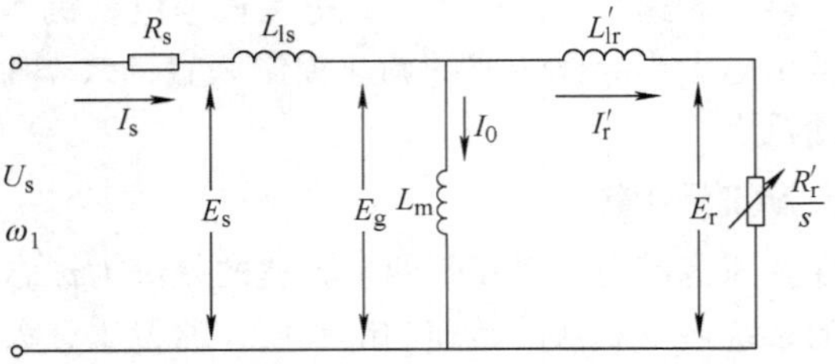

由式(6-2)可知,只要平滑调节异步电动机的供电频率 f_1,就可以平滑调节同步转速 n_0,从而实现异步电动机的无级调速,这就是变频调速的基本原理。

输入电源角频率与供电频率的关系可表示为 $\omega_1 = 2\pi f_1$,而交流异步电动机的转子电流为

图6-7 异步电动机稳态等效电路和感应电动势
U_s—电动机定子侧电压　I_s—电动机定子侧电流
R_s—电动机定子侧等效电阻　E_s—定子全磁通在定子每相绕组中的感应电动势　L_{ls}—电动机定子侧等效电感
L_m—电动机励磁电感　I_0—电动机空载电流
I_r'—电动机转子侧折合到定子侧电流
$\dfrac{R_r'}{s}$—电动机转子侧折合到定子侧电阻
L_{lr}'—电动机转子侧折合到定子侧电感
E_r—转子全磁通在转子绕组中的感应电动势(折合到定子侧)
ω_1—电源角频率

$$I_r' = \dfrac{E_g}{\sqrt{\left(\dfrac{R_r'}{s}\right)^2 + \omega_1^2 L_{lr}'^2}} \quad (6-3)$$

设电磁功率

$$P_m = 3 I_r'^2 \dfrac{R_r'}{s} \quad (6-4)$$

同步机械角转速

$$\omega_{m1} = \dfrac{\omega_1}{n_p} = \dfrac{2\pi f_1}{n_p} \quad (6-5)$$

可得电磁转矩

$$T_e = \dfrac{P_m}{\omega_{m1}} = \dfrac{3 n_p}{\omega_1} \cdot \dfrac{E_g^2}{\left(\dfrac{R_r'}{s}\right)^2 + \omega_1^2 L_{lr}'^2} \cdot \dfrac{R_r'}{s} = 3 n_p \left(\dfrac{E_g}{\omega_1}\right)^2 \dfrac{s \omega_1 R_r'}{R_r'^2 + s^2 \omega_1^2 L_{lr}'^2} \quad (6-6)$$

从前述关系可知,若定子每相感应电动势 E_g 不变,则频率 f_1 上升时,角频率 ω_1 随之上升,主磁通 Φ_m 将下降,电磁转矩 T_e 也下降,这样电动机的拖动能力会降低;若降低频率 f_1,角频率 ω_1 跟随下降,则主磁通 Φ_m 上升,当频率 f_1 小于额定频率(基频)时,主磁通 Φ_m 将超过额定值。由于在设计电动机时,主磁通 Φ_m 的额定值一般选择在定子铁心的临界点,所以当在额定频率以下调频时,将会引起主磁通 Φ_m 饱和,这样励磁电流急剧升高,使定子损耗 $3I_s^2 R_s$ 急剧增加。频率上升和下降这两种情况都是实际运行中所不允许的。在实际调速过程中,基频以下调速系统和基频以上调速系统需要采用不同的变频控制方式。

6.2.2 基频以下调速的机械特性

图 6-7 所示等效电路图中,在一般情况下,$L_m \gg L_{ls}$,故 $I_s \approx I'_r$,这相当于忽略铁损和励磁电流。此时等效电路如图 6-8 所示。

这样,转子电流的公式可简化成

$$I_s \approx I'_r = \frac{U_s}{\sqrt{\left(R_s + \frac{R'_r}{s}\right)^2 + \omega_1^2 (L_{ls} + L'_{lr})^2}} \quad (6\text{-}7)$$

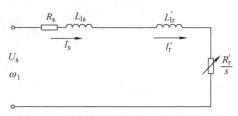

图 6-8 忽略铁损和励磁电流的等效电路

此时电磁转矩

$$T_e = \frac{P_m}{\omega_{m1}} = \frac{3n_p}{\omega_1} I'^2_r \frac{R'_r}{s} = \frac{3n_p U_s^2 R'_r / s}{\omega_1 \left[\left(R_s + \frac{R'_r}{s}\right)^2 + \omega_1^2 (L_{ls} + L'_{lr})^2\right]} \quad (6\text{-}8)$$

式中 n_p ——磁极对数。

下面求异步电动机在恒压恒频正弦波供电时的机械特性方程式 $T_e = f(s)$。当定子电压 U_s 和电源角频率 f_1 恒定时,可以改写成如下形式:

$$T_e = 3n_p \left(\frac{U_s}{\omega_1}\right)^2 \frac{s\omega_1 R'_r}{(sR_s + R'_r)^2 + s^2 \omega_1^2 (L_{ls} + L'_{lr})^2} \quad (6\text{-}9)$$

当 s 很小时,可忽略式(6-9)分母中含 s 各项,则

$$T_e \approx 3n_p \left(\frac{U_s}{\omega_1}\right)^2 \frac{s\omega_1}{R'_r} \propto s \quad (6\text{-}10)$$

也就是说,当 s 很小时,转矩近似与 s 成正比,机械特性 $T_e = f(s)$ 是一段直线,如图 6-9 所示。

当 s 接近于 1 时,可忽略式(6-9)分母中的 R'_r,则

$$T_e \approx 3n_p \left(\frac{U_s}{\omega_1}\right)^2 \frac{\omega_1 R'_r}{s[R_s^2 + \omega_1^2 (L_{ls} + L'_{lr})^2]} \propto \frac{1}{s} \quad (6\text{-}11)$$

即 s 接近于 1 时,转矩近似与 s 成反比,$T_e = f(s)$ 是对称于原点的一段双曲线。当 s 为以上两段的中间数值时,机械特性从直线段逐渐过渡到双曲线段,如图 6-9 所示。

要保持转矩不变,当频率 f_1 从额定值 f_{1N} 向下调节时,必须同时降低 E_g,使 $E_g / \omega_1 = $ 常数。但绕组中的感应电动势是难以直接控制的,当电动势值较高时,可以忽略定子绕组的漏磁阻抗压降,而认为定子相电压 $U_s = E_g$,则得恒压频比控制下 $U_s / \omega_1 = $ 常数。

但是,在低频时 U_s 和 E_g 都较小,定子阻抗压降所占的份额就比较显著,不再能忽略。这时,需要人为地把电压 U_s 抬高一些,以便近似地补偿定子压降。带定子压降补偿的恒压频比控制特性如图 6-10 中的线 2 所示,无补偿的控制特性则为线 1。

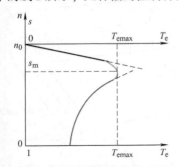

图 6-9 恒压恒频时异步电动机的机械特性

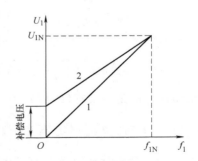

图 6-10 恒压频比控制特性

为了近似地保持气隙磁通不变,以便充分利用电动机铁心,增强电动机产生转矩的能力,在基频以下须采用恒压频比控制。这时同步转速自然要随频率变化。

$$n_0 = \frac{60 f_1}{n_p} = \frac{60 \omega_1}{2\pi n_p} \tag{6-12}$$

带负载时的转速降为

$$\Delta n = s n_0 = \frac{60}{2\pi n_p} s \omega_1 \tag{6-13}$$

在式(6-10)所表示的机械特性近似直线段上,可以导出

$$s\omega_1 \approx \frac{R'_r T_e}{3 n_p \left(\dfrac{U_s}{\omega_1}\right)^2} = \frac{R'_r T_e}{3 n_p \left(\dfrac{U_s}{2\pi f_1}\right)^2} \tag{6-14}$$

由此可见,当 U_s/f_1 为恒值时,对于同一转矩 T_e,$s\omega_1$ 是基本不变的,因而 Δn 也是基本不变的。这就是说,在恒压频比的条件下改变频率 f_1 时,机械特性基本上是平行下移,它们和直流他励电动机变压调速时的情况基本相似。

用式(6-6)对 s 求导,并令 $dT_e/ds = 0$,可求出对应于最大转矩时的静差率和最大转矩分别为

$$s_m = \frac{R'_r}{\sqrt{R_s^2 + \omega_1^2 (L_{ls} + L'_{lr})^2}} \tag{6-15}$$

$$T_{emax} = \frac{3 n_p U_s^2}{2\omega_1 \left[R_s + \sqrt{R_s^2 + \omega_1^2 (L_{ls} + L'_{lr})^2} \right]} \tag{6-16}$$

整理可得

$$T_{emax} = \frac{3 n_p}{2} \left(\frac{U_s}{\omega_1}\right)^2 \frac{1}{\dfrac{R_s}{\omega_1} + \sqrt{\left(\dfrac{R_s}{\omega_1}\right)^2 + (L_{ls} + L'_{lr})^2}} \tag{6-17}$$

由式(6-17)可见,最大转矩 T_{emax} 是随着角频率 ω_1(频率 f_1)的降低而减小的。当频率很低时,T_{emax} 太小,将限制电动机的带载能力,采用定子压降补偿,适当地提高电压 U_1,可以增强带载能力,如图6-11所示。

用式(6-6)对 s 求导,并令 $dT_e/ds = 0$,可得恒压频比(E_g/ω_1,E_g/f_1)控制特性在最大转矩时的转差率

$$s_m = \frac{R'_r}{\omega_1 L'_{lr}} \tag{6-18}$$

最大转矩

$$T_{emax} = \frac{3}{2} n_p \left(\frac{E_g}{\omega_1}\right)^2 \frac{1}{L'_{lr}} \tag{6-19}$$

值得注意的是,在式(6-19)中,当 $\dfrac{E_g}{\omega_1}\left(\dfrac{E_g}{f_1}\right)$ 为恒值时,T_{emax} 恒定不变,如图6-12所示,其稳态性能优于 U_s/f_1 为恒值

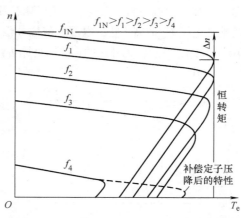

图6-11 恒压频比控制时变频调速的机械特性

时控制的性能,这正是 U_s/f_1 为恒值时控制中补偿定子压降所追求的目标。

6.2.3 基频以上调速的机械特性

在基频以上调速时,频率应该从 f_{1N} 向上升高,但定子电压 U_s 却不可能超过额定电压 U_{sN},最多只能保持 $U_s = U_{sN}$,这将迫使磁通与频率成反比地降低,相当于直流电动机弱磁升速的情况。式(6-8)的机械特性方程式可写成

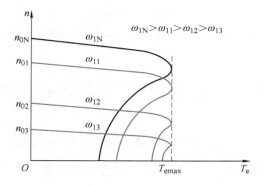

图 6-12 恒 $\dfrac{E_g}{\omega_1}\left(\dfrac{E_g}{f_1}\right)$ 控制时变频调速的机械特性

$$T_e = 3n_p U_{sN}^2 \dfrac{sR_r'}{\omega_1 [(sR_s + R_r')^2 + s^2\omega_1^2(L_{ls} + L_{lr}')^2]} \tag{6-20}$$

而式(6-16)的最大转矩表达式可改写成

$$T_{emax} = \dfrac{3}{2}n_p U_{sN}^2 \dfrac{1}{\omega_1[R_s + \sqrt{R_s^2 + \omega_1^2(L_{ls} + L_{lr}')^2}]} \tag{6-21}$$

由此可见,当角频率提高时,同步转速随之提高,最大转矩减小,机械特性上移,而形状基本不变,如图 6-13 所示。

由于频率提高而电压不变,气隙磁通势必减弱,导致转矩的减小,但转速升高了,可以认为输出功率基本不变。所以基频以上变频调速属于弱磁恒功率调速,如图 6-14 所示。图 6-15 所示为其变频调速时的机械特性。

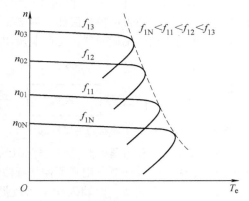

图 6-13 基频以上恒压变频调速的机械特性

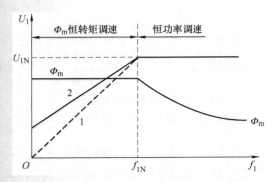

图 6-14 异步电动机恒压变频调速的控制特性

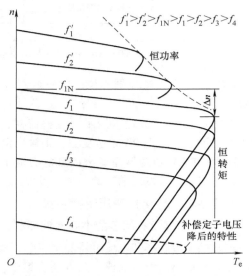

图 6-15 异步电动机恒压变频调速时的机械特性

注意：以上所分析的机械特性都是在正弦波电压供电下的情况。如果电压源含有谐波，将使机械特性受到扭曲，并增加电动机中的损耗。因此在设计变频装置时，应尽量减少输出电压中的谐波。

6.3 交-直-交变频电路的主要类型

6.3.1 交-直-交变频电路与交-交变频电路

1. 间接（交-直-交）变压变频装置

交-直-交变频器的主要构成环节如图 6-16 所示。交-直-交变频器先把交流电转为直流电，经过中间滤波环节后，再把直流电逆变成变频变压的交流电，又称为间接变频器。

按照不同的控制方式，交-直-交变频器分为以下三种情况：

（1）用可控整流器调压、用逆变器调频的交-直-交变压变频装置

如图 6-17 所示的装置中，调压和调频在两个环节上分别进行，其结构简单，控制方便。由于输入环节采用晶闸管可控整流器，当电压调得较低时，电网端功率因数低，而输出环节采用由晶闸管组成的三相六拍逆变器，每周期换相六次，输出谐波较大。这是这类装置的主要缺点。

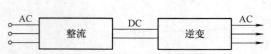

图 6-16　交-直-交变频器的主要构成环节

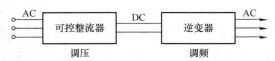

图 6-17　可控整流器调压、逆变器调频

（2）用不可控整流器整流、斩波器调压、再用逆变器调频的交-直-交变压变频装置如图 6-18 所示的装置中，输入环节采用不可控整流器，只整流不调压，再增设斩波器进行脉宽直流调压。这样虽然多了一个环节，但输入功率因数提高了，克服了图 6-17 所示装置功率因数低的缺点。由于输出逆变环节未变，仍有谐波较大的问题。

图 6-18　不可控整流器整流、斩波器调压、逆变器调频

（3）用不可控整流器整流、脉宽调制（PWM）逆变器同时调压调频的交-直-交变压变频装置

如图 6-19 所示，输入用不可控整流器，则输入功率因数高；用 PWM 逆变器，则输出谐波可以减少。PWM 逆变器需要全控型电力电子器件，这是当前最有发展前途的一种装置形式。

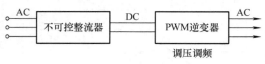

图 6-19　不可控整流器整流、脉宽调制（PWM）逆变器调压调频

2. 直接（交-交）变压变频装置

交-交变频器没有明显的中间滤波环节，交流电被直接变成频率和电压可调的交流电，故又称为直接变频器。交-交变频器的主电路由不同的晶闸管整流电路组合而成，在各整流组中，随移相控制角 α 为固定值或按正弦规律变化，输出的交流电有方波与正弦波两种波形。

单相交-交变频器的主电路如图 6-20 所示。电路采用正组晶闸管 VT_F 与反组晶闸管 VT_R 分别供电，各组所供电压的高低由移相控制角 α 控制。当正组供电时，负载上获得正向电压；当反组供电时，负载上获得反向电压。

图 6-20 中，负载由正组与反组晶闸管整流电路轮流供电，如果在各组开放期间移相控制角 α 不变，则输出电压为矩形交流电压，如图 6-21 所示。改变正反组切换频率可以调节输出交流电的频率，而改变 α 的大小即可调节矩形波的幅度，从而调节输出交流电压的大小。方波型交-交变频器很少用于普通的异步电动机调速系统，而常用于无换向器电动机的调速系统及超同步串级调速系统。

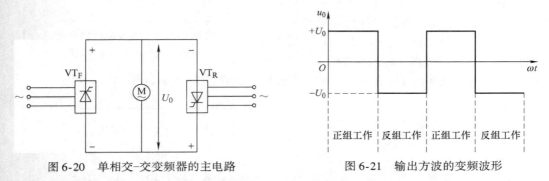

图 6-20　单相交-交变频器的主电路　　　　图 6-21　输出方波的变频波形

正弦波型交-交变频器的主电路与方波型交-交变频器的主电路相同，它可以输出平均值按正弦规律变化的电压，克服了方波型交-交频器输出波形高次谐波成分大的缺点，是一种实用的低频变频器。下面说明获得输出正弦波形的方法。

设法使移相控制角 α 在某个正组整流工作时，由大到小再变大，如从 $\frac{\pi}{2}$—0—$\frac{\pi}{2}$ 变化，这样必然引起整流输出平均电压由低到高再到低的变化，而在正组逆变工作时，使移相控制角由小变大再变小，如从 $\frac{\pi}{2}$—π—$\frac{\pi}{2}$ 变化，就可以获得平均值可变的负向逆变电压，其输出电压、电流波形如图 6-22 所示。

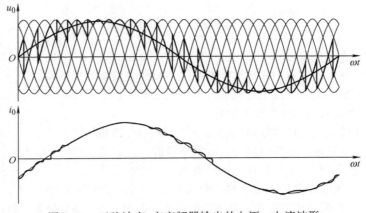

图 6-22　正弦波交-交变频器输出的电压、电流波形

正弦波交-交变频器的输出频率可以通过改变正反组的切换频率进行调整，而其输出电压幅值则可以通过改变移相控制角 α 进行调整。

三相交-交变频电路由三组输出电压彼此互差120°的单相交-交变频电路组成。三相交-交变频器主电路有公共交流母线进线方式和输出星形联结方式，分别用于中、大容量电路中。

1）公共交流母线进线方式：将三组单相输出电压彼此互差120°的交-交变频器的电源进线接在公共母线上，三个输出端必须相互隔离，电动机的三个绕组需拆开，引出六根线，如图6-23所示。

2）输出星形联结方式：将三组单相输出电压彼此互差120°的交-交变频器的输出端采取星形联结，电动机的三个绕组也用星形联结，电动机中性点不和变频器中性点接在一起，电动机只引出三根线即可。因为三组的输出连接在一起，其电源进线必须隔离，如图6-24所示。

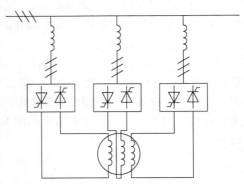

图6-23　公共交流母线进线三相交-交变频电路（简图）

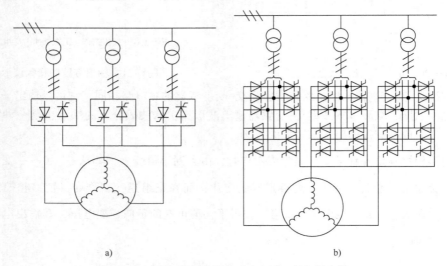

图6-24　输出星形联结方式三相交-交变频电路
a）简图　b）详图

交-交变频器的优点是：
1）因为是直接变换，没有中间环节，所以比一般的变频器效率要高。
2）由于其交流输出电压直接由交流输入电压波的某些部分包络所构成，因而其输出频率比输入交流电源的频率低得多，输出波形较好。
3）由于变频器按电网电压过零自然换相，故可采用普通晶闸管。
4）因受电网频率限制，通常输出电压的频率较低，为电网频率的1/3左右。
5）功率因数较低，特别是在低速运行时更低，需要适当补偿。

其主要缺点是：接线较复杂，使用的晶闸管较多，同时受电网频率和变流电路脉冲数的限制，输出频率较低，且采用相控方式，功率因数较低。因此，交-交变频器一般只适用于球磨机、矿井提升机、大型轧钢设备等低速大容量拖动场合。

6.3.2　电压型变频器与电流型变频器

根据交-直-交变压变频器的中间滤波环节是采用电容性元件或是电感性元件，可以将交-直-

交变频器分为电压型变频器和电流型变频器两大类。两类变频器的主要区别在于中间直流环节采用什么样的滤波元件。

交-直-交变压变频装置中,当中间直流环节采用大电容滤波时,直流电压波形比较平,在理想情况下是一个内阻抗为零的恒压源,输出交流电压是矩形或阶梯波,这类变频装置叫作电压型变频器,如图6-25所示。一般的交-交变压变频装置虽然没有滤波电容,但供电电源的低阻抗使它具有电压源的性质,它也属于电压型变频器。

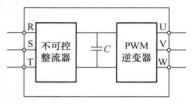

图 6-25　电压型变频器

当交-直-交变压变频装置的中间直流环节采用大电感滤波时,直流电流波形比较平直,因而电源内阻抗很大,对负载来说基本上是一个电流源,输出交流电流是矩形波或阶梯波,这类变频装置叫作电流型变频器,如图6-26所示。有的交-交变压变频装置用电抗器将输出电流强制变成矩形波或阶梯波,具有电流源的性质,它也是电流型变频器。

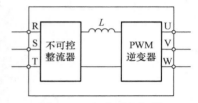

图 6-26　电流型变频器

从主电路上看,电压型变频器和电流型变频器的区别在于中间直流环节滤波器的形式不同,这样一来,造成两类变频器性能上存在相当大的差异,主要表现如下:

(1) 无功能量的缓冲

对于变压变频调速系统来说,变频器的负载是异步电动机,是感性负载,在中间直流环节与电动机之间,除了有功功率的传送外,还存在无功功率的交换。逆变器中的电力电子开关器件无法储能,无功能量只能靠直流环节中的滤波器的储能元件来缓冲,使它不致影响到交流电网上去。因此可以说,两类变频器的主要区别在于用什么样的储能元件来缓冲无功能量。

(2) 回馈制动

用电流型变频器给异步电动机供电的变压变频调速系统,显著特点是实现回馈制动。与此相反,采用电压型变频器的调速系统要实现回馈制动和四象限运行却比较困难,因为其中间直流环节大电容上的电压极性不能反向,所以在原装置上无法实现回馈制动。若确实需要制动时,只能采用在直流环节中并联电阻的能耗制动,或者与可控整流器反并联另一组反向整流器,并使其工作在有源逆变状态,以通过反向的制动电流,实现回馈制动。

(3) 调速时的动态响应

由于交-直-交电流型变压变频装置的直流电压可以迅速改变,所以由它供电的调速系统动态响应比较快,而电压型变压变频调速系统的动态响应就慢得多。

(4) 适用范围

电压源型变频器属于恒压源,电压控制响应慢,所以适用于作为多台电动机同步运行时的供电电源而不要求快速加减速的场合。电流源型变频器则相反,由于滤波电感的作用,系统对负载变化的反应迟缓,不适用于多电动机传动,而更适合于一台变频器给一台电动机供电的单电动机传动,但可以满足快速起动、制动和可逆运行的要求。

6.4　180°导电型变频器与120°导电型变频器

6.4.1　180°导电型变频器

三相电压型桥式逆变电路如图6-27所示,图中C_d为滤波电容,$VT_1 \sim VT_6$为晶闸管开关,$VD_1 \sim VD_6$为续流二极管,$L_1 \sim L_6$为换流电感,$C_1 \sim C_6$为换流电容,R_U、R_V、R_W为衰减电阻,

Z_U、Z_V、Z_W 为电动机的三相对称负载。

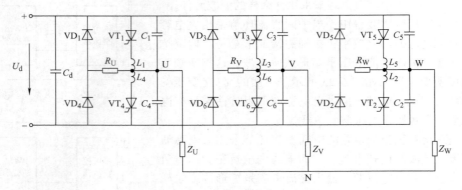

图 6-27　三相电压型桥式逆变电路

$VT_1 \sim VT_6$ 晶闸管间隔 60°触发导通后，每桥臂导电 180°，同一相上、下两臂交替导电，各相开始导电的角度差 120°，任一瞬间有三个桥臂同时导通。每次换流都是在同一相上、下两臂之间进行，也称为纵向换流，其换流过程如图 6-28 所示。这种变频器称为 180°导电型变频器。在 0°~60°期间，VT_1、VT_5、VT_6 三个晶闸管导通，此时等效电路如图 6-29 所示。

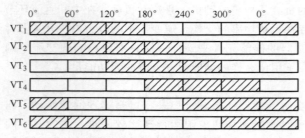

图 6-28　晶闸管换流过程

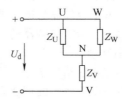

图 6-29　VT_1、VT_5、VT_6 导通等效电路

此时，输出相电压为

$$
\begin{cases}
U_{UN} = \dfrac{Z_U /\!/ Z_W}{(Z_U /\!/ Z_W) + Z_V} U_d = \dfrac{1}{3} U_d \\[2ex]
U_{VN} = -\dfrac{Z_V}{(Z_U /\!/ Z_W) + Z_V} U_d = -\dfrac{2}{3} U_d \\[2ex]
U_{WN} = \dfrac{Z_U /\!/ Z_W}{(Z_U /\!/ Z_W) + Z_V} U_d = \dfrac{1}{3} U_d
\end{cases}
$$

输出线电压为

$$
\begin{cases}
U_{UV} = U_{UN} - U_{VN} = \dfrac{1}{3} U_d - \left(-\dfrac{2}{3} U_d\right) = U_d \\[2ex]
U_{VW} = U_{VN} - U_{WN} = \left(-\dfrac{2}{3} U_d\right) - \dfrac{1}{3} U_d = -U_d \\[2ex]
U_{WU} = U_{WN} - U_{UN} = \dfrac{1}{3} U_d - \dfrac{1}{3} U_d = 0
\end{cases}
$$

图 6-30　VT_1、VT_2、VT_6 导通的等效电路

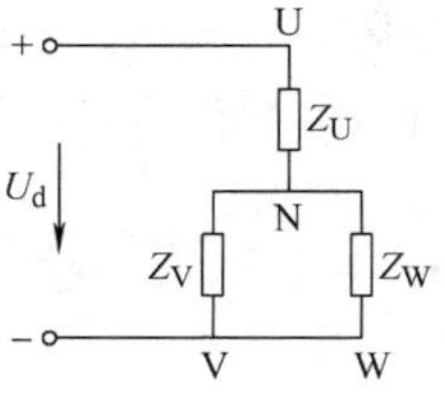

在 60°~120°期间，VT_1、VT_2、VT_6 三个晶闸管导通，此时等效电路如图 6-30 所示。

此时，输出相电压为

$$\begin{cases} U_{UN} = \dfrac{Z_U}{(Z_V // Z_W) + Z_U} U_d = \dfrac{2}{3} U_d \\ U_{VN} = -\dfrac{Z_V // Z_W}{(Z_V // Z_W) + Z_U} U_d = -\dfrac{1}{3} U_d \\ U_{WN} = -\dfrac{Z_V // Z_W}{(Z_V // Z_W) + Z_U} U_d = -\dfrac{1}{3} U_d \end{cases}$$

输出线电压为

$$\begin{cases} U_{UV} = U_{UN} - U_{VN} = \dfrac{2}{3} U_d - \left(-\dfrac{1}{3} U_d\right) = U_d \\ U_{VW} = U_{VN} - U_{WN} = \left(-\dfrac{1}{3} U_d\right) - \left(-\dfrac{1}{3} U_d\right) = 0 \\ U_{WU} = U_{WN} - U_{UN} = \left(-\dfrac{1}{3} U_d\right) - \dfrac{2}{3} U_d = -U_d \end{cases}$$

6-1 180°导电型变频器原理分析

同理，可推出其他区间的相电压、线电压的大小。绘制不同区间输出电压的波形如图 6-31 所示。

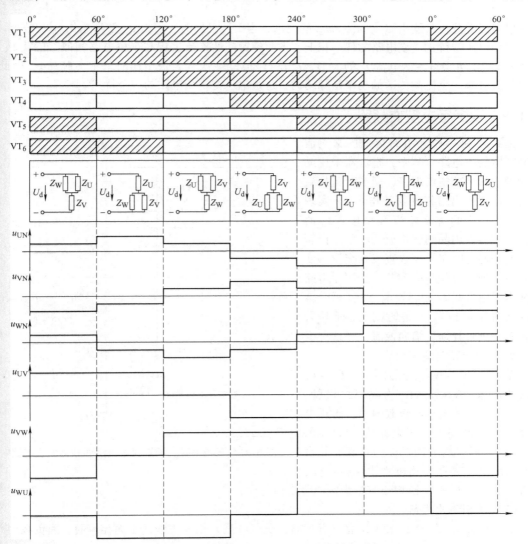

图 6-31 三相电压型桥式逆变电路的电压波形

负载线电压为

$$\begin{cases} u_{UV} = u_{UN'} - u_{VN'} \\ u_{VW} = u_{VN'} - u_{WN'} \\ u_{WU} = u_{WN'} - u_{UN'} \end{cases} \quad (6\text{-}22)$$

负载相电压为

$$\begin{cases} u_{UN} = u_{UN'} - u_{NN'} \\ u_{VN} = u_{VN'} - u_{NN'} \\ u_{WN} = u_{WN'} - u_{NN'} \end{cases} \quad (6\text{-}23)$$

负载中性点和电源中性点间电压为

$$u_{NN'} = \frac{1}{3}(u_{UN'} + u_{VN'} + u_{WN'}) - \frac{1}{3}(u_{UN} + u_{VN} + u_{WN}) \quad (6\text{-}24)$$

负载三相对称时有 $u_{UN} + u_{VN} + u_{WN} = 0$,于是

$$u_{NN'} = \frac{1}{3}(u_{UN'} + u_{VN'} + u_{WN'}) \quad (6\text{-}25)$$

根据以上分析可绘出 u_{UN}、u_{VN}、u_{WN} 的波形,当负载已知时,可由 u_{UN} 波形求出 i_U 的波形。

三相电压型桥式逆变电路的任一相上、下两桥臂间的换流过程与半桥电路相似,桥臂1、3、5 的电流相加可得直流侧电流 I_d 的波形,I_d 每60°脉动一次(直流电压时基本无脉动),因此逆变器从直流侧向交流侧传送的功率是脉动的,这是电压型逆变电路的一个特点。

6.4.2 120°导电型变频器

图 6-32 是一种常用的交-直-交电流型变频器的主电路。其中,整流器采用晶闸管构成的可控整流电路,完成交流到直流的变换,输出可控的直流电压 U_d 实现调压功能;中间直流环节用大电感 L_d 滤波;逆变器采用晶闸管构成的串联二极管式电流型逆变电路,完成直流到交流的变换,并实现输出频率的调节。变频器电路的基本工作方式是 120°导电方式(每个臂一周期内导电 120°),每时刻上、下桥臂组各有一个臂导通,横向换流。将这种变频器称为 120°导电型变频器。

图中,$VT_1 \sim VT_6$ 为晶闸管,$C_1 \sim C_6$ 为换相电容,$VD_1 \sim VD_6$ 为隔离二极管,其作用是使换相电容与负载隔离,防止电容充电电荷的损失。该电路为 120°导电型。现以丫形联结电动机作为负载,假设电动机反电动势在换相过程中保持不变,电流 I_d 恒定,以 VT_5 换相到 VT_1 为例说明换相过程。

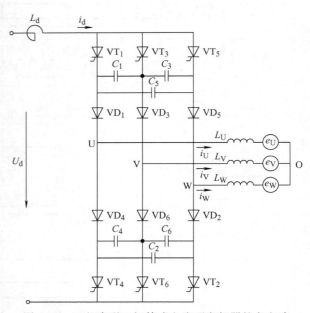

图 6-32 三相串联二极管式电流型变频器的主电路

(1) 换相前的状态

如图 6-33 所示,VT_5 和 VT_6 稳定导通时,负载电流 I_d 沿着虚线所示途径流通,因负载为丫联

结，只有 V 相和 W 相绕组导通，而 U 相不导通，即 $i_U=0$，$i_V=-I_d$，$i_W=I_d$。换相电容 C_3 及 C_5 被充电至最大值，极性是左正（+）右负（-），C_1 上的电荷为 0。

（2）晶闸管换流及恒流充电阶段

如图 6-34 所示，触发导通 VT_1，则由于 C_5 与 VT_5 回路所施加的正向电压 VT_1 立即导通，VT_1 导通后，C_5 上的电压立即加到 VT_5 两端，使 VT_5 承受反压关断。I_d 沿着虚线所示途径流通，给等效电容（C_1 与 C_3 串联，再并联 C_5）先放电至零，再恒流充电，极性为左负（-）右正（+），VT_5 在 VT_1 导通后直到 C 放电至零的这段时间 t_0 内一直承受反压，只要 t_0 大于晶闸管的关断时间 t_{off}，就能保证有效的关断。当 C 上的充电电压超过负载电压时，二极管 VD_1 将承受正向电压而导通，恒流充电结束，进入二极管换流阶段。

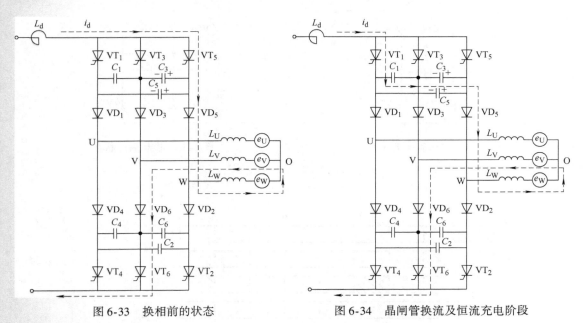

图 6-33　换相前的状态　　　　　图 6-34　晶闸管换流及恒流充电阶段

（3）二极管换流阶段

如图 6-35 所示，VD_1 导通后，开始分流。此时电流 I_d 逐渐由 VD_5 向 VD_1 转移，i_W 逐渐减少，i_U 逐渐增加，当 I_d 全部转移到 VD_1 时，VD_5 截止。图中虚线所示为二极管完成换流时的电流情况，图中细实线为等效电容放电回路，当 i_U 上升到 I_d 时，VD_5 截止。

（4）换相后的状态

如图 6-36 所示，负载电流 I_d 流经路线如图中虚线所示，此时 U 相和 V 相绕组通电，W 相不通电，$i_U=I_d$，$i_V=-I_d$，$i_W=0$。换相电容的极性保持左负（-）右正（+），为下次换相做准备。

由上述换相过程可知，当负载电流增加时，换相电容充电电压将随之上升，这使换相能力增加。因此，当电源和负载变化时，逆变器工作稳定。但是由于换相包含了负载的因素，如果控制不好也将导致不稳定。

电流型三相桥式逆变电路输出波形如图 6-37 所示，输出电流波形和负载性质无关。输出电流和三相桥式整流电路带大电感负载时的电流波形相同，谐波分析表达式也相同，输出线电压波形和负载性质有关，大体为正弦波。

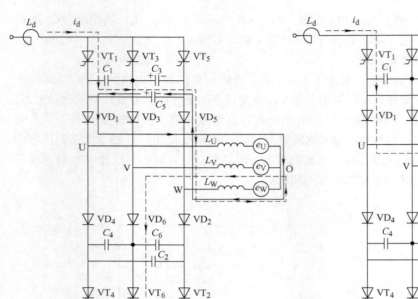
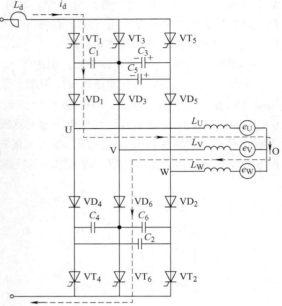

图 6-35 二极管换流阶段　　　　图 6-36 换相后的状态

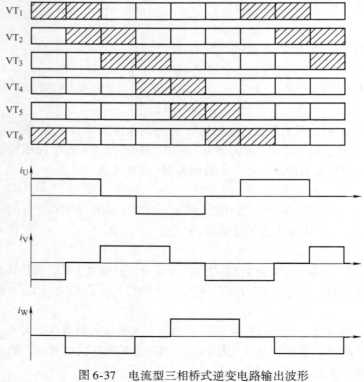

图 6-37 电流型三相桥式逆变电路输出波形

6-2 电流型三相桥式逆变电路输出波形

6.5 正弦脉冲宽度调制控制方式

6.5.1 SPWM 控制的基本原理

晶闸管交-直-交变频器在运行中存在着变压与变频两套可控的晶闸管变换器,开关器件多,控制电路复杂,装置庞大;晶闸管可控整流器在低频低压下功率因数太低;逆变器输出的阶梯波形交流谐波成分较大,因此变频器输出转矩的脉动大,影响电动机的稳定工作。

在采样控制理论中有一个重要结论,冲量(窄脉冲的面积)相等而形状不同的窄脉冲加在具有惯性的环节上时,其效果基本相同。正弦脉冲宽度调制(SPWM)中(见图6-38a),将正弦半波分成 N 等份,即把正弦半波看成由于 N 个彼此相连的脉冲所组成。这些脉冲宽度相等(均为 $1/N$),但幅值不等,其幅值是按正弦规律变化的曲线。把每一等份的正弦曲线与横轴所包围的面积都用一个与此面积相等的等高矩形脉冲来代替,矩形脉冲的中点与正弦脉冲的中点重合,且使各矩形脉冲面积与相应各正弦部分面积相等,就得到如图 6-38b 所示的脉冲序列。根据上述冲量相等、效果相同的原理,该矩形脉冲序列与正弦半波是等效的。同样,正弦波的负半周也可用相同的方法与一系列负脉冲等效。

脉宽调制(SPWM)是用脉冲宽度不等的一系列矩形脉冲去逼近一个所需要的电压或电流信号。要获得所需要的 SPWM 脉冲序列,可利用通信系统中的调制技术。如图 6-39 所示,在电压比较器 A 的两输入端分别输入正弦波的调制电压 u_c 和三角波的载波电压 u_r,其输出端便得到一系列的 SPWM 调制电压脉冲。调制电压 u_c 与载波电压 u_r 交点之间的距离决定了输出电压脉冲的宽度,因而可得到幅值相等而脉冲宽度不等的 SPWM 电压信号 u_o。

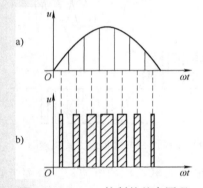

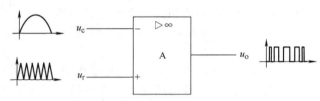

图 6-38 SPWM 控制的基本原理
　　a) 正弦半波　b) 脉冲序列

图 6-39 获得所需要的 SPWM 脉冲序列

SPWM 型变频器基本上解决了常规阶梯波变频器中存在的问题,为近代交流调速开辟了新的发展领域,目前 SPWM 已成为现代变频器的主导设计思想。SPWM 型变频器的主要特点是:
1) 主电路只有一个可控的功率环节,开关器件少,控制电路结构得以简化。
2) 整流侧使用了不可控整流器,电网功率因数与逆变器输出电压无关,基本上接近于1。
3) 变压变频在同一环节实现,与中间储能元件无关,变频器的动态响应加快。
4) 通过对 SPWM 控制方式的控制,能有效地抑制或消除低次谐波,实现接近正弦形的输出交流电压波形。

6.5.2 单相 SPWM 逆变电路

单相 SPWM 变频电路就是输出为单相电压时的电路。其中,单极性 SPWM 控制方式原理如

图 6-40 所示。图中,当调制信号 u_r 在正半周时,载波信号 u_c 为正极性的三角波,同理,调制信号 u_r 在负半周时,载波信号 u_c 为负极性的三角波,调制信号 u_r 和载波 u_c 的交点时刻控制变频电路中大功率晶体管的通断。各晶体管的通断控制规律如下:

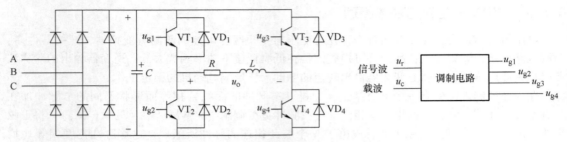

图 6-40 单极性 SPWM 控制方式原理图

1) 在 u_r 的正半周期,保持 VT_1 一直导通,VT_4 交替通断。当 $u_r > u_c$ 时,使 VT_4 导通,负载电压 $u_o = U_d$;当 $u_r \leqslant u_c$ 时,使 VT_4 关断,由于电感负载中电流不能突变,负载电流将通过 VD_3 续流,负载电压 $u_o = 0$。

2) 在 u_r 的负半周期,保持 VT_2 一直导通,VT_3 交替通断。当 $u_r < u_c$ 时,使 VT_3 导通,负载电压 $u_o = -U_d$;当 $u_r \geqslant u_c$ 时,使 VT_3 关断,负载电流将通过 VD_4 续流,负载电压 $u_o = 0$。

这样,便得到 u_o 的 SPWM 波形,如图 6-41 所示,该图中 u_{o1} 表示 u_o 中的基波分量。像这种在 u_r 的半个周期内三角波只在一个方向变化,所得到的 SPWM 波形也只在一个方向变化的控制方式称为单极性 SPWM 控制方式。

显然,当变频器各开关器件工作在理想状态下时,驱动相应开关器件的信号也应为图 6-41 中形状相似的一系列脉冲波形。由于各脉冲的幅值相等,所以逆变器可由恒定的直流电源供电,即变频器中的变流器采用不可控的二极管整流器就可以了。

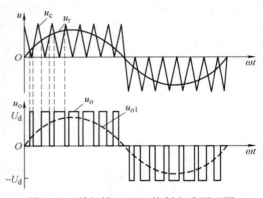

图 6-41 单极性 SPWM 控制方式原理图

采用 SPWM 的显著优点是:由于电动机的绕组具有电感性,因此尽管电压是由一系列的脉冲构成的,但通入电动机的电流却十分逼近正弦波。

与单极性 SPWM 控制方式对应,另外一种 SPWM 控制方式称为双极性 SPWM 控制方式。其频率信号还是三角波,当基准信号是正弦波时,它与单极性正弦波脉宽调制的不同之处在于它们的极性随时间不断地正、负变化,如图 6-42 所示,不需要像单极性调制那样增加倒向控制信号。

单相桥式变频电路采用双极性控制方式时的 SPWM 波形如图 6-42 所示,各晶体管控制规律如下:

在 u_r 的正负半周内,对各晶体管控制规律与单极性控制方式相同,同样在调制信号 u_r 和载波信号 u_c 的交点时刻控制各开关器件的通断。当 $u_r > u_c$ 时,使晶体管 VT_1、VT_4 导通,VT_2、VT_3 关断,此时 $u_o = U_d$;当 $u_r < u_c$ 时,使晶体管 VT_2、VT_3 导通,VT_1、VT_4 关断,此时 $u_o = -U_d$。

在双极性控制方式中,三角波在正、负两个方向变化,所得到的 SPWM 波形也在正、负两个方向变化,在 u_r 的一个周期内,SPWM 输出只有 $\pm U_d$ 两种电平,变频电路同一相上、下两臂的驱动信号是互补的。在实际应用时，为了防止上、下两个桥臂同时导通而造成短路，需要给一个臂的开关器件加关断信号，必须延迟 Δt 时间，再给另一个臂的开关器件施加导通信号，即有一段四只晶体管都关断的时间。延迟时间 Δt 的长短取决于功率开关器件的关断时间。需要指出的是，这个延迟时间将会给输出的 SPWM 波形带来不利影响，使其输出偏离正弦波。

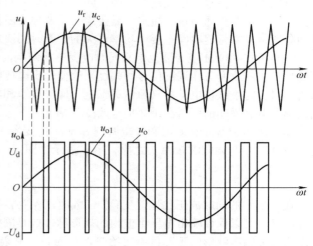

图 6-42　双极性 SPWM 控制方式原理图

6.5.3　三相 SPWM 逆变电路

图 6-43 是 SPWM 型逆变电路中使用最多的三相桥式 SPWM 逆变电路，被广泛应用在异步电动机变频调速中。它由六只电力晶体管 $VT_1 \sim VT_6$（也可以采用其他快速功率开关器件）和六只快速续流二极管 $VD_1 \sim VD_6$ 组成。其控制方式为双极性方式。U、V、W 三相的 SPWM 控制共用一个三角波信号 u_c，三相调制信号 u_{rU}、u_{rV}、u_{rW} 分别为三相正弦波信号，三相调制信号的幅值和频率均相等，相位依次相差 120°。U、V、W 三相的 SPWM 控制规律相同。现以 U 相为例，当 $u_{rU} > u_c$ 时，使 VT_1 导通，VT_4 关断；当 $u_{rU} < u_c$ 时，使 VT_1 关断，VT_4 导通。VT_1、VT_4 的驱动信号始终互补。三相正弦波脉宽调制波形如图 6-44 所示。由图可以看出，任何时刻始终都有两相调制信号电压大于载波信号电压，即总有两个晶体管处于导通状态，所以负载上的电压是连续的正弦波。其余两相的控制规律与 U 相相同。

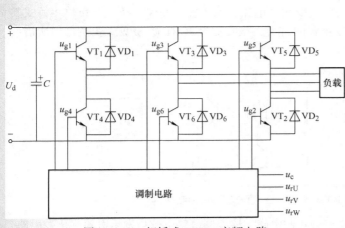

图 6-43　三相桥式 SPWM 变频电路

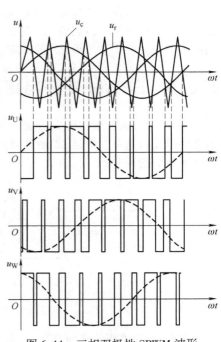

图 6-44　三相双极性 SPWM 波形

可以看出，在双极性控制方式中，同一相上、下两臂的驱动信号都是互补的。但实际上为了防止上、下两臂直通而造成短路，需要给一个臂加关断信号后，再延迟一小段时间，才给另一个臂加导通信号。延迟时间主要由功率开关的关断时间决定。

三相桥式 SPWM 逆变器也是靠同时改变三相调制信号 u_{rU}、u_{rV}、u_{rW} 的调制周期来改变输出电压的频率，靠改变三相调制信号的幅度来改变输出电压的大小。SPWM 逆变器用于异步电动机变频调速时，为了维持电动机气隙磁通恒定，输出频率和电压大小必须进行协调控制，即改变三相调制信号调制周期的同时必须相应地改变其幅值。

同步调制 SPWM 逆变器和异步调制 SPWM 逆变器有一个重要参数——载波比 N，它被定义为载波频率 f_c 与调制波频率 f_r 之比，用 N 表示，即

$$N = \frac{f_c}{f_r} \tag{6-26}$$

在改变 f_r 的同时成正比地改变 f_c，使载波比 N 为常数，就称为同步调制方式。采用同步调制的优点是：可以保证输出电压半波内的矩形脉冲数是固定不变的，如果取载波比等于3，则同步调制能保证输出波形的正、负半波始终保持对称，并能严格保证三相输出波形之间具有相位互差120°的对称关系。但是，当输出频率很低时，由于相邻两脉冲的间距增大，谐波会显著增加，使负载电动机产生较大的脉动转矩和较强的噪声，这是同步调制方式在低频控制时的主要缺点。

采用异步调制方式是为了消除上述同步调制的缺点。在异步调制中，在变频器的整个变频范围内，载波比 N 不等于常数。一般在保持三角波频率 f_c 不变的情况下改变调制波频率 f_r，从而提高低频时的载波比。这样，输出电压半波内的矩形脉冲数可随输出频率的降低而增加，相应地可减少负载电动机的转矩脉动与噪声，改善了系统的低频工作性能。但异步调制在改善低频工作性能的同时，又失去了同步调制的优点。当载波比随着输出频率的变化而连续变化时，它不可能总是3的倍数，必将使输出电压波形及其相位都发生变化，难以维持三相输出的对称性，因而引起电动机工作不平稳。

为了取长避短，可将同步调制和异步调制结合起来，成为分段同步调制方式。即在一定范围内采用同步调制，以保持输出波形对称的优点，当频率降低较多时，可使载波比分段有级地加大，以采纳异步调制的长处，这就是分段同步调制方式。具体地说，把整个变频范围分成若干频段，每个频段内都维持载波比恒定，而对不同的频段取不同的载波比数值，频率低时，载波比数值取大些，一般大致按等比级数安排。

▶ 6.6 SPWM 变频电路的案例分析

图 6-45 所示为单相桥式 SPWM 交-直-交变频主电路，输入交流 90V，经二极管单相桥式整流变为脉动直流电，再经 LC 滤波得到较稳定的直流，该直流经 IGBT 做 SPWM 变换得到所需的频率可调的交流电。

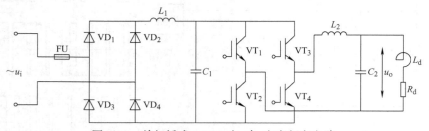

图 6-45　单相桥式 SPWM 交-直-交变频主电路

图 6-46 为单相桥式 SPWM 交-直-交变频控制电路。该控制电路由信号发生电路、比较电路、死区电路及驱动电路组成。

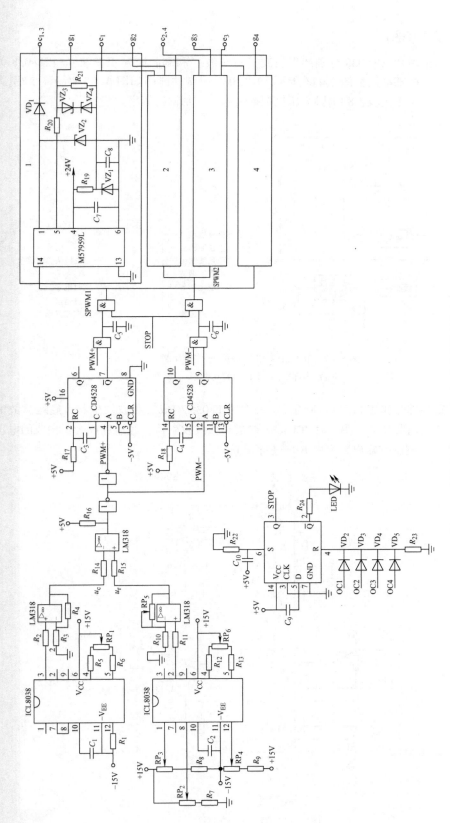

图 6-46 单相桥式SPWM交-直-交变频控制电路

6.6.1 信号发生电路

信号发生电路由两片 ICL8038 分别产生载波（三角波）和调制波（正弦波）。ICL8038 为单片集成函数发生器，内部框图如图 6-47a 所示。ICL8038 引脚功能图如图 6-47b 所示，2#引脚产生正弦波，3#引脚产生三角波，8#引脚为压控扫描输入，控制输出频率。

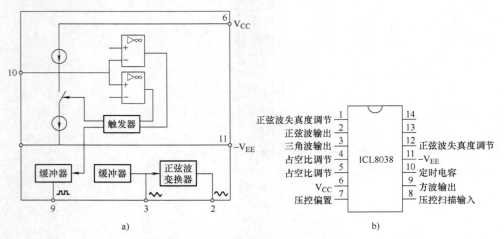

图 6-47 ICL8038 单片集成函数发生器
a) 内部框图　b) 引脚功能图

信号发生电路各部分作用如图 6-48 所示。一片 ICL8038 构成三角波发生器，经运算放大器构成的电压跟随器输出载波 u_r，另一片 ICL8038 构成正弦波发生器，经运算放大器构成的电压跟随器输出调制波 u_c，调制波输出频率由 RP_2 进行调节。

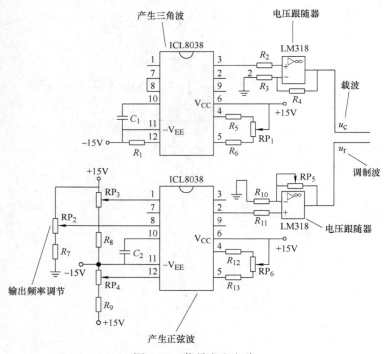

图 6-48 信号发生电路

6.6.2 比较电路

图 6-49 所示为由运放 LM318 组成的比较电路,将载波 u_c(三角波)与调制波 u_r(正弦波)比较,形成 SPWM 信号再经非门电路倒向,输出给死区电路。

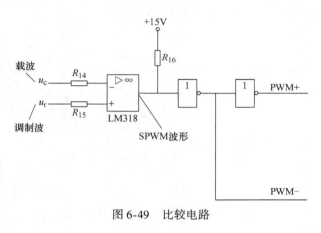

图 6-49 比较电路

6.6.3 死区电路

图 6-46 中的 CD4528 为双稳态多谐振荡器,用以建立死区脉冲,防止同一桥臂的两只 IGBT 同时导通造成短路。CD4528 的引脚及功能框图如图 6-50 所示。

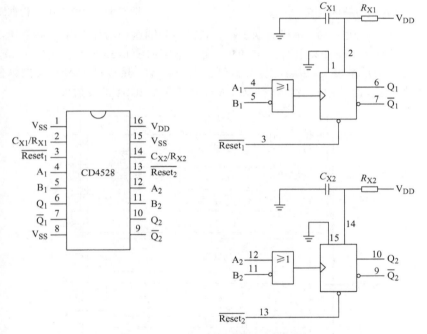

图 6-50 CD4528 的引脚及功能框图

其脉冲宽度由 R_x、C_x 决定,当 $\overline{Reset}$ 为高电平,B 为高电平,A 有脉冲上升沿时,$\overline{Q}$ 输出负脉冲。其输出信号控制 74HC08 与门电路的开关,用以控制 SPWM 信号能否送入驱动电路。停止信号 STOP 为高电平时,可将 SPWM 信号送入驱动电路,如图 6-51 所示。

6.6.4 驱动电路

驱动电路的作用是将死区电路输出的两路 SPWM 脉冲进行功率放大,以驱动 IGBT。为使 IGBT 可靠工作,很多厂家设计了专用集成混合驱动芯片,M57959L 是日本三菱公司为驱动 IGBT 而设计的厚膜集成电路,具有封闭性短路保护功能,其实质是一个隔离型放大器,采用光电耦合的方法实现输入与输出的电气隔离,隔离电压高达 2500V;配置了短路/过载保护电路。

M57959L 结构框图如图 6-52 所示。

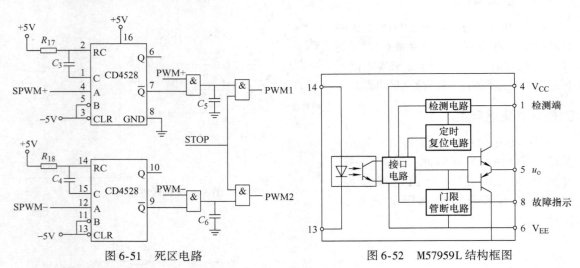

图 6-51 死区电路　　图 6-52 M57959L 结构框图

驱动电路采用四片 M57959L 集成驱动芯片，其输出分别送到四片 IGBT，控制 IGBT 的通断，实现 SPWM 控制的交-直-交变频电路，M57959L 驱动电路如图 6-53 所示。电阻 R_{20} 为 IGBT 栅极限流电阻，二极管 VD_1 是过载/短路检测二极管，稳压管 VZ_2 用以补偿 VD_1 反向恢复时间（在 VD_1 反向恢复时间偏长时使用），稳压管 VZ_3、VZ_4 用于保护 IGBT 的发射极。

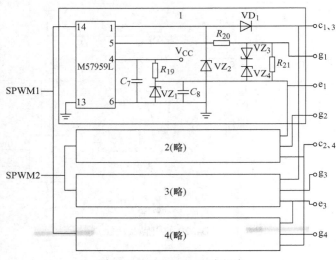

图 6-53 M57959L 驱动电路

6.7 思考与练习

1. 三相异步电动机有哪三种调速方法？由于转差率 s 不是直接的电参数，可以怎样调节？
2. 交流异步电动机调速系统有哪几种基本类型？
3. 简述交流调速系统的技术性能指标。
4. 基频以下调速系统采用什么方法？基频以上调速系统采用什么方法？
5. 什么是交-直-交变频器？按照不同的控制方式，间接变频器分为哪几种情况？

6. 什么是交-交变频器？有哪些优缺点？
7. 简述电压型变频器与电流型变频器的工作原理。
8. 简述180°导电型变频器的电路构成及工作特点。
9. 简述120°导电型变频器的电路构成及工作特点。
10. 什么是脉宽调制？如何获得一个幅值相等而脉冲宽度不等的SPWM电压信号？
11. SPWM型变频器的主要特点是什么？
12. 什么是单极性SPWM控制方式？什么是双极性SPWM控制方式？
13. 简述三相SPWM逆变电路的基本构成。其控制方式是什么？
14. 什么是SPWM逆变器的载波比N？
15. 什么是同步调制方式？什么是异步调制？

第 7 章　交流变频矢量控制

[学习目标]
1. 理解矢量控制的原理；理解异步电动机矢量控制系统（Vector Control System）的原理；理解异步电动机矢量控制的基本思路；了解异步电动机动态数学模型的性质。
2. 理解变换矩阵及确定原则；三相静止坐标系和两相静止坐标系间的变换（3/2 变换）、两相静止坐标系到两相旋转坐标系间的变换（2s/2r 变换）、三相静止坐标系到两相旋转坐标系间的变换（3s/2r 变换）、直角坐标/极坐标变换（K/P 变换）的原理。
3. 理解异步电动机在任意两相旋转坐标系上（dq 坐标系）上的数学模型、异步电动机在两相同步旋转坐标系上的数学模型、异步电动机在两相静止坐标系（αβ 坐标系）上的数学模型。
4. 理解矩阵方程和状态方程；理解 $\omega - \Psi_r - i_s$ 状态方程和 $\omega - \Psi_s - i_s$ 状态方程。
5. 理解定向和磁场定向的概念；理解异步电动机矢量控制系统的磁场定向轴的三种选择；理解转子磁链观测模型、转差型矢量控制系统、无速度传感器的矢量控制系统和直接转矩控制系统的原理。

▶ 7.1　交流电动机矢量控制的基本概念

7.1.1　交流电动机与直流电动机的比较

到目前为止，虽然电压源型和电流源型逆变器传动系统的控制技术比较容易实现，但是异步电动机内在的耦合（即转矩和磁链均为电压/电流和频率的函数）导致系统响应缓慢，并且系统是高阶的，该控制方式容易使系统容易不稳定。如通过转差频率控制可以增加转矩，但是将使磁链趋于减小，虽然磁链变化总是缓慢的，可以通过响应慢的磁链控制环输出附加电压补偿磁链下降，但是这种暂时的磁链减小降低了转矩对转差率的灵敏度，延长了系统的响应时间。众所周知，直流电动机双闭环调速系统具有优良的动、静态调速特性，其根本原因在于作为控制对象的他励直流电动机电磁转矩能够容易地进行控制。那么，作为变频调速的控制对象——交流电动机是否可以模仿直流电动机转矩控制规律而加以实现呢？

20 世纪 70 年代初，德国学者 Blaschkle 等人首先提出的矢量控制变换实现了这种控制思想。矢量控制成功解决了交流电动机电磁转矩的有效控制，使异步电动机可以像他励直流电动机那样控制，可以实现交流电动机高性能控制，故矢量控制又称解耦控制或矢量变换控制。它可以应用于异步电动机和同步电动机传动系统，有趋势表明，矢量控制将淘汰标量控制，成为交流电动机传动系统的标准工业控制技术。

直流电动机的数学模型比较简单，先分析一下直流电机的磁链关系。图 7-1 中绘出了二极直流电动机的物理模型，图中 F 为励磁绕组，A 为电枢绕组，C 为补偿绕组。F 和 C 都在定子上，只有 A 是在转子上。把 F 的轴线称作直轴或 d 轴（direct axis），主磁通 Φ 的方向就是沿着 d 轴的；A 和 C 的轴线则称为交轴或 q 轴（quadrature axis）。虽然电枢本身是旋转的，但其绕

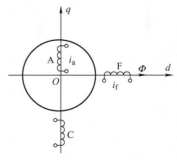

图 7-1　二极直流电动机物理模型

组通过换向器电刷接到端链接板上,电刷将闭合的电枢绕组分成两条支路。当一条支路中的导线经过正电刷归入另一条支路中时,在负电刷下又有一根导线补回来。这样,电刷两侧每条支路中导线的电流方向总是相同的,因此电枢磁动势的轴线始终被电刷限定在 q 轴位置上,其效果好像一个在 q 轴上静止的绕组一样。但实际上它是旋转的,会切割 d 轴的磁通而产生旋转电动势,这又和真正静止的绕组不同,通常把这种等效的静止绕组称作"伪静止绕组"(pseudo-stationary coils)。电枢磁动势的作用可以用补偿绕组磁动势抵消,或者由于其作用方向与 d 轴垂直而对主磁通影响甚微,所以直流电动机的主磁通基本上唯一地由励磁绕组的励磁电流决定,这是直流电动机的数学模型及其控制系统比较简单的根本原因。

在理想情况下,矢量控制的异步电动机传动类似于他励直流电动机的传动。如图 7-2 所示,在直流电动机中,若忽略电枢效应和磁场饱和,则输出转矩可被表示为

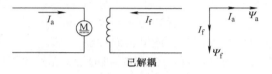

$$T_e = K_t \Psi_f \Psi_a = K_t' I_a I_f$$

图 7-2 他励直流电动机

式中 I_a——电枢电流;
I_f——励磁电流;
K_t——按磁链折算转矩时的电动机转矩系数;
K_t'——按电流折算转矩时的电动机转矩系数。

直流电动机的构造决定了由电流 I_f 产生的磁链 Ψ_f 与由电枢电流 I_a 产生的磁链 Ψ_a 是垂直的。这些在空间上静止的空间矢量彼此之间是自然垂直的或被解耦的。这意味着当通过控制电流 I_a 来控制转矩时,磁链 Ψ_f 不受其影响且在 Ψ_f 为额定值时可以获得快速的瞬态响应和较高的转矩/电流比。由于是彼此解耦的,因此控制励磁电流 I_f 时,只会影响磁链 Ψ_f,不会影响 Ψ_a。由于内在的耦合问题,异步电动机一般不会有这么快的响应。

众所周知,三相交流异步电动机对称的静止绕组 A、B、C,通过三相平衡的正弦电流 i_A、i_B、i_C 时,所产生的合成磁动势 F,它在空间呈正弦分布,以同步转速 ω_1 顺着 A→B→C 的相序旋转,如图 7-3 所示。

旋转磁动势的产生不一定非要三相不可,除单相外,还包括两相、三相、四相等任意对称的多相绕组,通以平衡的多相电流,都能产生相同的旋转磁动势 F,以两相最简单(如图 7-4 所示),两相静止绕组在空间上互差 90°,通以时间上也互差 90°的两相平衡交流电,也可以产生大小相等和转速相同的旋转磁动势,图 7-4 所示两相绕组与图 7-3 所示三相绕组等效。

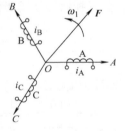

图 7-3 三相交流绕组

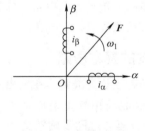

图 7-4 静止的两相交流绕组

同样,图 7-5 中的两个匝数相等且互相垂直的绕组 M、T,分别通以直流电流 i_t 和 i_m,也产生合成磁动势 F;如果让包含两个绕组在内的整个铁心以同步转速 ω_1 旋转,则磁动势 F 也自然随之旋转起来;如果对这个旋转的磁动势加以控制,使其大小、转速与图 7-3、图 7-4 所示磁动势一样,这样旋转的直流绕组和静止的三相、两相绕组都等效了;当观察者也站到铁心上和绕组

一起旋转时，在他看来，M 和 T 是两个通以直流而相互垂直的静止绕组。如果控制磁通的位置在 M 轴上，就与直流电动机物理模型没有本质上的区别了。

若以产生同样的旋转磁场为准则经过坐标变换，将异步电动机在一个同步旋转的参考坐标系（dq 坐标系）上进行控制，则稳态时的正弦变量呈现为直流量，如果观察者站到铁心上与坐标系一起旋转，他所看到的异步电动机可获得类似于直流电机的性能

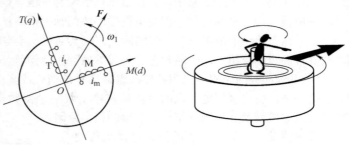

图 7-5　旋转的直流绕组

特性。通过控制，交流电动机的转子总磁通等效为直流电动机的励磁磁通，如果把 d 轴定位 Φ_r 的方向上，称作 M 轴；把 q 轴称作 T 轴，则 M 绕组相当于直流电动机的励磁绕组，i_m 与直流电动机的励磁电流 I_f 类似，T 绕组相当于伪静止的电枢绕组，i_t 相当于与转矩成正比的电枢电流。

在图 7-6a 中，前端经过同步旋转反变换和三相/两相反变换，异步电动机有两个控制电流输入量 i_t^* 和 i_m^*，它们分别为定子电流在同步参考坐标系下的直轴分量和交轴分量。

因此在矢量控制下，可将异步电动机的转矩表示为

图 7-6　矢量控制异步电动机
a）变换　b）i_t 位置

$$T_e = K_t \hat{\Psi}_r i_m \tag{7-1}$$

或

$$T_e = K_t' i_t i_m \tag{7-2}$$

式中　$\hat{\Psi}_r$——Ψ_r 绝对值，它是正弦空间矢量的峰值。

如果 i_t 被定向在磁链 $\hat{\Psi}_r$ 的方向且与 i_m 垂直，如图 7-6b 所示，则异步电动机便可获得类似于直流电动机的特性。这意味着当控制 i_m^* 时，只会影响实际的电流 i_m 而不影响磁链 Ψ_r。

类似地，当控制 i_t 时，则只会影响 $\hat{\Psi}_r$ 而不会影响电流的转矩分量 i_m。在矢量控制系统所有的运行过程中，这种电流的矢量或磁场定向是必需的。需要注意的是，较之直流电动机的空间矢量，异步电动机的空间矢量是以频率 ω_1 在同步旋转。总之，矢量控制必须保证正确的方向，以及电流指令值与实际值相等。

7.1.2　矢量控制的基本思路

以产生同样旋转磁动势为准则，在三相坐标系上的定子交流电流 i_A、i_B、i_C，通过三相/两相（3/2）变换可以等效成两相静止坐标系上的交流电流 i_α、i_β，再通过同步旋转变换，可以等效成同步旋转坐标系上的直流电流 i_m 和 i_t。把上述等效关系用结构图的形式画出来，如图 7-7 所示。从整体上看，输入为 A、B、C 三相电压，输出为转速 ω，是一台异步电动机。从内部

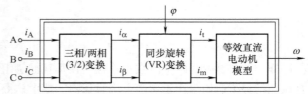

图 7-7　异步电动机坐标变换结构图
φ—M 轴与 A 轴的夹角

看，经过 3/2 变换和同步旋转变换，变成一台由 i_m 和 i_t 输入，由 ω 输出的直流电动机。

既然异步电动机经过坐标变换可以等效成直流电动机，那么，模仿直流电动机的控制策略，得到直流电动机的控制量，经过相应的坐标反变换，就能够控制异步电动机了。由于进行坐标变换的是电流（代表磁动势）的空间矢量，所以这样通过坐标变换实现的控制系统就叫作矢量控制系统（Vector Control System），控制系统的原理结构如图 7-8 所示。图中给定和反馈信号经过类似于直流调速系统所用的控制器，产生励磁电流 i_m 的给定信号和电枢电流的给定信号 i_t，经过反旋转变换（VR^{-1}）得到 i_α^* 和 i_β^*，再经过 2/3 变换得到 i_A^*、i_B^*、i_C^*。把这三个电流控制信号和由控制器得到的频率信号 ω_1 加到电流控制变频器上，即可输出异步电动机调速系统所需的三相变频电流。

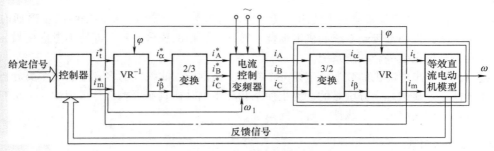

图 7-8 矢量控制系统的原理结构

在设计矢量控制系统时，可以认为，在控制器后面引入的反旋转变换器 VR^{-1} 与电动机内部的旋转变换环节 VR 抵消，2/3 变换器与电动机内部的 3/2 变换环节抵消，如果再忽略变频器中可能产生的滞后，则图 7-8 中点画线框内的部分可以完全删去，剩下的就是直流调速系统了。可以想象，这样的矢量控制交流变压变频调速系统在静、动态性能上完全能够与直流调速系统相媲美。

*7.2 异步电动机动态数学模型与坐标变换

7.2.1 异步电动机动态数学模型的特性

在研究异步电动机的多变量数学模型时，常做如下的假设：

1）忽略空间谐波。由于三相绕组对称（在空间上互差 120° 电角度），所产生的磁动势沿气隙周围按正弦规律分布。

2）忽略磁路饱和，各绕组的自感和互感不是恒定的。

3）忽略铁心损耗。

4）不考虑频率和温度变化对绕组电阻的影响。

将电压方程、磁链方程、转矩方程和运动方程组合在一起，再加上 $\omega = d\theta/dt$，便构成了异步电动机在恒转矩负载下三相异步电机的多变量非线性数学模型，用结构图表示出来如图 7-9 所示，表明异步电动机数学模型的下列具体特性：

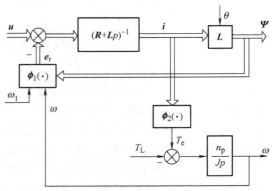

图 7-9 异步电动机的多变量、强耦模型非线性动态结构图

1)异步电动机可以看作一个双输入双输出的系统,输入量是电压向量和定子输入角频率,输出量是磁链向量和转子角速度。

2)在异步电动机中,非线性因素存在于 $\phi_1(\cdot)$ 和 $\phi_2(\cdot)$ 中,即存在于产生旋转电动势 E_r 和电磁转矩 T_e 两个环节上,还包含在电感矩阵 L 中,旋转电动势和电磁转矩的非线性关系和直流电动机弱磁控制的情况相似,只是关系更复杂一些。

3)多变量之间的耦合关系主要也体现在 $\phi_1(\cdot)$ 和 $\phi_2(\cdot)$ 两个环节上,特别是产生旋转电动势的 $\phi_1(\cdot)$ 对系统内部的影响最大。此外,磁通的建立和转速的变化是同时进行的,但为了获得良好的动态性能,通过对磁通施加某种控制使其在动态过程中尽量保持恒定,从而产生出较大的转矩,而电压(电流)、频率、磁通、转速之间互相都有影响,所以是强耦合的多变量系统。

4)三相异步电动机定子有三个绕组,转子也可等效为三个绕组,每个绕组产生磁通时都有自己的电磁惯性,再加上运动系统的机电惯性、转速与转角的积分关系,即使不考虑变频装置中的滞后因素,至少也是一个八阶系统。

总起来说,异步电动机的数学模型是一个高阶、强耦合、非线性的多变量系统。要分析和求解这组非线性方程显然是十分困难的,为了使三相异步电动机具有可控性、可观性,必须对其进行简化、解耦,使其成为一个线性、解耦的系统。

7.2.2 坐标变换

从异步电动机数学模型的过程中可以看出,这个数学模型是复杂的,要分析和求解这组非线性方程显然十分困难,其关键是因为有一个复杂的 6×6 电感矩阵,它体现了影响磁链和受磁链影响的复杂关系,在实际应用中必须设法予以简化。按照矢量控制的思想,如果能将交流电动机的物理模型等效地变换成类似直流电动机的模式,等效过程如图 7-10 所示,从而使分析和控制可以大大简化。

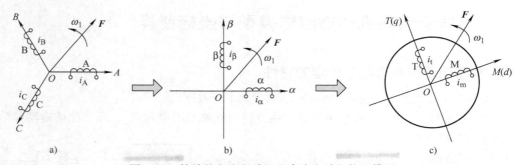

图 7-10 等效的交流电动机和直流电动机物理模型
a)三相交流绕组 b)两相直流绕组 c)旋转的直流绕组

要简化数学模型,必须从简化磁链关系入手,简化的基本方法是坐标变换。通过坐标系的变换,可以找到与交流三相绕组等效的直流电动机模型。现在的问题是,如何求出 i_A、i_B、i_C 与 i_α、i_β、i_m、i_t 之间准确的等效关系,这就是坐标变换的任务。

变换矩阵原则是:①在确定电流变换矩阵时,应遵循变换前后所产生的旋转磁场等效原则。②在确定电压变换矩阵和阻抗变换矩阵时,应遵守变换前后电动机功率不变的原则。

1. 三相静止坐标系与两相静止坐标系间的变换(3/2 变换)

三相静止坐标系与两相静止坐标系间的变换(3/2 变换)指的是在三相静止绕组 A、B、C

与两相静止绕组 α、β 之间的变换。

如图 7-11 所示，给出了三相静止坐标系 ABC 和两相静止坐标系 αβ，其中取 A 轴和 α 轴重合。设三相绕组每相有效匝数为 N_3，两相绕组每相有效匝数为 N_2，各相磁动势为有效匝数与电流的乘积，其空间矢量均位于有关相的坐标轴上。由于交流磁动势的大小随时间在变化着，图中磁动势矢量的长度是随意的。

设磁动势波形是正弦分布的，当三相总磁动势与两相总磁动势相等时，两套绕组瞬时磁动势在 α、β 轴上的投影都应相等，因此

$$N_2 i_\alpha = N_3 i_A + N_3 i_B \cos 120° + N_3 i_C \cos 240° \tag{7-3}$$

$$N_2 i_\beta = 0 + N_3 i_B \sin 120° + N_3 i_C \sin 240° \tag{7-4}$$

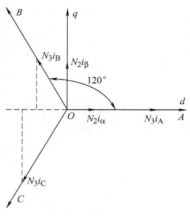

图 7-11　三相定子绕组与两相定子绕组磁动势的空间矢量位置

为了求反变换，最好将变换矩阵表示成可逆的方阵。为此，在两相系统上人为地增加一项零轴（零轴是为了凑成方阵而假想的）磁动势 $N_2 i_0$，并定义为

$$N_2 i_0 = K N_3 (i_A + i_B + i_C) \tag{7-5}$$

将式 (7-3) ~ 式 (7-5) 合在一起，写成矩阵形式，得

$$\begin{bmatrix} i_\alpha \\ i_\beta \\ i_0 \end{bmatrix} = \frac{N_3}{N_2} \begin{bmatrix} 1 & -\frac{1}{2} & -\frac{1}{2} \\ 0 & \frac{\sqrt{3}}{2} & -\frac{\sqrt{3}}{2} \\ K & K & K \end{bmatrix} \begin{bmatrix} i_A \\ i_B \\ i_C \end{bmatrix} = C_{3/2} \begin{bmatrix} i_A \\ i_B \\ i_C \end{bmatrix} \tag{7-6}$$

因此

$$\frac{3}{2}\left(\frac{N_3}{N_2}\right)^2 = 1, \text{则} \frac{N_3}{N_2} = \sqrt{\frac{2}{3}} \tag{7-7}$$

且

$$2K^2 = 1, \text{则} K = \frac{1}{\sqrt{2}} \tag{7-8}$$

这就满足了功率不变约束条件的参数关系，把它们代入式 (7-4)，即得三相/两相变换矩阵为

$$C_{3/2} = \sqrt{\frac{2}{3}} \begin{bmatrix} 1 & -\frac{1}{2} & -\frac{1}{2} \\ 0 & \frac{\sqrt{3}}{2} & -\frac{\sqrt{3}}{2} \\ \frac{1}{\sqrt{2}} & \frac{1}{\sqrt{2}} & \frac{1}{\sqrt{2}} \end{bmatrix} \tag{7-9}$$

此外，以上计算还说明：变换后的两相绕组每相电压和电流的有效值均为三相绕组每相电压和电流有效值的 $\sqrt{\frac{3}{2}}$ 倍，每相功率增加为三相绕组每相功率的 3/2 倍，变换前后的总功率不变。由于在实际电动机中并没有零轴电流，因此实际的电流变换式为

$$\begin{bmatrix} i_\alpha \\ i_\beta \end{bmatrix} = \sqrt{\frac{2}{3}} \begin{bmatrix} 1 & -\frac{1}{2} & -\frac{1}{2} \\ 0 & \frac{\sqrt{3}}{2} & -\frac{\sqrt{3}}{2} \end{bmatrix} \begin{bmatrix} i_A \\ i_B \\ i_C \end{bmatrix} \tag{7-10}$$

$$\begin{bmatrix} i_A \\ i_B \\ i_C \end{bmatrix} = \sqrt{\frac{2}{3}} \begin{bmatrix} 1 & 0 \\ -\frac{1}{2} & \frac{\sqrt{3}}{2} \\ -\frac{1}{2} & -\frac{\sqrt{3}}{2} \end{bmatrix} \begin{bmatrix} i_\alpha \\ i_\beta \end{bmatrix} \quad (7\text{-}11)$$

如果三相绕组采用不带中性线Y联结，则有 $i_A + i_B + i_C = 0$，或 $i_C = -i_A - i_B$。代入式（7-10）和式（7-11）整理后得

$$\begin{bmatrix} i_\alpha \\ i_\beta \end{bmatrix} = \begin{bmatrix} \sqrt{\frac{3}{2}} & 0 \\ \frac{1}{\sqrt{2}} & \sqrt{2} \end{bmatrix} \begin{bmatrix} i_A \\ i_B \end{bmatrix} \quad (7\text{-}12)$$

$$\begin{bmatrix} i_A \\ i_B \end{bmatrix} = \begin{bmatrix} \sqrt{\frac{2}{3}} & 0 \\ -\frac{1}{\sqrt{6}} & \frac{1}{\sqrt{2}} \end{bmatrix} \begin{bmatrix} i_\alpha \\ i_\beta \end{bmatrix} \quad (7\text{-}13)$$

按照所采用的条件，上述变换矩阵对电流、电压和磁链变换均相同。

2. 两相-两相旋转变换（2s/2r 变换）

两相-两相旋转变换（2s/2r 变换）是指从两相静止坐标系 $\alpha\beta$ 到旋转坐标系 dq 的变换，简称 2s/2r 变换。其中 s 表示静止，r 表示旋转。把两个坐标系画在同一平面上，如图 7-12 所示。注意，这里讲的电流都是空间矢量，而不是时间相量。两相交流电流 i_α、i_β 和两个直流电流 i_d、i_q 产生同样的以同步转速 ω_1 旋转的合成磁动势 $\boldsymbol{F}_s$。由于各绕组匝数都相等，可以消去磁动势中的匝数，直接用电流表示，例如 $\boldsymbol{F}_s$ 可以直接标成 $\boldsymbol{i}_s$。

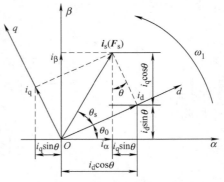

图 7-12 两相静止和旋转坐标系与磁动势（电流）空间矢量

在图 7-12 中，d、q 轴和矢量 $\boldsymbol{F}_s(\boldsymbol{i}_s)$ 都以转速 ω_1 旋转，分量 i_d、i_q 的长短不变，相当于 M、T 绕组的直流磁动势。但 α、β 轴是静止的，α 轴与 d 轴的夹角 θ 随时间而变化

$$\theta = \omega_1 + \theta_0 \quad (7\text{-}14)$$

式中 θ_0——α 轴与 d 轴夹角的初始相位。

因此 $\boldsymbol{i}_s$ 在 α、β 轴上的分量的长短也随时间变化，相当于绕组交流磁动势的瞬时值。由图可见，i_α、i_β 和 i_d、i_q 之间存在下列关系：

$$\begin{aligned} i_\alpha &= i_d \cos\theta - i_q \sin\theta \\ i_\beta &= i_d \sin\theta + i_q \cos\theta \end{aligned} \quad (7\text{-}15)$$

得矩阵形式

$$\begin{bmatrix} i_\alpha \\ i_\beta \end{bmatrix} = \begin{bmatrix} \cos\theta & -\sin\theta \\ \sin\theta & \cos\theta \end{bmatrix} \begin{bmatrix} i_d \\ i_q \end{bmatrix} = \boldsymbol{C}_{2r/2s} \begin{bmatrix} i_d \\ i_q \end{bmatrix} \quad (7\text{-}16)$$

式中

$$\boldsymbol{C}_{2r/2s} = \begin{bmatrix} \cos\theta & -\sin\theta \\ \sin\theta & \cos\theta \end{bmatrix} \quad (7\text{-}17)$$

式中 $\boldsymbol{C}_{2r/2s}$——两相旋转坐标系变换到两相静止坐标系的变换阵。

于是

$$\begin{bmatrix} i_d \\ i_q \end{bmatrix} = \begin{bmatrix} \cos\theta & -\sin\theta \\ \sin\theta & \cos\theta \end{bmatrix}^{-1} \begin{bmatrix} i_\alpha \\ i_\beta \end{bmatrix} = \begin{bmatrix} \cos\theta & \sin\theta \\ -\sin\theta & \cos\theta \end{bmatrix} \begin{bmatrix} i_\alpha \\ i_\beta \end{bmatrix} \tag{7-18}$$

则两相静止坐标系变换到两相旋转坐标系的变换阵是 $C_{2r/2s}$ 的逆矩阵:

$$C_{2s/2r} = \begin{bmatrix} \cos\theta & \sin\theta \\ -\sin\theta & \cos\theta \end{bmatrix} \tag{7-19}$$

电压和磁链的旋转变换阵也与电流（磁动势）旋转变换阵相同。

3. 三相静止坐标系到两相旋转坐标系间的变换（3s/2r 变换）

要实现从三相静止坐标系 ABC 到两相旋转坐标系 $dq0$ 的变换（零轴是为了凑成方阵而假想的），可先将三相静止坐标系 ABC 变换到两相静坐标系 $\alpha\beta0$（α 轴与 A 轴重合），再从 $\alpha\beta0$ 变换到 $dq0$ 坐标系。由式（7-6）、式（7-9）可得

$$\begin{bmatrix} i_\alpha \\ i_\beta \\ i_0 \end{bmatrix} = \sqrt{\frac{2}{3}} \begin{bmatrix} 1 & -\frac{1}{2} & -\frac{1}{2} \\ 0 & \frac{\sqrt{3}}{2} & -\frac{\sqrt{3}}{2} \\ \frac{1}{\sqrt{2}} & \frac{1}{\sqrt{2}} & \frac{1}{\sqrt{2}} \end{bmatrix} \begin{bmatrix} i_A \\ i_B \\ i_C \end{bmatrix} = C_{3/2} \begin{bmatrix} i_A \\ i_B \\ i_C \end{bmatrix} \tag{7-20}$$

令 d 轴与 α 轴（或 A 轴）的夹角为 θ，可由式（7-18）得

$$\begin{bmatrix} i_d \\ i_q \end{bmatrix} = C_{2s/2r} \begin{bmatrix} i_\alpha \\ i_\beta \end{bmatrix} = \begin{bmatrix} \cos\theta & \sin\theta \\ -\sin\theta & \cos\theta \end{bmatrix} \begin{bmatrix} i_\alpha \\ i_\beta \end{bmatrix} \tag{7-21}$$

并且由于假想的零轴，使得 $i_0 = 0$，上式的矩阵应变为

$$\begin{bmatrix} i_d \\ i_q \\ i_0 \end{bmatrix} = \begin{bmatrix} \cos\theta & \sin\theta & 0 \\ -\sin\theta & \cos\theta & 0 \\ 0 & 0 & 1 \end{bmatrix} \begin{bmatrix} i_\alpha \\ i_\beta \\ i_0 \end{bmatrix} = C_{2s/2r} \begin{bmatrix} i_\alpha \\ i_\beta \\ i_0 \end{bmatrix} \tag{7-22}$$

合并上面的变换式，可得到 $C_{3s/2r}$ 的变换式为

$$C_{3s/2r} = C_{2s/2r} C_{3/2} = \sqrt{\frac{2}{3}} \begin{bmatrix} \cos\theta & \cos(\theta-120°) & \cos(\theta+120°) \\ -\sin\theta & -\sin(\theta-120°) & -\sin(\theta+120°) \\ \frac{1}{\sqrt{2}} & \frac{1}{\sqrt{2}} & \frac{1}{\sqrt{2}} \end{bmatrix} \tag{7-23}$$

其反变换式为

$$C_{2r/3s} = C_{3s/2r}^{-1} = C_{3s/2r}^{T} = \sqrt{\frac{2}{3}} \begin{bmatrix} \cos\theta & -\sin\theta & \frac{1}{\sqrt{2}} \\ \cos(\theta-120°) & -\sin(\theta-120°) & \frac{1}{\sqrt{2}} \\ \cos(\theta+120°) & -\sin(\theta+120°) & \frac{1}{\sqrt{2}} \end{bmatrix} \tag{7-24}$$

4. 直角坐标/极坐标变换（K/P 变换）

在图 7-12 中，令矢量 i_s 和 d 轴的夹角为 θ_s，已知 i_d、i_q，求 i_s 和 θ_s，就是直角坐标/极坐标变换，简称 K/P 变换。显然，其变换式应为

$$i_s = \sqrt{i_d^2 + i_q^2} \tag{7-25}$$

$$\theta_s = \arctan \frac{i_q}{i_d}$$

当 θ_s 在 0°～90°之间变化时，$\tan\theta_s$ 的变化范围是 0～∞，这个变化幅度太大，很难在实际变换器中实现，因此常改用下列方式来表示 θ_s 值。

$$\tan\frac{\theta_s}{2} = \frac{\sin\dfrac{\theta_s}{2}}{\cos\dfrac{\theta_s}{2}} = \frac{\sin\dfrac{\theta_s}{2}(2\cos\dfrac{\theta_s}{2})}{\cos\dfrac{\theta_s}{2}(2\cos\dfrac{\theta_s}{2})} = \frac{\sin\theta_s}{1+\cos\theta_s} = \frac{i_q}{i_s + i_d} \tag{7-26}$$

$$\theta_s = 2\arctan\frac{i_q}{i_s + i_d} \tag{7-27}$$

7.2.3　三相异步电动机在两相坐标系上的数学模型

1. 异步电动机在任意两相旋转坐标系上（dq 坐标系）上的数学模型

设两相坐标系（$dq0$ 坐标系）的 d 轴与定子三相坐标 A 轴的夹角为 θ_s，与转子三相坐标系 abc 的 A 轴的夹角为 θ_r，dq 坐标系相对于定子的角速度为 ω_{dqs}，dq 坐标系相对于转子的角速度为 $p\theta_s = \omega_{dqs}$。

（1）磁链方程

利用式（7-23）的变换矩阵可将定子的三相磁链 Ψ_A、Ψ_B、Ψ_C 和转子三相磁链 Ψ_a、Ψ_b、Ψ_c 变换到 dq 坐标系上去。定子磁链变换矩阵为 $\boldsymbol{C}_{3s/2r}$，其中将 d 轴与 A 轴的夹角 θ 改为 θ_s；转子磁链变换是从三相坐标系变换到不同转速的旋转两相坐标系，变换矩阵可写为 $\boldsymbol{C}_{3r/2r}$，基于两坐标系的相对转速考虑，只是将 θ 角改为 d 轴与转子 α 轴的夹角 θ_r。这样得到

$$\boldsymbol{C}_{3s/2r} = \sqrt{\frac{2}{3}} \begin{bmatrix} \cos\theta_s & \cos(\theta_s - 120°) & \cos(\theta_s + 120°) \\ -\sin\theta_s & -\sin(\theta_s - 120°) & -\sin(\theta_s + 120°) \\ \dfrac{1}{\sqrt{2}} & \dfrac{1}{\sqrt{2}} & \dfrac{1}{\sqrt{2}} \end{bmatrix} \tag{7-28}$$

$$\boldsymbol{C}_{3r/2r} = \sqrt{\frac{2}{3}} \begin{bmatrix} \cos\theta_r & \cos(\theta_r - 120°) & \cos(\theta_r + 120°) \\ -\sin\theta_r & -\sin(\theta_r - 120°) & -\sin(\theta_r + 120°) \\ \dfrac{1}{\sqrt{2}} & \dfrac{1}{\sqrt{2}} & \dfrac{1}{\sqrt{2}} \end{bmatrix} \tag{7-29}$$

则磁链变换式为

$$\begin{bmatrix} \Psi_{sd} \\ \Psi_{sq} \\ \Psi_{0s} \\ \Psi_{dr} \\ \Psi_{qr} \\ \Psi_{0r} \end{bmatrix} = \begin{bmatrix} \boldsymbol{C}_{3s/2r} & 0 \\ 0 & \boldsymbol{C}_{3r/2r} \end{bmatrix} \begin{bmatrix} \Psi_A \\ \Psi_B \\ \Psi_C \\ \Psi_a \\ \Psi_b \\ \Psi_c \end{bmatrix} \tag{7-30}$$

利用磁链方程将定子和转子三相磁链写成电感矩阵与三相定/转子电流矢量的乘积，再用 $\boldsymbol{C}_{3s/2r}$ 和 $\boldsymbol{C}_{3r/2r}$ 的反变换阵把电流矢量变换到 $dq0$ 坐标上，则式（7-30）变成

$$\begin{bmatrix} \Psi_{sd} \\ \Psi_{sq} \\ \Psi_{0s} \\ \Psi_{rd} \\ \Psi_{rq} \\ \Psi_{0r} \end{bmatrix} = \begin{bmatrix} C_{3s/2r} & 0 \\ 0 & C_{3r/2r} \end{bmatrix} \begin{bmatrix} L_{ss} & L_{sr} \\ L_{rs} & L_{rr} \end{bmatrix} \begin{bmatrix} C_{3s/2r}^{-1} & 0 \\ 0 & C_{3r/2r}^{-1} \end{bmatrix} \begin{bmatrix} i_{sd} \\ i_{sq} \\ i_{0s} \\ i_{rd} \\ i_{rq} \\ i_{0r} \end{bmatrix} \quad (7\text{-}31)$$

将分块矩阵中各元素写出并进行计算后，得到在 $dq0$ 坐标系上的磁链方程为

$$\begin{bmatrix} \Psi_{sd} \\ \Psi_{sq} \\ \Psi_{rd} \\ \Psi_{rq} \end{bmatrix} = \begin{bmatrix} L_s & 0 & L_m & 0 \\ 0 & L_s & 0 & L_m \\ L_m & 0 & L_r & 0 \\ 0 & L_m & 0 & L_r \end{bmatrix} \begin{bmatrix} i_{sd} \\ i_{sq} \\ i_{rd} \\ i_{rq} \end{bmatrix} \quad (7\text{-}32)$$

$$\begin{bmatrix} \Psi_{sd} \\ \Psi_{sq} \\ \Psi_{0s} \\ \Psi_{rd} \\ \Psi_{rq} \\ \Psi_{0r} \end{bmatrix} = \begin{bmatrix} L_s & 0 & 0 & L_m & 0 & 0 \\ 0 & L_s & 0 & 0 & L_m & 0 \\ 0 & 0 & L_{ls} & 0 & 0 & 0 \\ L_m & 0 & 0 & L_r & 0 & 0 \\ 0 & L_m & 0 & 0 & L_r & 0 \\ 0 & 0 & 0 & 0 & 0 & L_{lr} \end{bmatrix} \begin{bmatrix} i_{sd} \\ i_{sq} \\ i_{0s} \\ i_{rd} \\ i_{rq} \\ i_{0r} \end{bmatrix} \quad (7\text{-}33)$$

式中 L_m——$dq0$ 坐标系同轴定子与转子等效绕组间的互感，$L_m = \dfrac{3}{2}L_{ms}$；

   L_s——$dq0$ 坐标系定子等效绕组间的互感，$L_s = \dfrac{3}{2}L_{ms} + L_{ls} = L_m + L_{ls}$；

   L_r——$dq0$ 坐标系转子等效绕组间的互感，$L_r = \dfrac{3}{2}L_{ms} + L_{lr} = L_m + L_{lr}$。

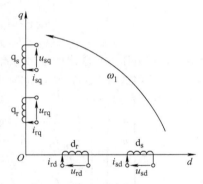

图 7-13 异步电动机在两相旋转坐标系 dq 上的物理模型
q_s—q 轴定子绕组 q_r—q 轴转子绕组 d_s—d 轴定子绕组
d_r—d 轴转子绕组

变换后异步电动机在 dq 坐标系上的物理模型如图 7-13 所示，图中定子与转子的等效绕组都同样落在 d 和 q 两轴上，由于两轴互相垂直，没有耦合关系，使得互感磁链只存在于同轴绕组间，这样每个磁链分量只剩下两项，使电感矩阵简化了许多。

（2）电压方程

由式（7-24）变换矩阵，可以求得定子电压的变换关系为

$$\begin{bmatrix} u_A \\ u_B \\ u_C \end{bmatrix} = \sqrt{\dfrac{2}{3}} \begin{bmatrix} \cos\theta_s & -\sin\theta_s & \dfrac{1}{\sqrt{2}} \\ \cos(\theta_s - 120°) & -\sin(\theta_s - 120°) & \dfrac{1}{\sqrt{2}} \\ \cos(\theta_s + 120°) & -\sin(\theta_s + 120°) & \dfrac{1}{\sqrt{2}} \end{bmatrix} \begin{bmatrix} u_{sd} \\ u_{sq} \\ u_{s0} \end{bmatrix} \quad (7\text{-}34)$$

对 A 相来说

$$u_A = \sqrt{\frac{2}{3}}\left(u_{sd}\cos\theta_s - u_{sq}\sin\theta_s + \frac{1}{\sqrt{2}}u_{s0}\right) \tag{7-35}$$

同理可得

$$i_A = \sqrt{\frac{2}{3}}\left(i_{sd}\cos\theta_s - i_{sq}\sin\theta_s + \frac{1}{\sqrt{2}}i_{s0}\right) \tag{7-36}$$

$$\Psi_A = \sqrt{\frac{2}{3}}\left(\Psi_{sd}\cos\theta_s - \Psi_{sq}\sin\theta_s + \frac{1}{\sqrt{2}}\Psi_{s0}\right) \tag{7-37}$$

将式 (7-35)~式 (7-37) 代入三相坐标系上定子 A 相的电压方程 $u_A = i_A R_s + p\Psi_A$（p 为微分算子）整理后得到

$$(u_{sd} - R_s i_{sd} - p\Psi_{sd} + \Psi_{sq}p\theta_s)\cos\theta_s - (u_{sq} - R_s i_{sq} - p\Psi_{sq} - \Psi_{sd}p\theta_s)\sin\theta_s + \frac{1}{\sqrt{2}}(u_{s0} - R_s i_{s0} - p\Psi_{s0}) = 0$$

并且 $p\theta_s = \omega_{dqs}$ 为 $dq0$ 旋转坐标系相对于定子的角速度。由于 θ_s 为任意值，因此式 (7-38) 必须分别成立：

$$\begin{cases} u_{sd} = R_s i_{sd} + p\Psi_{sd} - \omega_{dqs}\Psi_{sq} \\ u_{sq} = R_s i_{sq} + p\Psi_{sq} - \omega_{dqs}\Psi_{sd} \\ u_{s0} = R_s i_{s0} + p\Psi_{s0} \end{cases} \tag{7-38}$$

同理，变换后的转子电压方程为

$$\begin{cases} u_{rd} = R_r i_{rd} + p\Psi_{rd} - \omega_{dqr}\Psi_{rq} \\ u_{rq} = R_r i_{rq} + p\Psi_{rq} - \omega_{dqr}\Psi_{rd} \\ u_{r0} = R_r i_{r0} + p\Psi_{r0} \end{cases} \tag{7-39}$$

利用 B 相、C 相电压方程求出的结果与式 (7-38)、式 (7-39) 相同。

略去零轴分量后将式 (7-38) 和式 (7-39) 将磁链方程 [式 (7-32)] 代入，可得到 dq 坐标系上的电压-电流方程式为

$$\begin{bmatrix} u_{sd} \\ u_{sq} \\ u_{rd} \\ u_{rq} \end{bmatrix} = \begin{bmatrix} R_s + L_s p & -\omega_{dqs}L_s & L_m p & -\omega_{dqs}L_m \\ \omega_{dqs}L_s & R_s + L_s p & \omega_{dqs}L_m & L_m p \\ L_m p & -\omega_{dqr}L_m & R_r + L_r p & -\omega_{dqr}L_r \\ \omega_{dqr}L_m & L_m p & \omega_{dqr}L_r & R_r + L_r p \end{bmatrix} \begin{bmatrix} i_{sd} \\ i_{sq} \\ i_{rd} \\ i_{rq} \end{bmatrix}$$

$$= \begin{bmatrix} R_s & 0 & 0 & 0 \\ 0 & R_s & 0 & 0 \\ 0 & 0 & R_r & 0 \\ 0 & 0 & 0 & R_r \end{bmatrix} \begin{bmatrix} i_{sd} \\ i_{sq} \\ i_{rd} \\ i_{rq} \end{bmatrix} + \begin{bmatrix} L_s p & 0 & L_m p & 0 \\ 0 & L_s p & 0 & L_m p \\ L_m p & 0 & L_r p & 0 \\ 0 & L_m p & 0 & L_r p \end{bmatrix} \begin{bmatrix} i_{sd} \\ i_{sq} \\ i_{rd} \\ i_{rq} \end{bmatrix} + \begin{bmatrix} 0 & -\omega_{dqs} & 0 & 0 \\ \omega_{dqs} & 0 & 0 & 0 \\ 0 & 0 & 0 & -\omega_{dqr} \\ 0 & 0 & \omega_{dqr} & 0 \end{bmatrix} \begin{bmatrix} \Psi_{sd} \\ \Psi_{sq} \\ \Psi_{rd} \\ \Psi_{rq} \end{bmatrix} \tag{7-40}$$

则式 (7-40) 可以写为

$$\boldsymbol{u} = \boldsymbol{R}\boldsymbol{i} + \boldsymbol{L}p\boldsymbol{i} + \boldsymbol{e}_r \tag{7-41}$$

此时的电感矩阵是 4×4 的参数线性矩阵，整个的电压方程也降低为 4 维方程，与异步电动机三相坐标系上 6 维线性数学模型相比，它的电压方程降低了 2 维。

(3) 转矩方程和运动方程

由于异步电动机在三相坐标系上的转矩方程为

$$T_e = \frac{1}{2} n_p \left[\boldsymbol{i}_r^T \frac{\partial L_{rs}}{\partial \theta} \boldsymbol{i}_s + \boldsymbol{i}_s^T \frac{\partial L_{sr}}{\partial \theta} \boldsymbol{i}_r \right]$$

利用坐标反变换矩阵 $\boldsymbol{C}_{3s/2r}^{-1}$ 和 $\boldsymbol{C}_{3r/2r}^{-1}$，把三相坐标系上的定/转子电流变换到 dq 坐标系得

$$\begin{bmatrix} i_A \\ i_B \\ i_C \end{bmatrix} = \sqrt{\frac{2}{3}} \begin{bmatrix} \cos\theta_s & -\sin\theta_s & \frac{1}{\sqrt{2}} \\ \cos(\theta_s - 120°) & -\sin(\theta_s - 120°) & \frac{1}{\sqrt{2}} \\ \cos(\theta_s + 120°) & -\sin(\theta_s + 120°) & \frac{1}{\sqrt{2}} \end{bmatrix} \begin{bmatrix} i_{sd} \\ i_{sq} \\ i_{s0} \end{bmatrix}$$

$$\begin{bmatrix} i_a \\ i_b \\ i_c \end{bmatrix} = \sqrt{\frac{2}{3}} \begin{bmatrix} \cos\theta_r & -\sin\theta_r & \frac{1}{\sqrt{2}} \\ \cos(\theta_r - 120°) & -\sin(\theta_r - 120°) & \frac{1}{\sqrt{2}} \\ \cos(\theta_r + 120°) & -\sin(\theta_r + 120°) & \frac{1}{\sqrt{2}} \end{bmatrix} \begin{bmatrix} i_{rd} \\ i_{rq} \\ i_{r0} \end{bmatrix}$$

并且转子和定子的相对位置

$$\theta = \theta_s - \theta_r$$

将以上三式代入

$$T_e = n_p L_{ms} \left[(i_A i_a + i_B i_b + i_C i_c) \sin\theta + (i_A i_b + i_B i_c + i_C i_a) + (i_A i_c + i_B i_a + i_C i_b) \sin(\theta - 120°) \right]$$

并化简（注意在化简过程中，零轴分量电流完全抵消，在两相旋转坐标系转矩方程中不再出现），得到 $dq0$ 坐标系上的转矩方程为

$$T_e = n_p L_m (i_{sq} i_{rd} - i_{sd} i_{rq}) \tag{7-42}$$

运动方程与坐标变换无关，仍为 $T_e = T_L + \frac{J}{n_p} \frac{d\omega}{dt}$，其中 J 为转动惯量；ω 为电动机转子角速度，$\omega = \omega_{dqs} - \omega_{dqr}$。

总之，由以上的异步电动机在任意旋转坐标系 dq 上的数学模型表达式可见，它与三相静止坐标系相比，不但数学模型简单，而且阶次也降低了，但是其非线性、强耦合、多变量的性质没有改变。

2. 异步电动机在两相同步旋转坐标系上的数学模型

两相同步旋转坐标系的坐标轴用 m、t 来表示，只是这种情况坐标轴的旋转速度 $\omega_{mts} = \omega_1$（ω_1 为定子同步转速），转子的转速为 ω，因此 m、t 轴相对于转子的角速度 $\omega_{mtr} = \omega_1 - \omega = \omega_s$，代入式 (7-40) 得到同步旋转坐标系上的电压方程为

$$\begin{bmatrix} u_{sm} \\ u_{st} \\ u_{rm} \\ u_{rt} \end{bmatrix} = \begin{bmatrix} R_s + L_s p & -\omega_1 L_s & L_m p & -\omega_1 L_m \\ \omega_1 L_s & R_s + L_s p & \omega_1 L_m & L_m p \\ L_m p & -\omega_s L_m & R_r + L_r p & -\omega_s L_r \\ \omega_s L_m & L_m p & \omega_s L_r & R_r + L_r p \end{bmatrix} \begin{bmatrix} i_{sm} \\ i_{st} \\ i_{rm} \\ i_{rt} \end{bmatrix} \tag{7-43}$$

磁链方程、转矩方程和运动方程均保持不变，只需将下标由 d、q 改为 m、t。异步电动机两相同步旋转坐标系数学模型的特点是：当三相坐标系中的电流和电压是正弦波时，变换到两相同步旋转坐标系上就成为直流。

3. 异步电动机在两相静止坐标系（$\alpha\beta$ 坐标系）上的数学模型

异步电动机在两相静止坐标系上的数学模型又称为 Kron 的异步电动机方程式或双轴原型电

动机基本方程，它是当任意旋转坐标轴系坐标轴转速等于 0 时的特例，此时 $\omega_{dqs} = 0$、$\omega_{dqr} = -\omega$（即转子角速度的负值）。对于电压方程，只需将下标由 d、q 改为 α、β，则式（7-40）变为

$$\begin{bmatrix} u_{s\alpha} \\ u_{s\beta} \\ u_{r\alpha} \\ u_{r\beta} \end{bmatrix} = \begin{bmatrix} R_s + L_s p & 0 & L_m p & 0 \\ 0 & R_s + L_s p & 0 & L_m p \\ L_m p & \omega L_m & R_r + L_r p & \omega L_r \\ -\omega L_m & L_m p & -\omega L_r & R_r + L_r p \end{bmatrix} \begin{bmatrix} i_{s\alpha} \\ i_{s\beta} \\ i_{r\alpha} \\ i_{r\beta} \end{bmatrix} \quad (7\text{-}44)$$

同样，磁链方程由式（7-32）变为

$$\begin{bmatrix} \Psi_{s\alpha} \\ \Psi_{s\beta} \\ \Psi_{r\alpha} \\ \Psi_{r\beta} \end{bmatrix} = \begin{bmatrix} L_s & 0 & L_m & 0 \\ 0 & L_s & 0 & L_m \\ L_m & 0 & L_r & 0 \\ 0 & L_m & 0 & L_r \end{bmatrix} \begin{bmatrix} i_{s\alpha} \\ i_{s\beta} \\ i_{r\alpha} \\ i_{r\beta} \end{bmatrix} \quad (7\text{-}45)$$

利用两相坐标变换 $C_{2s/2r}$ 得到

$$\begin{cases} i_{sd} = i_{s\alpha} \cos\theta + i_{s\beta} \sin\theta \\ i_{sq} = -i_{s\alpha} \sin\theta + i_{s\beta} \cos\theta \\ i_{rd} = i_{r\alpha} \cos\theta + i_{rq} \sin\theta \\ i_{rq} = -i_{r\alpha} \sin\theta + i_{r\beta} \cos\theta \end{cases}$$

代入式（7-42）整理可得到坐标系 αβ 上的电磁转矩为

$$T_e = n_p L_m (i_{s\beta} i_{r\alpha} - i_{s\alpha} i_{r\beta}) \quad (7\text{-}46)$$

这样 αβ 坐标系上异步电动机的数学模型便由式（7-44）~式（7-46）加上运动方程组成。

7.2.4 三相异步电动机在两相坐标系上的状态方程

作为研究和分析异步电动机控制系统的基础数学模型，过去经常使用矩阵方程，近来越来越多地采用状态方程的形式。这里只讨论两相同步旋转 dq 坐标系上的状态方程，在两相坐标系上的电压源型变频器-异步电动机具有 4 阶电压方程和 1 阶运动方程，因此其状态方程也应该是 5 阶的，需选取 5 个状态变量，而可选的变量共有 9 个，即转速 ω，4 个电流变量 i_{sd}、i_{sq}、i_{rd}、i_{rq} 和 4 个磁链变量 Ψ_{sd}、Ψ_{sq}、Ψ_{rd}、Ψ_{rq}。转子电流是不可测的，不宜用作状态变量，因此只能选定子电流 i_{sd}、i_{sq} 和转子磁链 Ψ_{rd}、Ψ_{rq}，或者选定子电流 i_{sd}、i_{sq} 和定子磁链 Ψ_{sd}、Ψ_{sq}。也就是说，可以有下列两组状态方程：

1. $\omega - \Psi_r - i_s$ 状态方程

由式（7-38）和式（7-39）可得到任意旋转坐标系上的电压方程为

$$u_{sd} = R_s i_{sd} + p\Psi_{sd} - \omega_{dqs} \Psi_{sq}$$
$$u_{sq} = R_s i_{sq} + p\Psi_{sq} + \omega_{dqs} \Psi_{sd}$$
$$u_{rd} = R_r i_{rd} + p\Psi_{rd} - \omega_{dqr} \Psi_{rq}$$
$$u_{rq} = R_r i_{rq} + p\Psi_{rq} + \omega_{dqr} \Psi_{rd}$$

对于同步旋转坐标系，$\omega_{dqs} = \omega_1$，$\omega_{dqr} = \omega_1 - \omega = \omega_s$，又考虑到笼型转子内部是短路的，则 $u_{rd} = u_{rq} = 0$，于是，电压方程可写成

$$u_{sd} = R_s i_{sd} + p\Psi_{sd} - \omega_1 \Psi_{sq}$$
$$u_{sq} = R_s i_{sq} + p\Psi_{sq} + \omega_1 \Psi_{sd}$$
$$0 = R_r i_{rd} + p\Psi_{rd} - (\omega_1 - \omega) \Psi_{rq}$$
$$0 = R_r i_{rq} + p\Psi_{rq} - (\omega_1 - \omega) \Psi_{rd}$$

由 dq 坐标系上磁链方程 [式 (7-32)] 的第三式和第四式得出

$$\begin{cases} i_{rd} = \dfrac{1}{L_r}(\varPsi_{rd} - L_m i_{sd}) \\ i_{rq} = \dfrac{1}{L_r}(\varPsi_{rq} - L_m i_{sq}) \end{cases} \tag{7-47}$$

代入式 (7-46)，得

$$\begin{aligned} T_e &= \frac{n_p L_m}{L_r}(i_{sq}\varPsi_{rd} - L_m i_{sd}i_{sq} - i_{sd}\varPsi_{rq} + L_m i_{sd}i_{sq}) \\ &= \frac{n_p L_m}{L_r}(i_{sq}\varPsi_{rd} - i_{sd}\varPsi_{rq}) \end{aligned} \tag{7-48}$$

将 dq 坐标系上的磁链方程代入式 (7-46) 消去 i_{rd}、i_{rq}、$\varPsi_{sd}$、$\varPsi_{rq}$，同时将式 (7-48) 代入运动方程式 $\omega = \dfrac{d\theta}{dt}$，得状态方程为

$$\frac{d\omega}{dt} = \frac{n_p^2 L_m}{J L_r}(i_{sq}\varPsi_{rd} - i_{sd}\varPsi_{rq}) - \frac{n_p}{J}T_L \tag{7-49}$$

$$\frac{d\varPsi_{rq}}{dt} = -\frac{1}{T_r}\varPsi_{rq} - (\omega_1 - \omega)\varPsi_{rd} + \frac{L_m}{T_r}i_{sq} \tag{7-50}$$

$$\frac{d\varPsi_{rd}}{dt} = -\frac{1}{T_r}\varPsi_{rd} + (\omega_1 - \omega)\varPsi_{rq} + \frac{L_m}{T_r}i_{sd} \tag{7-51}$$

$$\frac{di_{sq}}{dt} = \frac{L_m}{\sigma L_s L_r T_r}\varPsi_{rd} - \frac{L_m}{\sigma L_s L_r}\omega\varPsi_{rd} - \frac{R_s L_r^2 + R_r L_m^2}{\sigma L_s L_r^2}i_{sq} - \omega_1 i_{sd} + \frac{u_{sq}}{\sigma L_s} \tag{7-52}$$

$$\frac{di_{sd}}{dt} = \frac{L_m}{\sigma L_s L_r T_r}\varPsi_{rd} + \frac{L_m}{\sigma L_s L_r}\omega\varPsi_{rq} - \frac{R_s L_r^2 + R_r L_m^2}{\sigma L_s L_r^2}i_{sd} + \omega_1 i_{sq} + \frac{u_{sd}}{\sigma L_s} \tag{7-53}$$

式中 σ——电动机漏磁系数，$\sigma = 1 - \dfrac{L_m^2}{L_s L_r}$；

T_r——转子电磁时间常数，$T_r = \dfrac{L_r}{R_r}$。

在式 (7-49)~式 (7-53) 的状态方程中，状态变量为

$$\boldsymbol{X} = [\omega\ \varPsi_{rd}\ \varPsi_{rq}\ i_{sd}\ i_{sq}]^T \tag{7-54}$$

输入变量为

$$\boldsymbol{U} = [u_{sd}\ u_{sq}\ \omega_1\ T_L]^T \tag{7-55}$$

2. $\omega - \varPsi_s - i_s$ 状态方程

根据上述的变换，只是把 dq 坐标系上磁链方程代入式 (7-46) 时，消去变量 i_{sd}、i_{rq}、$\varPsi_{rd}$、$\varPsi_{rq}$，整理后得 $\omega - \varPsi_s - i_s$ 的状态方程为

$$\frac{d\omega}{dt} = \frac{n_p^2}{JL_r}(i_{sq}\varPsi_{sd} - i_{sd}\varPsi_{sq}) - \frac{n_p}{J}T_L \tag{7-56}$$

$$\frac{d\varPsi_{sd}}{dt} = -R_s i_{sd} + \omega_1 \varPsi_{sq} + u_{sd} \tag{7-57}$$

$$\frac{d\varPsi_{sq}}{dt} = -R_s i_{sq} - \omega_1 \varPsi_{sd} + u_{sq} \tag{7-58}$$

$$\frac{di_{sd}}{dt} = \frac{1}{\sigma L_s T_r}\varPsi_{sd} + \frac{1}{\sigma L_s}\omega\varPsi_{sq} - \frac{R_s L_r + R_r L_s}{\sigma L_s L_r}i_{sd} + (\omega_1 - \omega)i_{sq} + \frac{1}{\sigma L_s}u_{sd} \tag{7-59}$$

$$\frac{di_{sq}}{dt} = \frac{1}{\sigma L_s T_r}\Psi_{sq} - \frac{1}{\sigma L_s}\omega\Psi_{sd} - \frac{R_s L_r + R_r L_s}{\sigma L_s L_r}i_{sq} - (\omega_1 - \omega)i_{sd} + \frac{u_{sq}}{\sigma L_s} \tag{7-60}$$

在式（7-56）~式（7-60）的状态方程中，状态变量为

$$X = [\omega \ \Psi_{sd} \ \Psi_{sq} \ i_{sd} \ i_{sq}]^T \tag{7-61}$$

输入变量为

$$U = [u_{sd} \ u_{sq} \ \omega_1 \ T_L]^T \tag{7-62}$$

*7.3　交流电动机的矢量控制变频调速系统

7.3.1　转子磁链定向矢量控制及其解耦作用

任意的 mt 坐标系电压方程如式（7-43）所示，如果对 mt 坐标系的取向加以规定，使其成为特定的同步旋转坐标系，这对矢量控制系统的实现起关键作用。如果选择特定同步旋转坐标系，即确定 mt 坐标系的取向，称之为定向。选择电动机某一旋转磁场轴作为特定的同步旋转坐标轴，称为磁场定向。

对于异步电动机矢量控制系统的磁场定向轴的选择有三种，即转子磁场定向、气隙磁场定向和定子磁场定向。

转子磁场定向是按转子全磁链矢量 Ψ_r 定向，将 m 轴取为 Ψ_r 轴，如图 7-14 所示；同样气隙磁场定向是将同步旋转坐标系的 m 轴与气隙磁链 Ψ_m 轴重合，定子磁链定向是将 m 轴与定子磁链 Ψ_s 重合。

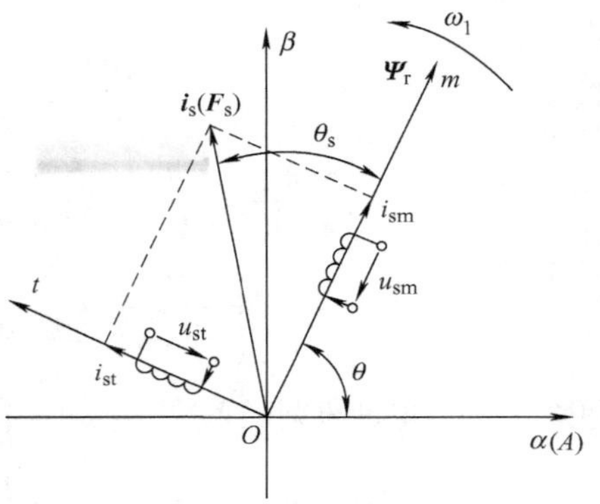

转子磁场定向控制是目前主要采用的方法，可以实现磁通电流分量、转矩电流分量二者完全解耦，但是转子磁场检测受转子参数影响较大，一定程度上影响了系统的性能，而后两者很少受转子参数的影响。

气隙磁场定向控制中由于磁链关系中存在耦合，需要增设解耦器，使系统更加复杂，但是由于电动机的磁路饱和程度和气隙磁通的饱和程度一致，因而基于气隙磁链的控制方式更适合处理磁路饱和效应。

图 7-14　转子磁场定向控制图

定子磁场定向控制中，i_{sm}、i_{st} 之间未能解耦，也必须增设一个解耦器，使矢量控制结构更加复杂，但是这种方法可以通过定子检测到的电压、电流直接计算定子磁链矢量，这是磁场定向控制的优点。

转子磁场定向控制中，按转子全磁链（全磁通）定向的异步电动机矢量控制系统，称为异步电动机按转子磁链（磁通）定向的矢量控制系统。

由图 7-14 可以看出，由于 m 轴取向于转子全磁链 Ψ_r 轴，t 轴垂直于 m 轴，从而使 Ψ_r 在 t 轴上的分量为零，表明了转子全磁链 Ψ_r 唯一由 m 轴绕组中的电流所产生，可知定子电流矢量 i_s（F_s）在 m 轴上的分量 i_{sm} 是纯励磁电流分量；在 t 轴上的分量 i_{st} 是纯转矩电流分量。

Ψ_r 在 mt 坐标系上的分量可用方程表示为

$$\begin{aligned}\Psi_{rm} &= \Psi_r = \Psi_{rd}\\ \Psi_{rt} &= 0 = \Psi_{rq}\end{aligned} \tag{7-63}$$

将式（7-63）代入转矩方程式（7-48）和 $\omega - \Psi_r - i_s$ 状态方程式（7-49）~式（7-53），并用 m、t 代替 d、q，运算整理后可

$$T_e = n_p \frac{L_m}{L_r} i_{st} \Psi_r \qquad (7\text{-}64)$$

$$\frac{d\omega}{dt} = \frac{n_p^2 L_m}{J L_r} i_{st} \Psi_r - \frac{n_p}{J} T_L \qquad (7\text{-}65)$$

$$\frac{d\Psi_r}{dt} = -\frac{1}{T_r} \Psi_r + \frac{L_m}{T_r} i_{sm} \qquad (7\text{-}66)$$

$$0 = -(\omega_1 - \omega)\Psi_r + \frac{L_m}{T_r} i_{st} \qquad (7\text{-}67)$$

$$\frac{di_{sm}}{dt} = -\frac{L_m}{\sigma L_s L_r T_r} \Psi_r - \frac{R_s L_r^2 + R_r L_m^2}{\sigma L_s L_r^2} i_{sm} + \omega_1 i_{st} + \frac{u_{sm}}{\sigma L_s} \qquad (7\text{-}68)$$

$$\frac{di_{st}}{dt} = -\frac{L_m}{\sigma L_s L_r} \omega \Psi_r - \frac{R_s L_r^2 + R_r L_m^2}{\sigma L_s L_r^2} i_{st} - \omega_1 i_{sm} + \frac{u_{st}}{\sigma L_s} \qquad (7\text{-}69)$$

由状态方程中的式（7-67）退化为代数方程，整理后得转差公式

$$\omega_1 - \omega = \omega_s = \frac{L_m i_{st}}{T_r \Psi_r} \qquad (7\text{-}70)$$

这使状态方程降低了一阶。也可得

$$T_r p \Psi_r + \Psi_r = L_m i_{sm} \qquad (7\text{-}71)$$

则

$$\Psi_r = \frac{L_m}{T_r p + 1} i_{sm} \qquad (7\text{-}72)$$

或

$$i_{sm} = \frac{T_r p + 1}{L_m} \Psi_r \qquad (7\text{-}73)$$

式（7-72）或式（7-73）表明，转子磁链仅由定子电流励磁分量产生，与转矩分量无关，定子电流的励磁分量与转矩分量是解耦的。式（7-72）还表明，Ψ_r 与 i_{sm} 之间的传递函数是一阶惯性环节，时间常数为转子磁链励磁时间常数，当励磁电流分量 i_{sm} 突变时，Ψ_r 的变化要受到励磁惯性的阻挠，这与直流电动机励磁绕组的惯性作用是一致的。

式（7-72）、式（7-73）、式（7-70）和式（7-64）构成矢量控制基本方程式，按照这些关系可将异步电动机的数学模型绘成图 7-15 中的形式，将等效直流电动机模型分解成 ω 和 Ψ_r 两个子系统。可以看出，虽然通过矢量变换，将定子电流解耦成 i_{sm} 和 i_{st} 两个分量，但是从 ω 和 Ψ_r 两个子系统来看，由于 T_e 同时受到 i_{st} 和 Ψ_r 的影响，两个子系统仍旧是耦合着的。

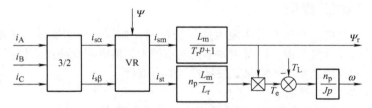

图 7-15 异步电动机矢量变换与电流解耦数学模型

按照图 7-8 的矢量控制系统原理结构图模仿直流调速系统控制时，可设置磁链调节器（AΨR）和转速调节器（ASR），分别用以控制 Ψ_r 和 ω，如图 7-16 所示。

为了使两个子系统完全解耦，除了坐标变换以外，还应设法抵消转子磁链 Ψ_r 对电磁转矩 T_e 的影响。比较直观的办法是，把 ASR 的输出信号除以 Ψ_r，当控制器的坐标反变换与电机中的坐

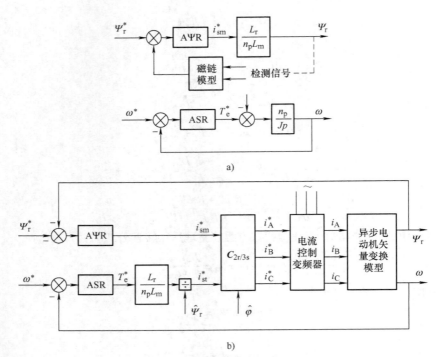

图 7-16 带除法环节的解耦矢量控制系统
a) 矢量控制系统 b) 两个等效的线性子系统

标变换对消,且变频器的滞后作用可以忽略时,此处的 ($\div \Psi_r$) 便可与电动机模型中的 ($\times \Psi_r$) 成对抵消,两个子系统就完全解耦了。这时,带除法环节的矢量控制系统可以看成是两个独立的线性子系统,可以采用经典控制理论的单变量线性系统综合方法或相应的工程设计方法来设计两个调节器 AΨR 和 ASR。

需要注意的是,在异步电动机矢量变换模型中的转子磁链 Ψ_r 和它的定向相位 φ 都是实际存在的,而用于控制器的这两个量都难以直接检测,只能采用观测值或模型计算值,在图 7-16 中冠以符号"^"以示区别。因此,两个子系统完全解耦只有在下述三个假定条件下才能成立:①转子磁链 $\hat{\Psi}_r$ 的计算值等于其实际值 Ψ_r;②转子磁场定向角 $\hat{\varphi}$ 的计算值等于其实际值 φ;③忽略电流控制变频器的滞后作用。

7.3.2 转子磁链观测模型

无论要实现磁场定向控制还是要实现磁通反馈控制,都需要检测实际转子磁链的幅值及相位,但是这两个量难以直接测得,因而在矢量控制系统中只能采用观测值或模型计算值。只有准确地获得转子磁链的幅值及相位才能保证矢量控制的有效性。

转子磁链矢量的检测方法有:

1) 直接法——磁敏式检测法和探测式检测法。主要是在定子内表面装贴霍尔元件或者在电动机槽内埋设探测线圈直接检测转子磁链,检测精度较高;但由于在电动机内部装设元器件往往会遇到不少工艺和技术问题,特别是齿槽的影响,使检测信号中含有大量的脉动分量,而且电机的线速度越低越严重。

2) 间接法——模型法。通过检测交流电动机的定子电压、电流及转速等易得到的物理量,利用转子磁链观测模型,实时计算转子磁链的幅值和空间位置。

在计算模型中，由于主要实测信号的不同，又分电流模型和电压模型。

1. 电流模型法

根据描述磁链与电流关系的磁链方程来计算转子磁链，所得出的模型叫作电流模型。电流模型可以在不同的坐标系上获得。

（1）在两相静止坐标系上的转子磁链的电流模型

由实测的三相定子电流通过 3/2 变换很容易得到两相静止坐标系上的电流 $i_{s\alpha}$ 和 $i_{s\beta}$，再利用式（7-45）第 3、4 行计算转子磁链在 α、β 轴上的分量为

$$\Psi_{r\alpha} = L_m i_{s\alpha} + L_r i_{r\alpha} \tag{7-74}$$

$$\Psi_{r\beta} = L_m i_{s\beta} + L_r i_{r\beta} \tag{7-75}$$

在式（7-44）的第 3、4 行中，令 $u_{r\alpha} = u_{r\beta} = 0$，得

$$p\Psi_{r\alpha} + \omega\Psi_{r\beta} + \frac{1}{T_r}(\Psi_{r\alpha} - L_m i_{s\alpha}) = 0 \tag{7-76}$$

$$p\Psi_{r\beta} - \omega\Psi_{r\alpha} + \frac{1}{T_r}(\Psi_{r\beta} - L_m i_{s\beta}) = 0 \tag{7-77}$$

整理后得到转子磁链的电流模型为

$$\Psi_{r\alpha} = \frac{1}{T_r p + 1}(L_m i_{s\alpha} - \omega T_r \Psi_{r\beta}) \tag{7-78}$$

$$\Psi_{r\beta} = \frac{1}{T_r p + 1}(L_m i_{s\beta} + \omega T_r \Psi_{r\alpha}) \tag{7-79}$$

按式（7-78）、式（7-79）构成转子磁链分量的运算框图如图 7-17 所示。

根据 $\Psi_{r\alpha}$、$\Psi_{r\beta}$，可以很容易地计算出转子磁链的大小和方向

$$\Psi_r = \sqrt{\Psi_{r\alpha}^2 + \Psi_{r\beta}^2} \tag{7-80}$$

$$\varphi = \arctan\frac{\Psi_{r\beta}}{\Psi_{r\alpha}} \tag{7-81}$$

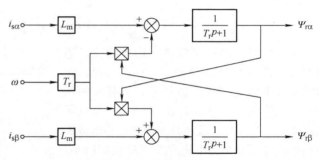

图 7-17 在两相静止坐标系上计算转子磁链的电流模型

图 7-17 所示的转子磁链模型适合于模拟量控制，用运算放大器和乘法器就可以实现。采用微机数字控制时，由于 $\Psi_{r\alpha}$ 与 $\Psi_{r\beta}$ 之间有交叉反馈关系，离散计算时可能不收敛，最好采用下面介绍的第二种模型。

（2）按磁场定向两相旋转坐标系上的转子磁链模型

如图 7-18 所示，这种模型是三相定子电流 i_A、i_B、i_C 经 3/2 变换变成两相静止坐标系电流 $i_{s\alpha}$ 和 $i_{s\beta}$，再经同步旋转变换并按转子磁链定向，得到 mt 坐标系上的电流 i_{sm}、i_{st}，利用矢量控制方程式（7-70）和式（7-72）可以获得 Ψ_r 和 ω_s 信号，由 ω_s 与实测转速 ω 相加得到定子频率信号 ω_1，再经积分即为转子磁链的相位 φ，它也就是同步旋转变换的旋转相位。和第一种模型相比，这种模型更适用于微机实时计

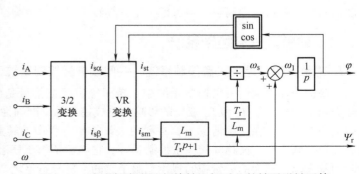

图 7-18 在磁场定向两相旋转坐标系上的转子磁链运算

算,容易收敛,也比较准确。

上述两种转子磁链模型的应用都比较普遍,但也都受电机参数变化的影响,例如电动机温升和频率变化都会影响转子电阻 R_r,从而改变时间常数 T_r,磁饱和程度将影响电感 L_m 和 L_r,从而 T_r 也改变。这些影响都将导致磁链幅值与相位信号失真,而反馈信号的失真必然使磁链闭环控制系统的性能降低。

2. 电压模型法

根据电压方程中感应电动势等于磁链变化率的关系,取电动势的积分就可以得到磁链,这样的模型叫作电压模型。

利用两相静止坐标系,根据式(7-44)第1、2行,再用式(7-78)和式(7-79)把上面两式中的 $i_{r\alpha}$、$i_{r\beta}$ 置换掉,得到

$$\frac{L_m}{L_r}\frac{d\Psi_{r\alpha}}{dt} = u_{s\alpha} - R_s i_{s\alpha} - \left(L_s - \frac{L_m^2}{L_r}\right)\frac{di_{s\alpha}}{dt} \tag{7-82}$$

$$\frac{L_m}{L_r}\frac{d\Psi_{r\beta}}{dt} = u_{s\beta} - R_s i_{s\beta} - \left(L_s - \frac{L_m^2}{L_r}\right)\frac{di_{s\beta}}{dt} \tag{7-83}$$

由漏磁系数表达式 $\sigma = 1 - L_m^2/L_s L_r$ 可得 $L_s - \frac{L_m^2}{L_r} = \sigma L_s$,代入式(7-82)、式(7-83),对等式两侧取积分,即得转子磁链电压模型为

$$\Psi_{r\alpha} = \frac{L_r}{L_m}\left[\int(u_{s\alpha} - R_s i_{s\alpha})dt - \sigma L_s i_{s\alpha}\right] \tag{7-84}$$

$$\Psi_{r\beta} = \frac{L_r}{L_m}\left[\int(u_{s\beta} - R_s i_{s\beta})dt - \sigma L_s i_{s\beta}\right] \tag{7-85}$$

式(7-84)和式(7-85)构成的转子磁链的电压模型如图 7-19 所示。由图可见,它只需要实测的电压和电流信号,不需要转速信号,且算法与转子电阻 R_r 无关,只与定子电阻 R_s 有关,而 R_s 是容易测得的。和电流模型相比,电压模型受电机参数变化的影响小,而且算法简单,便于应用。但是,由于电压

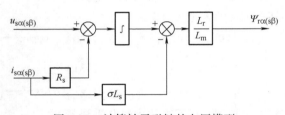

图 7-19 计算转子磁链的电压模型

模型包含纯积分项,积分的初始值和累积误差都影响计算结果,在低速时,定子电阻降变化的影响也比较大。

比较起来,电压模型更适合于中、高速范围,而电流模型能适应低速范围。有时为了提高准确度,把两种模型结合起来,在低速时采用电流模型,在中、高速时采用电压模型,只要解决好过度的问题,就可以提高整个运行范围中计算转子磁链的准确度。

7.3.3 转差型矢量控制系统

1. 磁链开环转差型矢量控制系统——间接矢量控制系统

在磁链闭环控制的矢量控制系统中,转子磁链反馈信号是由磁链模型获得的,其幅值和相位都受到电动机参数 T_r 和 L_m 变化的影响,造成控制的不准确性。如果采用磁链开环控制,系统反而会简单一些。在这种情况下,常利用矢量控制方程中的转差公式[式(7-70)],构成转差型的矢量控制系统,又称间接矢量控制系统。它继承了基于稳态模型转差频率控制系统的优点,同时用基于动态模型的矢量控制规律克服了它的大部分不足之处。

图 7-20 绘出了转差型矢量控制系统的原理图,其中主电路采用了交-直-交电流源型变频器,

适用于数千 kW 的大容量装置，在中、小容量装置中多采用带电流控制的电压源型 PWM 变压变频器。

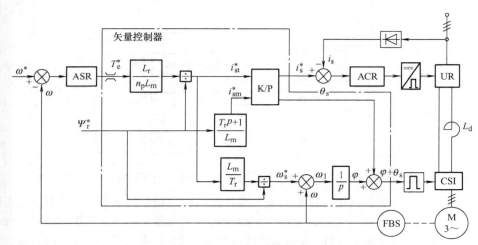

图 7-20 磁链开环转差型矢量控制系统原理图

ASR—转速调节器　ACR—电流调节器　K/P—直角坐标/极坐标变换器　FBS—转速传感器　UR—可控整流器
CSI—电流源逆变器

系统控制特点如下：

1）ASR 的输出正比于转矩给定信号，实际上是 $L_r T_e^*/n_p L_m$，由矢量控制方程式可求出定子电流转矩分量给定信号 i_{st}^* 和转差频率给定信号 ω_s^*，其关系为

$$\begin{cases} i_{st}^* = \dfrac{L_r}{n_p L_m \Psi_r} T_e^* \\ \omega_s^* = \dfrac{L_m}{T_r \Psi_r} i_{st}^* \end{cases} \tag{7-86}$$

两式中都应除以转子磁链 Ψ_r，因此两个通道中各设置一个除法环节。

2）定子电流励磁分量给定信号 i_{sm}^* 和转子磁链给定信号 Ψ_r^* 之间的关系是靠式 (7-73) 建立的，其中比例微分环节 $T_r p + 1$ 使 i_{sm}^* 在动态中获得强迫施行的励磁效应，从而克服实际磁通的滞后。

3）i_{sm}^* 和 i_{st}^* 经直角坐标/极坐标变换器 K/P 合成后，产生定子电流幅值给定信号 i_s^* 和相位给定信号 θ_s^*。前者经 ACR 控制定子电流的大小，后者则控制逆变器换相的时刻，从而决定定子电流的相位。定子电流相位能否得到及时的控制对于动态转矩的发生极为重要。极端来看，如果电流幅值很大，但相位落后 90°，所产生的转矩仍只能是零。

4）转差频率给定信号 ω_s^* 按矢量控制方程 [式 (7-70)] 算出，实现转差频率控制功能。

由以上特点可以看出，磁链开环转差型矢量控制系统的磁场定向由磁链和转矩给定信号确定，靠矢量控制方程保证，并没有实际计算转子磁链及其相位，所以属于间接矢量控制。

2. 转速、磁链闭环控制的矢量控制系统——直接矢量控制系统

用除法环节使 Ψ_r 与 ω 解耦的系统是一种典型的转速、磁链闭环控制的矢量控制系统，如图 7-16a 所示。转速调节器输出带 "$\div \Psi_r$" 的除法环节，使系统可以在转子磁链定向矢量控制及其解耦作用中的三个假定条件下简化成完全解耦的 Ψ_r 与 ω 两个子系统，两个调节器的设计方法和直流调速系统相似。调节器和坐标变换都包含在微机数字控制器中。

电流控制变频器可以采用如下两种方式：电流滞环跟踪控制的 CHBPWM 变频器，如图 7-21 所示；带电流内环控制的电压源型 PWM 变频器，如图 7-22 所示。带转速和磁链闭环控制的矢量控制系统又称直接矢量控制系统。

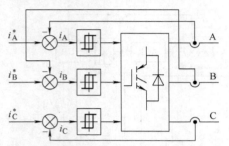

图 7-21 电流滞环跟踪控制 CHBPWM 变频器

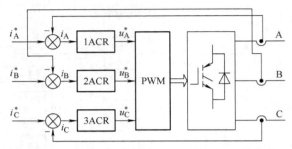

图 7-22 带电流内环控制的电压源型 PWM 变频器

另外一种提高转速和磁链闭环控制系统解耦性能的办法是在转速环内增设转矩控制内环，如图 7-23 所示。图中，ASR 为速度调节器，AΨR 为磁链调节器，ATR 为转矩调节器，FBS 为测速反馈环节，转矩内环有助于解耦，是因为磁链对控制对象的影响相当于一种扰动，转矩内环可以抑制这个扰动，从而改造了转速子系统，使它少受磁链变化的影响。系统中还画出了转速正、反向和弱磁升速环节，磁链给定信号由函数发生程序获得。ASR 的输出作为转矩给定信号，弱磁时它也受到磁链给定信号的控制。图 7-23 中的主电路采用了电流滞环跟踪控制的 CHBPWM 变频器，也可以采用带电流内环的电压源型变频器。

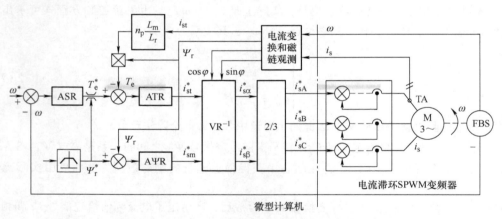

图 7-23 带转矩内环的转速、磁链闭环的电流滞环 SPWM 矢量控制系统

电流滞环型 SPWM 变频器的基本控制思想是将各相定子电流给定信号 U_{iA}、U_{iB}、U_{iC} 与实际各相定子电流检测信号 U_{iA}^*、U_{iB}^*、U_{iC}^* 分别进行比较，得到的各偏差经过具有滞环特性的高增益放大器（即滞环比较器）后，去控制各相上下两个桥臂电力晶体管的通断，从而及时对各相定子电流进行闭环调节。

具有电流滞环跟踪的 PWM 变压变频器的 A 相控制原理图如图 7-24 所示。图中，电流控制器是带滞环的比较器，环宽为 $2h$。将给定电流 i_a^* 与输出电流 i_a 进行比较，电流偏差 Δi_a 超过 $\pm h$ 时，经滞环比较器 HBC 控制逆变器 A 相上（或下）桥臂的功率器件动作。

晶体管的导通模式为：

1) 当实际相电流 i_A 超过给定电流 i_A^*，且偏差达到 Δi 时，滞环比较器控制 VT_1 关断，VT_4 导通，A 相输出电压达到 $-U_d/2$，使电流 i_A 开始下降。

2) 当实际相电流 i_A 低于给定值 i_A^*,且偏差达到 Δi 时,滞环比较器控制关断 VT_4,VT_1 导通,A 相输出电压达到 $+U_d/2$,使电流 i_A 开始上升。

图 7-25 所示为电流滞环控制型 SPWM 变频器的输出电流与电压波形。这种控制方法通过滞环比较器控制上、下两只管子轮流反复通断,迫使输出电流不断跟踪给定电流波形,控制电路比较简单,电流响应快,但电流误差不能严格控制。

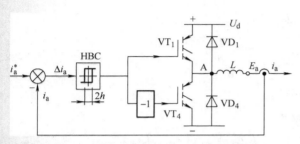

图 7-24 电流滞环跟踪的 PWM 变压变频器的 A 相控制原理图

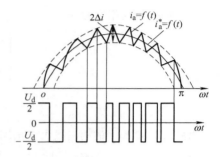

图 7-25 电流滞环控制型 SPWM 变频器的输出电流与电压波形

无论是直接矢量控制系统还是间接矢量控制系统,都具有动态性能良好、调速范围宽的优点,采用光电码盘转速传感器时,一般可以达到调速范围 $D=100$,已在实践中获得普遍的应用。动态性能受电动机参数变化的影响是其主要的不足之处。

7.3.4 无速度传感器的矢量控制系统

所谓无速度传感器矢量控制系统就是指取消调速系统中的速度检测装置,通过间接计算法求出电动机运行的实际转速值,并将其作为转速反馈信号。

目前主要的方案有:

1) 基于转子磁通定向的无速度传感器矢量控制变频调速系统。
2) 基于定子磁通定向的无速度传感器矢量控制变频调速系统。
3) 基于定子电压矢量定向的无速度传感器矢量控制变频调速系统。
4) 基于直接转矩控制的无速度传感器直接转矩控制变频调速系统。
5) 采用模型参考自适应的无速度传感器交流调速系统。
6) 利用扩展的卡尔曼滤波器进行速度识别的无速度传感器交流调速系统。

现以第一种基于转子磁通定向的无速度传感器矢量控制变频调速系统为例进行介绍,如图 7-26 所示。

在电动机定子侧装设电压传感器和电流传感器,检测三相电压 u_A、u_B、u_C 和三相电流 i_A、i_B、i_C,根据3/2 变换求出静止坐标系中的两相电压 $u_{s\alpha}$、$u_{s\beta}$ 及两

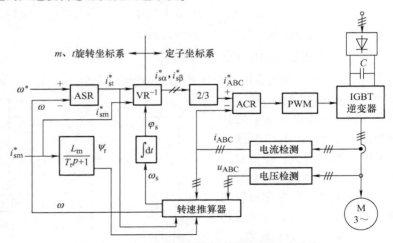

图 7-26 无速度传感器矢量控制变频调速系统

相电流 $i_{s\alpha}$、$i_{s\beta}$。由定子静止坐标系（$\alpha-\beta$）中的两相电压、电流可以推算定子磁链，估计电动机的实际转速。在定子两相静止坐标系（$\alpha-\beta$）中磁链为

$$\begin{cases} \Psi_{s\alpha} = \int (u_{s\alpha} - R_s i_{s\alpha}) dt \\ \Psi_{s\beta} = \int (u_{s\beta} - R_s i_{s\beta}) dt \end{cases} \quad (7-87)$$

磁链的幅值及相位为

$$\begin{cases} \Psi_s = \sqrt{\Psi_{s\alpha}^2 + \Psi_{s\beta}^2} \\ \cos\varphi_s = \dfrac{\Psi_{s\alpha}}{\Psi_s}, \sin\varphi_s = \dfrac{\Psi_{s\beta}}{\Psi_s} \\ \varphi_s = \arctan\dfrac{\Psi_{s\beta}}{\Psi_{s\alpha}} \end{cases} \quad (7-88)$$

由式（7-88）中的第三式可求出同步角频率

$$\omega_1 = \frac{d\varphi_s}{dt} = \frac{d}{dt}\left(\arctan\frac{\Psi_{s\beta}}{\Psi_{s\alpha}}\right) = \frac{(u_{s\beta} - R_s i_{s\beta})\Psi_{s\alpha} - (u_{s\alpha} - R_s i_{s\alpha})\Psi_{s\beta}}{\Psi_s^2} \quad (7-89)$$

由矢量控制方程式可求得转差角频率

$$\omega_s = \frac{L_m}{T_r} \cdot \frac{i_{st}}{\Psi_r} \quad (7-90)$$

根据式（7-87）～式（7-90）可得到转速推算器的基本结构，如图 7-27 所示。

由式（7-90）可知，转速推算器受转子参数（T_r，L_m）变化的影响，因而基于转子磁链定向的转速推算器还需要考虑转子参数的自适应控制技术，此外转速推算器的使用性能还取决于推算的精度和计算的快速性，因此对于任何速度推算器，为使其推算精度和计算快速性达到相应水平，必须采用高速微处理器。

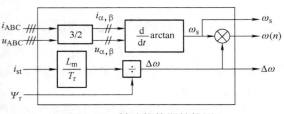

图 7-27　转速推算器结构图

7.3.5　直接转矩控制系统

直接转矩控制（Direct Torque Control，DTC）系统，是继矢量控制系统之后发展起来的另一种高动态性能的交流电动机变压变频调速系统。

1. 直接转矩控制系统的原理和特点

由定子磁链控制的直接转矩控制系统原理框图如图 7-28 所示。和矢量控制系统一样，它也是分别控制异步电动机的转速和磁链，ASR 的输出作为电磁转矩的给定信号 T_e^*，与图 7-23 的矢量控制系统相似，在给定信号 T_e^* 后面设置转矩控制内环，它可以抑制磁链的变化对转速子系统的影响，从而使转速和磁链子系统实现了近似解耦。

与矢量控制系统一样，它

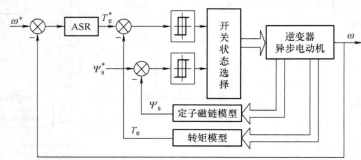

图 7-28　由定子磁链控制的直接转矩控制系统原理框图

也是分别控制异步电动机的转速和磁链,但在具体控制方法上,DTC 系统与矢量控制系统不同的地方是:

1) 转矩和磁链的控制采用双位式砰砰控制器,并在 PWM 逆变器中直接用这两个控制信号产生电压的 SVPWM 波形,从而避开了将定子电流分解成转矩和磁链分量,省去了旋转变换和电流控制,简化了控制器的结构。

2) 选择定子磁链作为被控量,而不像矢量控制系统中选择转子磁链作为控制量,这样计算磁链的模型可以不受转子参数变化的影响,提高了控制系统的鲁棒性。如果从数学模型推导按定子磁链控制的规律,显然要比按转子磁链定向时复杂,但是由于采用了砰砰控制器,这种复杂性对控制器并没有影响。

3) 由于采用了直接转矩控制,在加减速或负载变化的动态过程中,可以获得快速的转矩响应,但必须注意限制过大的冲击电流,以免损坏功率开关器件,因此实际的转矩响应的快速性也是有限的。

从总体控制结构上看,DTC 系统和矢量控制系统是一致的,都能获得较高的静、动态性能。

2. 直接转矩控制系统的控制规律和反馈模型

除转矩和磁链的控制采用砰-砰控制外,DTC 系统的核心问题就是:转矩和定子磁链反馈信号的计算模型、如何根据两个砰-砰控制器的输出信号来选择电压空间矢量和逆变器的开关状态。

(1) 定子磁链反馈计算模型

DTC 系统采用的是两相静止坐标($\alpha\beta$ 坐标系),为了简化数学模型,由三相坐标变换到两相坐标是必要的,所避开的仅仅是旋转变换。由式(7-44)可知

$$u_{s\alpha} = R_s i_{s\alpha} + L_s p i_{s\alpha} + L_m p i_{r\alpha} = R_s i_{s\alpha} + p\Psi_{s\alpha}$$

$$u_{s\beta} = R_s i_{s\beta} + L_s p i_{s\beta} + L_m p i_{r\beta} = R_s i_{s\beta} + p\Psi_{s\beta}$$

移项并积分后得

$$\Psi_{s\alpha} = \int (u_{s\alpha} - R_s i_{s\alpha}) dt \tag{7-91}$$

$$\Psi_{s\beta} = \int (u_{s\beta} - R_s i_{s\beta}) dt \tag{7-92}$$

式(7-91)和式(7-92)是图 7-28 中所采用的定子磁链模型,其结构框图如图 7-29 所示,显然这是一个电压模型。它适用于以中、高速运行的系统,在低速时误差较大,甚至无法应用,必要时,只好在低速时切换到电流模型,这时上述能提高鲁棒性的优点就不得不丢弃了。

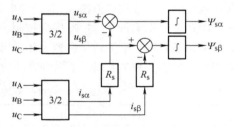

图 7-29 定子磁链模型结构框图

(2) 转矩反馈计算模型

由式(7-46)已知,在静止两相坐标系上的电磁转矩为

$$T_e = n_p L_m (i_{s\beta} i_{r\alpha} - i_{s\alpha} i_{r\beta})$$

又由式(7-45)可知

$$i_{r\alpha} = \frac{1}{L_m}(\Psi_{s\alpha} - L_s i_{s\alpha})$$

$$i_{r\beta} = \frac{1}{L_m}(\Psi_{s\beta} - L_s i_{s\beta})$$

代入式(7-46)并整理后得

$$T_e = n_p (i_{s\beta} \Psi_{s\alpha} - i_{s\alpha} \Psi_{s\beta}) \tag{7-93}$$

这就是 DTC 系统所用的转矩模型，其结构框图如图 7-30 所示。

(3) 电压空间矢量和逆变器开关状态的选择

在图 7-28 所示的 DTC 系统中，根据定子磁链给定和反馈信号进行砰砰控制，按控制程序选取电压空间矢量的作用顺序和持续时间。如果只要求正六边形的磁链轨迹，则逆变器的控制程序简单，主电路开关频率低，但定子磁链偏差较大。如果要逼近圆形磁链轨迹，则控制程序较复杂，主电路开关频率高，定子磁链接近恒定。该系统也可用于弱磁升速，这时要设计好满足 $\Psi_s^* = f(\omega^*)$ 公式的函数发生程序，以确定不同转速时的磁链给定值。

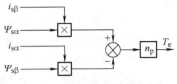

图 7-30 转矩模型结构框图

对电压空间矢量按磁链控制的同时，也接受转矩的砰砰控制。以正转（$T_e^* > 0$）的情况为例，当实际转矩低于 T_e^* 的允许偏差下限时，按磁链控制得到相应的电压空间矢量，使定子磁链向前旋转，转矩上升；当实际转矩达到 T_e^* 允许偏差上限时，不论磁链如何，立即切换到零电压矢量，使定子磁链静止不动，转矩下降。稳态时，上述情况不断重复，使转矩波动被控制在允许范围之内。

(4) DTC 系统存在的问题

1) 由于采用砰砰控制，实际转矩必然在上下限内脉动，而不是完全恒定的。

2) 由于磁链计算采用了带积分环节的电压模型，积分初值、累积误差和定子电阻的变化都会影响磁链计算的准确度。

这两个问题的影响在低速时都比较显著，因而使 DTC 系统的调速范围受到限制。为了解决这些问题，许多学者做过不少的研究工作，使它们得到一定程度的改善，但并不能完全消除。

3. DTC 系统与矢量控制系统的比较

DTC 系统和矢量控制系统都是已获实际应用的高性能交流调速系统。两者都采用转矩（转速）和磁链分别控制，这是符合异步电动机动态数学模型的需要的。但两者在控制性能上却各有千秋。

矢量控制系统强调 T_e 与 Ψ_r 的解耦，有利于分别设计转速与磁链调节器；实行连续控制，可获得较宽的调速范围；但按 Ψ_r 定向受电动机转子参数变化的影响，降低了系统的鲁棒性。

DTC 系统则实行 T_e 与 Ψ_s 砰砰控制，避开了旋转坐标变换，简化了控制结构；控制定子磁链而不是转子磁链，不受转子参数变化的影响；但不可避免地产生转矩脉动，低速性能较差，调速范围受到限制。表 7-1 列出了两种系统的特点与性能的比较。

表 7-1 DTC 系统和矢量控制系统的特点与性能比较

性能与特点	DTC 系统	矢量控制系统
磁链控制	定子磁链控制	转子磁链控制
转矩控制	砰砰控制，有转矩脉动	连续控制，比较平滑
坐标变换	静止坐标变换	旋转坐标变换，较复杂
转子参数变化影响	无	有
调速范围	不够宽	比较宽

需要注意的是，有时为了提高调速范围，在低速时改用电流模型计算磁链，则转子参数变化对 DTC 系统也有影响。

从表 7-1 可以看出，如果在现有的 DTC 系统和矢量控制系统之间取长补短，构成新的控制系统，应该能够获得更为优越的控制性能。

7.4 思考与练习

1. 什么是矢量控制？什么是矢量控制系统？
2. 在研究异步电动机的多变量数学模型时，常进行哪些假设？异步电机数学模型具有哪些具体性质？
3. 变换矩阵及确定原则有哪些？异步电动机控制有哪几种坐标系变换？
4. 三相异步电动机在两相坐标系上的数学模型有哪些？
5. 什么是定向？什么是磁场定向？对于异步电动机矢量控制系统的磁场定向轴的选择有哪几种？
6. 简述转子磁链矢量的检测方法。
7. 在计算模型中，由于主要实测信号的不同，又分哪两种模型？
8. 什么是间接矢量控制系统？什么是直接矢量控制系统？
9. 什么是无速度传感器调速系统？有哪几种方案？
10. 什么是直接转矩控制系统？有什么特点？
11. DTC 系统存在哪些问题？

第8章 常见变频器的基本应用

[学习目标]

1. 了解通用变频器主要构成；了解变频器的分类。
2. 了解不同负载情况下变频器的选择方法；理解变频器的容量计算；理解变频器外围设备的选择方法。
3. 了解西门子 MM440 变频器的构成及主要功能；掌握 MM440 变频器参数设置方法，能够完成 MM440 变频器的常用控制设置。
4. 了解西门子 G120 变频器的构成及主要功能；掌握 G120 变频器参数设置方法，能够完成 G120 变频器的常用控制设置。
5. 了解三菱 FR-D740 变频器的结构；了解三菱 FR-D740 变频器的安装接线；理解三菱 FR-D740 变频器的基本设置；能够完成三菱 FR-D740 变频器的常用控制设置。
6. 了解安川 G7 变频器的安装、接线与操作面板；掌握安川 G7 变频器参数设置方法；能够完成安川 G7 变频器的常用控制设置。
7. 了解同步电动机变压变频调速的特点及其基本类型；理解他控变频同步电动机调速系统与自控变频同步电动机调速系统的基本原理。

▶ 8.1 通用变频器组成与分类

8.1.1 通用变频器组成

现代通用变频器大都是采用二极管整流和由快速全控开关器件 IGBT [或智能功率模块（IPM）] 组成的 PWM 逆变器，构成交-直-交电压源型变压变频器，已经占领了全世界 0.5～500kV·A 中、小容量变频调速装置的绝大部分市场。

所谓"通用"，包含着两方面的含义：表示可以和通用的笼型异步电动机配套使用；同时具有多种可供选择的功能，适用于各种不同性质的负载。

典型的数字量控制通用变频器-异步电动机调速系统原理图，如图 8-1 所示。

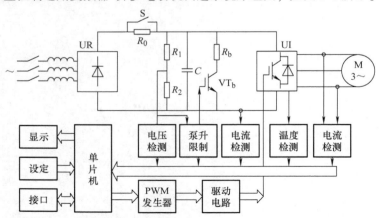

图 8-1 典型的数字量控制通用变频器-异步电动机调速系统原理图

(1) 主电路

由二极管整流器 UR、PWM 逆变器 UI 和中间直流电路三部分组成，一般都是电压源型的，采用大电容 C 滤波，同时兼有无功功率交换的作用。

(2) 限流电阻

为了避免大电容 C 在通电瞬间产生过大的充电电流，在整流器和滤波电容间的直流回路上串入限流电阻（或电抗），通上电源时，先限制充电电流，再延时用开关 S 将短路，以免长期接入时影响变频器的正常工作，并产生附加损耗。

(3) 泵升限制电路

由于二极管整流器不能为异步电动机的再生制动提供反向电流的通路，所以除特殊情况外，通用变频器一般都用电阻吸收制动能量。减速制动时，异步电动机进入发电状态，首先通过逆变器的续流二极管向电容 C 充电，当中间直流回路的电压（通称泵升电压）升高到一定的限制值时，通过泵升限制电路使开关器件导通，将电动机释放的动能消耗在制动电阻上。为了便于散热，制动电阻常作为附件单独装在变频器机箱外边。

(4) 进线电抗器

二极管整流器虽然是全波整流装置，但由于其输出端有滤波电容存在，因此输入电流呈脉冲波形，这样的电流波形具有较大的谐波分量，使电源受到污染。为了抑制谐波电流，对于容量较大的 PWM 变频器，都应在输入端设有进线电抗器，有时也可以在整流器和电容器之间串接直流电抗器。进线电抗器还可用来抑制电源电压不平衡对变频器的影响。

(5) 控制电路

现代 PWM 变频器的控制电路大都是以微处理器为核心的数字电路，其功能主要是接收各种设定信息和指令，再根据它们的要求形成驱动逆变器工作的 PWM 信号，再根据它们的要求形成驱动逆变器工作的 PWM 信号。微处理器主要采用 8 位或 16 位的单片机，或用 32 位的 DSP，现在已有应用 RISC（精减指令集计算）的产品出现。

(6) PWM 发生器

可以由微机本身的软件产生，由 PWM 端口输出，也可采用专用的 PWM 发生器产生。

(7) 检测电路

由电压、电流、温度等检测信号经信号处理电路进行分压、光电隔离、滤波、放大等综合处理，再进入 A/D 转换器，输入给微处理器作为控制算法的依据，或者作为开关电平产生保护信号和显示信号。

(8) 信号设定

需要设定的控制信息主要有 U/f 特性、工作频率、频率升高时间、频率下降时间等，还可以有一系列特殊功能的设定。由于通用变频器-异步电动机系统是转速或频率开环、恒压频比控制系统，低频时，或负载的性质和大小不同时，都得靠改变 U/f 函数发生器的特性来补偿，使系统达到恒定，甚至恒定的功能，在通用产品中称作"电压补偿"或"转矩补偿"。

实现补偿的方法有两种：一种是在微机中存储多条不同斜率和折线段的 U/f 函数，由用户根据需要选择最佳特性；另一种办法是采用霍尔式电流传感器检测定子电流或直流回路电流，按电流大小自动补偿定子电压。但无论如何都存在过补偿或欠补偿的可能，这是开环控制系统的不足之处。

(9) 给定积分

由于系统本身没有自动限制起制动电流的作用，因此频率设定信号必须通过给定积分算法产生平缓升速或降速信号，升速和降速的积分时间可以根据负载需要由操作人员分别选择。

综上所述，PWM 变压变频器的基本控制作用如图 8-2 所示。近年来，许多企业不断推出具有更多自动控制功能的变频器，使产品性能更加完善，质量不断提高。

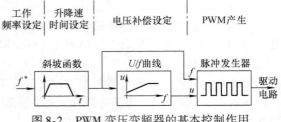

图 8-2　PWM 变压变频器的基本控制作用

8.1.2　变频器的分类

变频器是应用变频技术制造的一种静止的频率变换器，其功用是利用半导体器件的通断作用将频率固定（通常为工频 50Hz）的交流电（三相或单相）变换成频率连续可调（多数为 0～400Hz）的交流电。

如图 8-3 所示，变频器的输入端（R、S、T）接至频率固定的三相交流电源，输出端（U、V、W）输出的是频率在一定范围内连续可调的三相交流电，接至电动机。

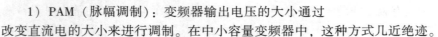
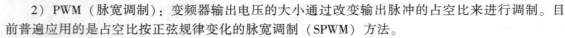

图 8-3　变频器基本接线

变频器的种类很多，分类方法也有多种。

（1）按电压的调制方式分类

1）PAM（脉幅调制）：变频器输出电压的大小通过改变直流电的大小来进行调制。在中小容量变频器中，这种方式几近绝迹。

2）PWM（脉宽调制）：变频器输出电压的大小通过改变输出脉冲的占空比来进行调制。目前普遍应用的是占空比按正弦规律变化的脉宽调制（SPWM）方法。

（2）按工作原理分类

1）U/f 控制的变频器：U/f 控制的基本特点是对变频器输出的电压和频率同时进行控制，通过使 U/f（电压和频率的比）的值保持一定而得到所需的转矩特性。采用 U/f 控制的变频器控制电路结构简单，成本低，多用于对精度要求不高的通用变频器。

2）转差频率控制变频器：转差频率控制方式是对 U/f 控制的一种改进，这种控制需要由安装在电动机上速度传感器检测出电动机的转速，构成速度闭环，速度调节器的输出为转差频率，而变频器的输出频率则由电动机的实际转速与所需转差频率之和决定。由于通过控制转差频率来控制转矩的电流，与 U/f 控制相比，其加减速特性和限制过电流的能力得到提高。

3）矢量控制变频器：矢量控制是一种高性能异步电动机控制方式。它的基本思路是：将异步电动机的定子电流分为产生磁场的电流分量（励磁电流）和与其垂直的产生转矩的电流分量（转矩电流），并分别加以控制。由于在这种控制方式中必须同时控制异步电动机定子电流的幅值和相位，即定子电流的矢量，因此这种控制方式被称为矢量控制方式。

4）直接转矩控制变频器：直接转矩控制是交流传动中革命性的电动机控制方式，不需在电动机的转轴上安装脉冲编码器来反馈转子的位置，而具有精确转速和转矩，能在零速时产生满载转矩，电路中的 PWM 调制器显示需要电压控制和频率控制分别进行。具有这种功能的变频器称为直接转矩控制变频器。

（3）按用途分类

1）通用变频器：通常指没有特殊功能、要求不高的变频器。由于分类的界限不太分明，因此，绝大多数变频器都可归于这一类中。

2）风机、水泵用变频器：其过载能力较低，具有闭环控制 PID 调节功能，并具有"一控多"的切换功能。

3）高性能变频器：通常指具有矢量控制，并能进行四象限运行的变频器，主要用于对机械特性和动态响应要求较高的场合。

4）具有电源再生功能的变频器：当变频器中直流母线上的再生电压过高时，能将直流电源逆变成三相交流电反馈给电网，这种变频器主要用于电动机长时间处于再生状态的场合，如起重机械的吊钩电动机等。

5）其他专业变频器：如电梯专业变频器、纺织专业变频器、张力控制专业变频器、中频变频器等。

（4）按变换环节分类

1）交-交变频器：把频率固定的交流电源直接变换成频率连续可调的交流电源。其主要优点是没有中间环节，变频效率高，但其连续可调的频率范围窄，一般为额定频率的1/2以下；主要用于容量大、低速的场合。

2）交-直-交变频器：先把频率固定的交流电变成直流电，再把直流电逆变成频率可调的三相交流电。在此类装置中，用不可控整流电路，则输入功率因数不变；用PWM逆变电路，则输出谐波减小。

PWM逆变器需要全控式电力电子器件，其输出谐波减小的程度取决于PWM的开关频率，而开关频率则受器件开关时间的限制。

采用P-MOSFET或IGBT时，开关频率可达20kHz以上，输出波形已经非常接近正弦波，因而又称之为正弦脉宽调制（SPWM）逆变器。由于把直流电逆变成交流电的环节较易控制，因此，这种交-直-交变频器在频率的调节范围以及改善变频后电动机的特性等方面都具有明显的优势。目前迅速普及应用的主要是这种变频器。

（5）按直流环节的储能方式分类

1）电压源型变频器：在交-直-交变频器装置中，当中间直流环节采用大电容滤波时，直流电压波形比较平直，在理想情况下，这种变频器是一个内阻为零的恒压源，输出的交流电压是矩形波或阶梯波，这类变频装置叫作电压源型变频器，如图8-4所示。

2）电流源型变频器：当交-直-交变频器装置中的中间直流环节采用大电感滤波时，输出的交流电流是矩形波或阶梯波，这类变频装置称为电流源型变频器，如图8-5所示。

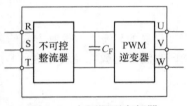

图 8-4 电压源型变频器

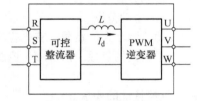

图 8-5 电流源型变频器

8.2 变频器的选择方法与容量计算方法

8.2.1 变频器的选择方法

因电力拖动系统的稳态工作情况取决于电动机和负载的机械特性，不同负载的机械特性和性能要求是不同的。故在选择变频器时，首先要了解负载的机械特性。

1. 对恒转矩负载变频器的选择

在工矿企业中应用比较广泛的带式输送机、桥式起重机等都属于恒转矩负载类型，如图8-6所示。传送带

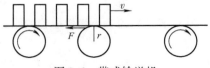

图 8-6 带式输送机

的负载力矩为传动带与滚筒间的摩擦阻力 F 和滚筒的半径 r 的乘积,即

$$T_L = Fr \tag{8-1}$$

由于摩擦阻力 F 和半径 r 都与转速的快慢无关,所以在调节转速 n_L 的过程中,转矩保持不变,即具有恒转矩的特点。提升类负载也属于恒转矩负载类型,其特殊之处在于正转和反转时有着相同方向的转矩。

(1) 恒转矩负载及其特性

1) 转矩特性。

在不同的转速下,负载的转矩基本恒定:

$$T_L = 常数$$

即负载转矩的大小与转速的高低无关,其机械特性曲线如图8-7a所示。

2) 功率特性。

负载的功率 P_L(单位为kW)、转矩 T_L(单位为 N·m),与转速 n_L 之间的关系是

$$P_L = \frac{T_L n_L}{9550} \tag{8-2}$$

即,负载功率与转速成正比,其功率曲线如图8-7b所示。

(2) 变频器的选择

在选择变频器类型时,需要考虑的因素有以下几个。

1) 调速范围。

在调速范围不大、对机械特性的硬度要求也不高的情况下,可考虑选择较为简易的只有 U/f 控制方式的变频器,或无反馈的矢量控制方式。当调速范围很大时,应考虑采用有反馈的矢量控制方式。

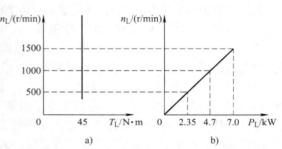

图8-7 恒转矩负载的机械特性与功率特性
a) 机械特性 b) 功率特性

2) 负载转矩的变动范围。

对于转矩变动范围不大的负载,首先应考虑选择较为简易的只有 U/f 控制方式的变频器。但对于转矩变动范围较大的负载,由于 U/f 控制方式不能同时满足重载与轻载时的要求,故不宜采用 U/f 的控制方式。

3) 负载对机械特性的要求。

如果负载对机械特性要求不很高,则可考虑选择较为简易的只有 U/f 控制方式的变频器,而在要求较高的场合,则必须采用矢量控制方式。如果负载对动态响应性能也有较高要求,还应考虑采用有反馈的矢量控制方式。

2. 对恒功率负载变频器的选择

各种卷取机械是恒功率负载类型,如造纸机械、各种薄膜的卷取机械,如图8-8所示。其工作特点是:随着"卷取机械中"卷径的不断增大,卷取辊的转速应逐渐减小,以保持薄膜的线速度恒定,从而也保持了张力的恒定。

其负载转矩的大小为卷取物的张力 F 与卷取物的卷取半径 r 的乘积,即

$$T_L = Fr \tag{8-3}$$

随着卷取物不断地卷绕到卷取辊上,r 将越来越大,由于具有以

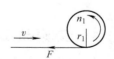

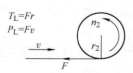

图8-8 薄膜的卷取机械

上特点,因此在卷取过程中,拖动系统的功率是恒定的,随着卷绕过程的不断进行,被卷物的直径不断加大,负载转矩也不断加大。

(1) 恒功率负载及其特性

1) 转矩特性。

由 $P_L = \dfrac{T_L n_L}{9550}$ 整理可得

$$T_L = \dfrac{9550 P_L}{n_L} \quad (8\text{-}4)$$

即,负载转矩的大小与转速成反比,机械特性如图 8-9a 所示。

2) 功率特性。

在不同的转速下,负载的功率基本恒定,有

$$P_L = 常数$$

即,负载功率的大小与转速的高低无关,其功率特性曲线如图 8-9b 所示。

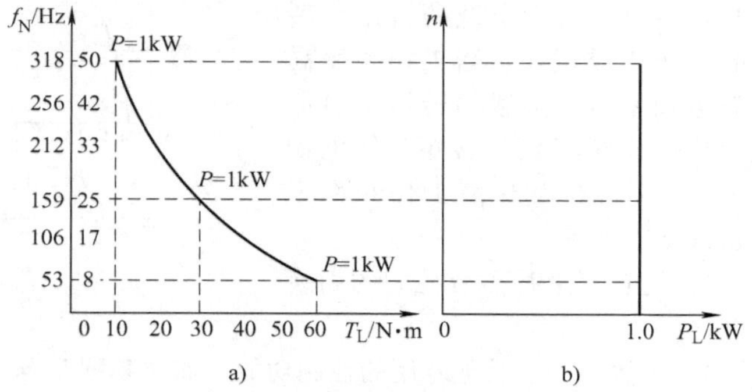

图 8-9 恒功率负载的机械特性与功率特性
a) 机械特性 b) 功率特性

(2) 变频器的选择

变频器可选择通用型的,采用 U/f 控制方式已经足够。但对动态性能有较高要求的卷取机械,则必须采用具有矢量控制功能的变频器。

3. 对二次方律负载变频器的选择

离心式风机和水泵都属于典型的二次方律负载。以风扇叶片为例,如图 8-10 所示。事实上,即使在空载的情况下,电动机的输出轴上也会有损耗转矩,如摩擦转矩等。因此严格地讲,其转矩表达式应为

$$T_L = T_0 + K_T n_L^2 \quad (8\text{-}5)$$

图 8-10 风扇叶片

式中 T_0——空载转矩;

K_T——转矩常数。

功率表达式为

$$P_L = P_0 + K_T n_L^3 \quad (8\text{-}6)$$

(1) 二次方律负载及其特性

1) 转矩特性。

负载的转矩 T_L 与转速 n_L 的二次方成正比,即

$$T_L = K_T n_L^2 \quad (8\text{-}7)$$

其机械特性曲线如图 8-11a 所示。

2) 功率特性。

将式 (8-7) 代入 $P_L = \dfrac{T_L n_L}{9550}$ 中,整理可得负载的功率 P_L 与转速 n_L 的三次方成正比,即

$$P_L = \dfrac{K_T n_L^2 n_L}{9550} = K_P n_L^3 \quad (8\text{-}8)$$

式中 K_P——二次方律负载的功率常数。

其功率特性曲线如图 8-11b 所示。

(2) 变频器的选择

大部分生产变频器的工厂都提供了风机、水泵用变频器,可以选用。其主要特点是:

1) 风机和水泵一般不容易过载,所以,这类变频器的过载能力较低,为120%,1min(通用变频器为150%,1min),在进行功能预置时必须注意。由于负载的转矩与转速的二次方成正比,当工作频率高于额定频率时,负载的转矩有可能大大超过变频器额定转矩,使电动机过载。所以,其最高工作频率不得超过额定频率。

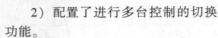

图 8-11 二次方律负载的机械特性与功率特性
a) 机械特性　b) 功率特性

2) 配置了进行多台控制的切换功能。

3) 配置了一些其他专用的控制功能,如"睡眠"与"唤醒"功能、PID调节功能。

4. 对直线律负载变频器的选择

轧钢机和辗压机等都是直线律负载。辗压机如图8-12所示。负载转矩的大小取决于辗压辊与工件间的摩擦阻力F与辗压辊的半径r的乘积,即

$$T_L = Fr \qquad (8-9)$$

在工件厚度相同的情况下,要使工件的线速度v加快,必须同时加大上、下辗压辊间的压力,从而也加大了摩擦力F,即摩擦力与线速度v成正比,故负载的转矩与转速成正比。

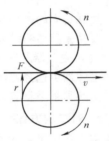

图 8-12 辗压机示意图

(1) 直线律负载及其特性

1) 转矩特性。

负载转矩与转速成正比,即

$$T_L = K'_T n_L \qquad (8-10)$$

其机械特性曲线如图 8-13a 所示。

2) 功率特性。

将式(8-10)代入 $P_L = \dfrac{T_L n_L}{9550}$ 中,可知负载的功率 P_L 与转速 n_L 的二次方成正比,即

$$P_L = \frac{K'_T n_L n_L}{9550} = K'_T n_L^2 \qquad (8-11)$$

功率特性曲线如图8-13b所示。

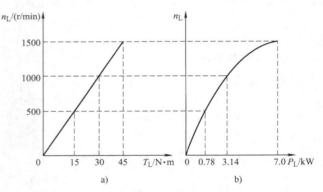

图 8-13 直线律负载的机械特性与功率特性
a) 机械特性　b) 功率特性

(2) 变频器的选择

直线律负载的机械特性虽然也有典型意义,但在考虑变频器时的基本要点与二次方律负载相同,故不作为典型负载来讨论。

5. 对混合特殊性负载变频器的选择

大部分金属切削机床是混合特殊性负载的典型例子。

(1) 混合特殊性负载及其特性

金属切削机床中的低速段,由于工件的最大加工半径和允许的最大切削力相同,故具有恒转矩性质;而在高速段,由于受到机械强度的限制,将保持切削功率不变,属于恒功率性质。

以某龙门刨床为例，其切削速度小于 25m/min 时，为恒转矩特性区，切削速度大于 25m/min 时，为恒功率特性区。其机械特性如图 8-14a 所示，而功率特性则如图 8-14b 所示。

(2) 变频器的选择

金属切削机床除了在切削加工毛坯时，负载大小有较大变化外，其他切削加工过程中，负载的变化通常是很小的。就切削精度而言，选择 U/f 控制方式能够满足要求，但从节能角度看并不理想。

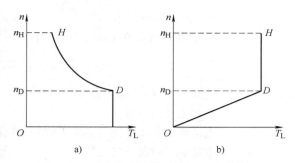

图 8-14 混合负载的机械特性和功率特性
a) 机械特性 b) 功率特性

矢量变频器在无反馈矢量控制方式下，已经能够在 0.5Hz 时稳定运行，完全可以满足要求。而且无反馈矢量控制方式能够克服 U/f 控制方式的缺点。

当机床对加工精度有特殊要求时，才考虑有反馈矢量控制方式。

目前，国内外已有众多生产厂家定型生产多个系列的变频器，使用时应根据实际需要选择满足使用要求的变频器。

1) 对于风机和泵类负载，由于低速时转矩较小，对过载能力和转速精度要求较低，故选用价廉的变频器。

2) 对于希望具有恒转矩特性，但在转速精度及动态性能方面要求不高的负载，可选用无矢量控制型的变频器。

3) 对于低速时要求有较硬的机械特性，并要求有一定的调速精度，在动态性能方面无较高要求的负载，可选用不带速度反馈的矢量控制型的变频器。

4) 对于某些对调速精度及动态性能方面都有较高要求，以及要求高精度同步运行的负载，可选用带速度反馈的矢量控制型的变频器。

当然，在选择变频器时，除了考虑以上因素以外，价格和售后服务等其他因素也应考虑在内。

8.2.2 变频器的容量计算

1. 驱动一台电动机连续运转的变频器容量

对于驱动一台电动机连续运转的变频器容量必须同时满足以下三项要求：

(1) 满足负载输出

$$\frac{kP_M}{\eta\cos\varphi} \leqslant 变频器容量(kV \cdot A) \qquad (8-12)$$

式中　k——电流波形补偿系数，PWM 方式的变频器为 1.05~1.1；

　　　P_M——负载要求的电动机轴输出功率 (kW)；

　　　η——电动机效率（通常取 0.85）；

　　　$\cos\varphi$——电动机功率因数（通常取 0.75）。

(2) 满足电动机容量

$$k \times \sqrt{3} U_E I_E \times 10^{-3} \leqslant 变频器容量(kV \cdot A) \qquad (8-13)$$

式中　U_E——电动机额定电压 (V)；

　　　I_E——电动机额定电流 (A)。

(3) 满足电动机电流

$$kI_E \leqslant 变频器容量(kV \cdot A) \qquad (8-14)$$

2. 单台变频器驱动多台电动机的变频器容量

驱动多台电动机时，变频器容量必须同时满足以下两项要求：

(1) 满足驱动时的容量要求

1) 对于电动机加速时间在1min以内，有

$$\frac{kP_M}{\eta\varphi}[N_T+N_s(k_s-1)]=P_{C1}[1+\frac{N_s}{N_T}(k_s-1)]\leq 1.5\times 变频器容量(kV\cdot A) \quad (8-15)$$

式中 P_{C1}——连续容量（kV·A）；

N_T——并列电动机台数；

k_s——电动机的起动电流与电动机的额定电流之比；

N_s——电动机同时起动的台数。

2) 对于电动机加速时间在1min以上，有

$$\frac{kP_M}{\eta\varphi}[N_T+N_s(k_s-1)]=P_{C1}[1+\frac{N_s}{N_T}(k_s-1)]\leq 变频器容量(kV\cdot A) \quad (8-16)$$

(2) 满足电动机电流要求

1) 对于电动机加速时间在1min以内，有

$$N_T I_M[1+\frac{N_s}{N_T}(k_s-1)]\leq 1.5\times 变频器容量(kV\cdot A) \quad (8-17)$$

2) 对于电动机加速时间在1min以上，有

$$N_T I_M[1+\frac{N_s}{N_T}(k_s-1)]\leq 变频器容量(kV\cdot A) \quad (8-18)$$

3. 对加速时间有特殊要求的变频器容量

对加速时间有特殊要求时，在指定加速时间情况下，变频器容量还必须满足以下要求：

$$\frac{kn}{937\eta\cos\varphi}T_1+\frac{GD^2 n}{375t_A}\leq 变频器容量(kV\cdot A) \quad (8-19)$$

式中 GD^2——电动机飞轮力矩（kg·m²）；

t_A——电动机加速时间（m/s²）；

T_1——负载转矩（N·m）；

n——电动机额定转速（r/min）。

8.2.3 变频器外围设备的选择方法

变频器的外围设备通常包括空气断路器、交流接触器、交流电抗器、无线电噪声滤波器、制动电阻、直流电抗器、输出交流电抗器等设备。外围设备可根据实际需要选择。

1. 空气断路器

空气断路器是一种能正常接触和断开电路，还能在过电流、逆电流、短路、欠电压、失电压等非正常情况下动作的自动装置。其作用是保护交、直流电路内的电气设备，也可在不频繁地操作电路中，用于快速切断变频器，防止变频器及其线路故障导致的电源故障。选择时应考虑线路频率、额定电压、额定电流、额定短路分断能力等方面的要求。

2. 交流接触器

交流接触器是用来频繁远距离接通和分断交、直流电路或大容量控制电路的电器设备，在变频器发生故障时，自动切断电源并防止掉电及故障后的再起动。选择时应首先考虑线路额定电压、额定电流满足电动机额定负载的要求，此外还要考虑交流接触器的线圈控制电压要求。

3. 交流电抗器

交流电抗器的主要功能是防止电源电网的谐波干扰，改善输入功率因数，降低高次谐波及

抑制电源浪涌。通常在以下情况下使用交流电抗器：

1) 电源容量与变频器容量之比为 10:1 以上。
2) 电源上接有晶闸管负载或有开关控制的功率补偿装置。
3) 三相电源电压不平衡度≥3%。
4) 需要改善输入侧功率因数。

选择时应满足线路电压，根据电动机容量、电流值要求进行选择。

4. 无线电噪声滤波器

无线电噪声滤波器又叫电源滤波器，其作用是抑制从金属管线上传导无线电信号到设备中，或抑制干扰信号从干扰源设备通过电源线的传导，主要用于抑制干扰信号从变频器通过电源线传导到电源或电动机中，以减小变频器产生的无线电干扰。选择时应考虑线路电压，根据电动机容量、变频器容量的要求。

5. 制动电阻

制动电阻通常在制动力矩不能满足要求时选用，适用于大惯量负载及频繁制动或快速停车的场合。制动电阻必须垂直安装并紧固在隔热的面板上，其上部、下部必须留有至少 100mm 的间隙，制动电阻的两侧不应妨碍冷却空气的流通。制动电阻的过热保护是通过热敏开关（随制动电阻一起供货）来实现的，变频器的电源电压要经过接触器接入，一旦制动电阻过热，接触器将在热敏开关的作用下断开变频器的供电电源。热敏开关的触头与接触器的线圈电源串联，如图 8-15 所示，在制动电阻的温度降低以后，热敏开关的触头将重新闭合。

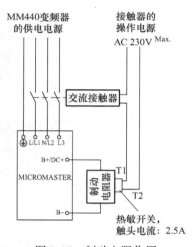

图 8-15 制动电阻作用

6. 直流电抗器

直流电抗器的主要功能是抑制变频器产生的高次谐波，改善功率因数，抑制电流尖峰。选择时应考虑线路电压、额定电流、电动机最大容量和变频器容量四方面要求选择。

7. 输出交流电抗器

输出交流电抗器的主要功能是抑制变频器产生的高频干扰波对电源侧滤波器的影响，同时抑制变频器的发射干扰和感应干扰，抑制电动机电压的波动。选择时应考虑线路电压、额定电流、电动机最大容量和变频器容量四方面要求选择。

▶ 8.3 西门子 MM440 变频器

8.3.1 MM440 变频器简介

西门子 MM440 变频器外观如图 8-16 所示，MM440 接线端子图如图 8-17 所示。其中：

1#、2#为输出控制电压，1#为 +10V 电压，2#为 0V 电压；
3#为模拟量输入 1（AIN1）"+"端；
4#为模拟量输入 1（AIN1）"-"端；
5# ~ 8#、16#、17#为开关量输入端（DIN1 ~ DIN6）；
9#为输出开关量控制电压 +24V；

图 8-16 西门子 MM440 变频器外观

自动调速系统

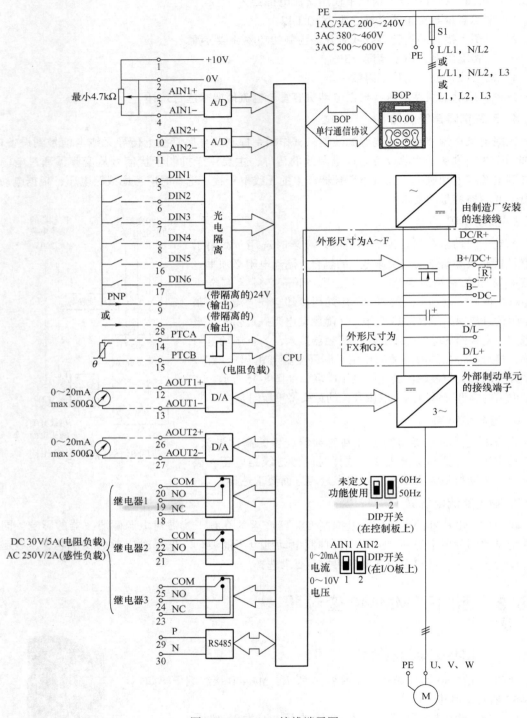

图 8-17 MM440 接线端子图

10#为模拟量输入 2（AIN2）"+"端；
11#为模拟量输入 2（AIN2）"-"端；
12#为模拟量输出 1（AOUT1）"+"端；

13#为模拟量输出1（AOUT1)"-"端；

14#、15#为电动机热保护输入端；

18#~20#为输出继电器1对外输出的触点，18#为常闭，19#为常开，20#为公共端；

21#、22#为输出继电器2对外输出的触点，21#为常开，22#为公共端；

23#~25#为输出继电器3对外输出的触点，23#为常闭，24#为常开，25#为公共端；

26#为模拟量输出2（AOUT2)"+"端；

27#为模拟量输出2（AOUT2)"-"端；

28#为开关量外接控制电源的接地端；

29#、30#为RS485通信端口。

模拟输入1（AIN1）可以用于0~10V、0~20mA和-10~+10V。

模拟输入2（AIN2）可以用于0~10V和0~20mA。

模拟输入回路可以另行配置，用于提供两个附加的数字输入（DIN7和DIN8），如图8-18所示。当模拟输入作为数字输入时，电压门限值如下：DC 1.75V = OFF，DC 3.70V = ON。

端子9（24V）在作为数字量输入使用时，也可用于驱动模拟量输入。端子2和28（0 V）必须连接在一起。

MM440变频器模拟量输入可作为数字量输入使用（通过设定）。图8-18所示为模拟量输入作为数字量输入时外部线路的连接方法。

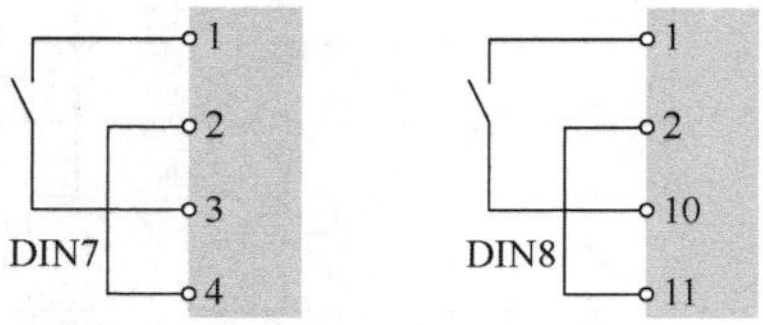

图8-19为西门子MM440变频器的端子的连接，打开变频器的盖子后就可以连接电源和电动机的接线端子，电源和电动机的接线必须按照图8-20所示的方法进行，同时，接线时应将主电路与控制电路分别走线，控制电路要用屏蔽电缆。

图8-18 模拟量输入作为数字量输入时外部线路的连接

通常允许变频器在具有很强电磁干扰的工业环境下运行，如果安装的质量良好，就可以确保安全和无故障运行。若运行中遇到问题，可按下面的措施进行处理：

1）确保机柜内的所有设备都已用短而粗的接地电缆可靠地连接到公共的星形接地点或公共的接地母线。

2）确保与变频器连接的任何控制设备例如PLC，也像变频器一样用短而粗的接地电缆连接到同一个接地网或星形接地点。

3）由电动机返回的接地线直接连接到控制该电动机的变频器的接地端子PE上。

4）接触器的触头最好是扁平的，因为它们在高频时阻抗较低。

5）截断电缆端头时，应尽可能整齐，保证未经屏蔽的线段

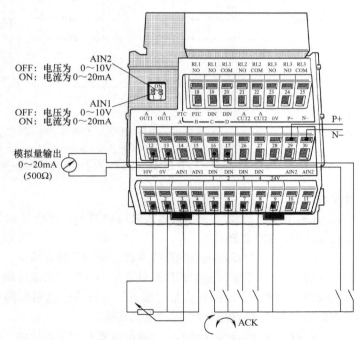

图8-19 MM440变频器的端子的连接

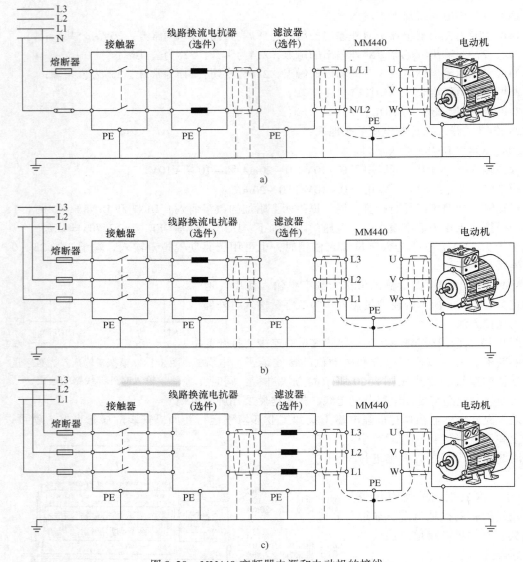

图 8-20 MM440 变频器电源和电动机的接线
a) 外形尺寸为 A～F 型单相变频器接线　b) 外形尺寸为 A～F 型三相变频器接线
c) 外形尺寸为 FX 和 GX 型三相变频器接线

尽可能短。

6) 控制电缆的布线应尽可能远离供电电源线，使用单独的走线槽，在必须与电源线交叉时，相互应采取 90°直角交叉。

7) 无论何时，与控制电路的连接线都应采用屏蔽电缆。

8) 确保机柜内安装的接触器应是带阻尼的，即在交流接触器的线圈上连接有 *RC* 阻尼回路，在直流接触器的线圈上连接有续流二极管，安装压敏电阻对抑制过电压也是有效的，当接触器由变频器的继电器进行控制时，这一点尤其重要。

9) 接到电动机的连接线应采用屏蔽的或带有铠甲的电缆，并用电缆接线卡子将屏蔽层的两端接地。

8.3.2 MM440 变频器参数设置方法

1. MM440 变频器操作面板

MM440 变频器操作面板如图 8-21 所示，各按键的作用见表 8-1。

图 8-21　基本操作面板（BOP）上的按键

表 8-1　基本操作面板（BOP）上各按键的作用

显示/按键	功能	功能说明
r0000	状态显示 LCD	显示变频器当前设定值
I	起动变频器	按此键起动变频器，默认值运行时此键是被封锁的，为了使此键的操作有效，应设定 P0700 = 1
O	停止变频器	OFF1：按此键，变频器将按选定的斜坡下降速率减速停车，默认值运行时，此键被封锁，为了使此键的操作有效，应设定 P0700 = 1 OFF2：按此键两次或一次但时间较长，电动机将在惯性作用下自由停车，此功能总是使能的
⟲	改变电动机的转动方向	按此键可以改变电动机的转动方向，电动机的反向用负号表示或用闪烁的小数点表示，默认值运行时此键是被封锁的，为了使此键的操作有效，应设定 P0700 = 1
jog	电动机点动	在变频器无输出的情况下，按此键将使电动机起动并按预设定的点动频率运行，释放此键时，变频器停车，如果变频器/电动机正在运行，按此键将不起作用
Fn	功能	此键用于浏览变频器辅助信息，运行过程中，在显示任何一个参数时按下此键并保持不动 2s，将显示以下参数值，在变频器运行中从任何一个参数开始： 1）直流回路电压用 d 表示，单位为 V 2）输出电流，单位为 A 3）输出频率，单位为 Hz 4）输出电压用 o 表示，单位为 V 5）显示在参数 P0005 中选定的数值 连续多次按下此键将轮流显示以上参数跳转功能 在显示任何一个参数 rXXXX 或 PXXXX 时，短时间按下此键，将立即跳转到 r0000，如果需要的话，可以接着修改其他的参数，跳转到 r0000 后，按此键将返回原来的显示点 在出现故障或报警的情况下，按此键可以将操作板上显示的故障或报警信息复位

(续)

显示/按键	功能	功能说明
Ⓟ	访问参数	按此键即可访问参数
▲	增加数值	按此键即可增加面板上显示的参数数值
▼	减少数值	按此键即可减少面板上显示的参数数值

2. MM440 变频器参数设置方法

例如，将参数 P0010 设置值由默认的 0 改为 30 的操作流程。

1）按接线图完成接线，检查无误后可送电。送电后面板显示如图 8-22 所示。

8-1 MM440 变频器参数设置示例

2）按编程键（P 键），LED 显示器显示 "r0000"，如图 8-23 所示。

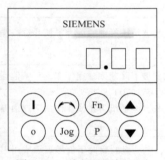

图 8-22 送电后面板显示

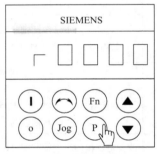

图 8-23 操作步骤 2

3）按上升键（▲键），直到 LED 显示器显示 "P0010"，如图 8-24 所示。

4）按编程键（P 键）两次，LED 显示器显示 P0010 参数默认的数值 "0"，如图 8-25 所示。

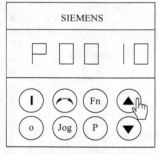

图 8-24 操作步骤 3

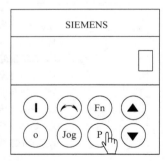

图 8-25 操作步骤 4

5）按上升键（▲键），LED 显示器的显示值会增大，如增大到 "30"，如图 8-26 所示。

6）当达到设置的数值，如 "30" 时，按编程键（P 键）确认当前设定值，如图 8-27 所示。

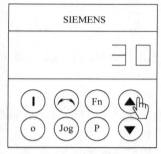

图 8-26 操作步骤 5

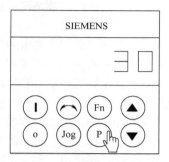

图 8-27 操作步骤 6

7）按编程键（P 键）后，LED 显示器显示 "P0010"，此时 P0010 参数的数值被修改成 "30"，如图 8-28 所示。

8）按照上述步骤可对变频器的其他参数进行设置。

9）当所有参数设置完毕后，可按功能键（Fn 键）返回，如图 8-29 所示。

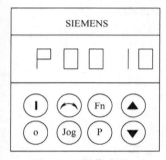

图 8-28 操作步骤 7

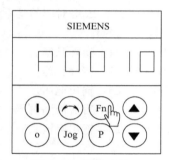

图 8-29 操作步骤 9

10）按功能键（Fn 键）后，面板显示 "r0000"，如图 8-30 所示。

11）再次按下编程键（P 键），进入 r0000 的显示状态，显示当前参数，如图 8-31 所示。

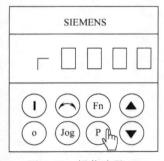

图 8-30 操作步骤 10

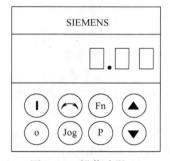

图 8-31 操作步骤 11

8.3.3　MM440 变频器常用参数简介

（1）驱动装置的显示参数 r0000

功能：显示用户选定的由 P0005 定义的输出数据。

说明：按下 Fn 键并持续 2s，用户就可看到直流回路电压、输出电流和输出频率的数值以及选定的 r0000（设定值在 P0005 中定义）。电流、电压大小只能通过 r0000 参数显示读取，不能使用万用表测量。这是因为万用表只能测量频率为 50Hz 的正弦交流电，变频器的输出不是 50Hz 的正弦交流电，所以万用表的读数是没有意义的。

（2）用户访问级参数 P0003

功能：用于定义用户访问参数组的等级。

说明：对于大多数简单的应用对象，采用默认设定值标准模式就可以满足要求可能的设定值，但如果 P0005 显示转速设定，必须设定 P0003 = 3。

设定范围：0~4。

- P0003 = 0：用户定义的参数表，有关使用方法的详细情况可参看 P0013 的说明。
- P0003 = 1：标准级，可以访问最常使用的一些参数。
- P0003 = 2：扩展级，允许扩展访问参数的范围，例如变频器的 I/O 功能。
- P0003 = 3：专家级，只供专家使用。
- P0003 = 4：维修级，只供授权的维修人员使用，具有密码保护。

出厂默认值：1。

（3）显示选择参数 P0005

功能：选择参数 r0000（驱动装置的显示）要显示的参量，任何一个只读参数都可以显示。

说明：设定值 21，25 等对应的是只读参数号 r0021，r0025 等。

设定范围：2~2294。

- P0005 = 21：实际频率。
- P0005 = 22：实际转速。
- P0005 = 25：输出电压。
- P0005 = 26：直流回路电压。
- P0005 = 27：输出电流。

出厂默认值：21。

注意：如果 P0005 显示转速设定，必须设定 P0003 = 3。

（4）调试参数过滤器 P0010

功能：对与调试相关的参数进行过滤，只筛选出那些与特定功能组有关的参数。

设定范围：0~30。

- P0010 = 0：准备。
- P0010 = 1：快速调试。
- P0010 = 2：变频器。
- P0010 = 29：下载。
- P0010 = 30：工厂的设定值。

出厂默认值：0。

注意：在变频器投入运行之前应设 P0010 = 0。

（5）使用地区参数 P0100

功能：用于确定功率设定值。例如，铭牌的额定功率默认值 P0307 的单位是 kW 还是 hp（1hp = 735W）。

说明：除了基准频率 P2000 以外，还有铭牌的额定频率默认值 P0310 和最大电动机频率默认值 P1082 的单位也都在这里自动设定。

设定范围：0~2。

- P0100 = 0：单位为 kW，频率默认值为 50 Hz。
- P0100 = 1：单位为 hp，频率默认值为 60 Hz。
- P0100 = 2：单位为 kW，频率默认值为 60 Hz。

出厂默认值：0。

注意：本参数只能在 P0010 = 1 快速调试时进行修改。

(6) 电动机的额定电压参数 P0304

功能：设置电动机铭牌数据中的额定电压。

说明：设定值的单位为 V。

设定范围：10~2000。

出厂默认值：400。

(7) 电动机额定电流参数 P0305

功能：设置电动机铭牌数据中的额定电流。

说明：1) 设定值的单位为 A。

   2) 对于异步电动机，电动机电流的最大值定义为变频器最大电流 r0209。

   3) 对于同步电动机，电动机电流的最大值定义为变频器最大电流 r0209 的两倍。

   4) 电动机电流的最小值定义为变频器额定电流 r0207 的 1/32。

设定范围：0.01~10000.00。

出厂默认值：3.25。

(8) 电动机额定功率参数 P0307

功能：设置电动机铭牌数据中的额定功率。

说明：设定值的单位为 kW。

设定范围：0.01~2000.00。

出厂默认值：0.75。

注意：本参数只能在 P0010 = 1 快速调试时进行修改。

(9) 电动机额定功率因数参数 P0308

功能：设置电动机铭牌数据中额定功率因数。

说明：1) 只能在 P0010 = 1 快速调试时进行修改。

   2) 当参数的设定值为 0 时将由变频器内部来计算功率因数。

设定范围：0.000~1.000。

出厂默认值：0.000。

(10) 电动机额定频率参数 P0310

功能：设置电动机铭牌数据中的额定频率。

说明：设定值的单位为 Hz。

设定范围：12.00~650.00。

出厂默认值：50。

(11) 电动机额定转速参数 P0311

功能：设置电动机铭牌数据中的额定转速。

说明：1) 设定值的单位为 r/min。

   2) 参数的设定值为 0 时，将由变频器内部来计算电动机的额定速度。

   3) 对于带有速度控制器的矢量控制和 U/f 控制方式必须有这一参数值。

   4) 在 U/f 控制方式下需要进行滑差补偿时，必须要有这一参数才能正常运行。

   5) 如果这一参数进行了修改，变频器将自动重新计算电动机的极对数。

设定范围：0~40000。

出厂默认值：1390。

注意：本参数只能在 P0010 = 1 快速调试时进行修改。

自动调速系统

(12) 选择命令源参数 P0700

功能：选择数字量的命令信号源。

设定范围：0~99。

- P0700 = 0：工厂的默认设置。
- P0700 = 1：由 BOP 键盘设置。
- P0700 = 2：由端子排输入。
- P0700 = 4：通过 BOP 链路的 USS 设置。
- P0700 = 5：通过 COM 链路的 USS 设置。
- P0700 = 6：通过 COM 链路的通信板（CB）设置。

出厂默认值：2。

注意：改变 P0700 参数时，同时也使所选项目的全部设置值复位为工厂的默认设置值。

(13) 数字量输入 1 的功能参数 P0701

功能：选择数字量输入 1（5#引脚）的功能。

设定范围：0~99。

- P0701 = 0：禁止数字量输入。
- P0701 = 01：接通正转/停车命令 1。
- P0701 = 02：接通反转/停车命令 1。
- P0701 = 010：正向点动。
- P0701 = 011：反向点动。
- P0701 = 012：反转。
- P0701 = 013：MOP（电动电位计）升速（增加频率）。
- P0701 = 014：MOP 降速（减少频率）。
- P0701 = 015：固定频率设置（直接选择）。
- P0701 = 016：固定频率设置（直接选择 + 起动命令）。
- P0701 = 017：固定频率设置（二进制编码选择 + 起动命令）。

出厂默认值：1。

(14) 数字量输入 2 的功能参数 P0702

功能：选择数字量输入 2（6#引脚）的功能。

设定范围：0~99。

- P0702 = 0：禁止数字量输入。
- P0702 = 01：接通正转/停车命令 1。
- P0702 = 02：接通反转/停车命令 1。
- P0702 = 010：正向点动。
- P0702 = 011：反向点动。
- P0702 = 012：反转。
- P0702 = 013：MOP（电动电位计）升速（增加频率）。
- P0702 = 014：MOP 降速（减少频率）。
- P0702 = 015：固定频率设置（直接选择）。
- P0702 = 016：固定频率设置（直接选择 + 起动命令）。
- P0702 = 017：固定频率设置（二进制编码选择 + 起动命令）。

出厂默认值：12。

(15) 数字量输入 3 的功能参数 P0703

功能：选择数字量输入 3（7#引脚）的功能。
设定范围：0~99。

- P0703 = 0：禁止数字量输入。
- P0703 = 01：接通正转/停车命令 1。
- P0703 = 02：接通反转/停车命令 1。
- P0703 = 09：故障确认。
- P0703 = 010：正向点动。
- P0703 = 011：反向点动。
- P0703 = 012：反转。
- P0703 = 013：MOP（电动电位计）升速（增加频率）。
- P0703 = 014：MOP 降速（减少频率）。
- P0703 = 015：固定频率设置（直接选择）。
- P0703 = 016：固定频率设置（直接选择 + 起动命令）。
- P0703 = 017：固定频率设置（二进制编码选择 + 起动命令）。

出厂默认值：9。

(16) 数字量输入 4 的功能参数 P0704

功能：选择数字量输入 3（7#引脚）的功能。
设定范围：0~99。

- P0703 = 0：禁止数字量输入。
- P0703 = 01：接通正转/停车命令 1。
- P0703 = 02：接通反转/停车命令 1。
- P0703 = 09：故障确认。
- P0703 = 010：正向点动。
- P0703 = 011：反向点动。
- P0703 = 012：反转。
- P0703 = 013：MOP（电动电位计）升速（增加频率）。
- P0703 = 014：MOP 降速（减少频率）。
- P0703 = 015：固定频率设置（直接选择）。
- P0703 = 016：固定频率设置（直接选择 + 起动命令）。
- P0703 = 017：固定频率设置（二进制编码选择 + 起动命令）。

出厂默认值：15。

(17) 频率设定值的选择参数 P1000

功能：设置频率设定值方式的信号源。
设定范围：0~66。

- P1000 = 1：MOP 设定值。
- P1000 = 2：模拟设定值。
- P1000 = 3：固定频率。

出厂默认值：2。

(18) 最低频率参数 P1080

功能：设定电动机运行的最低频率。
说明：设定值的单位为 Hz。
设定范围：0.00~650.00。

出厂默认值：0.00。

（19）最高频率参数 P1082

功能：设定电动机运行的最高频率。

说明：设定值的单位为 Hz。

设定范围：0.00~650.00。

出厂默认值：50.00。

（20）斜坡上升时间参数 P1120

功能：斜坡函数曲线不带平滑圆弧时，电动机从静止状态加速到最高频率（设定参数为 P1082）所用的时间，如图 8-32 所示。

说明：如果设定的斜坡上升时间太短，就有可能导致变频器跳闸过电流。

设定范围：0.00~650.00。

出厂默认值：10.00。

（21）斜坡下降时间参数 P1121

功能：斜坡函数曲线不带平滑圆弧时，电动机从最高频率（P1082）减速到静止停车所用的时间，如图 8-33 所示。

说明：如果设定的斜坡下降时间太短，就有可能导致变频器跳闸过电流、过电压。

设定范围：0.00~650.00。

出厂默认值：10.00。

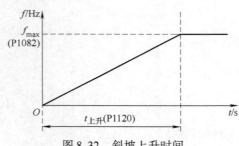
图 8-32　斜坡上升时间

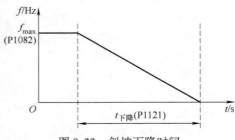
图 8-33　斜坡下降时间

（22）固定频率 1~15 参数 P1001~P1015

功能：定义固定频率 1~15 的设定值。

说明：设定值的单位为 Hz。

设定范围：-650.00~650.00。

（23）变频器控制方式参数 P1300

功能：控制电动机速度和变频器输出电压之间的相对关系，如图 8-34 所示。

设定范围：

- P1300 = 0：线性特性的 U/f 控制。
- P1300 = 1：带磁通电流控制（FCC）的 U/f 控制。
- P1300 = 2：带抛物线特性（二次方特性）的 U/f 控制。
- P1300 = 3：特性曲线可编程的 U/f 控制。
- P1300 = 4：ECO（节能运行）方式的 U/f 控制。
- P1300 = 5：用于纺织机械的 U/f 控制。

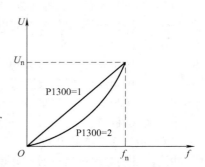
图 8-34　电动机速度和变频器输出电压之间的相对关系

- P1300 = 6：用于纺织机械的带 FCC 功能的 U/f 控制。
- P1300 = 19：具有独立电压设定值的 U/f 控制。
- P1300 = 20：无传感器的矢量控制。
- P1300 = 21：带有传感器的矢量控制。
- P1300 = 22：无传感器的矢量 – 转矩控制。
- P1300 = 23：带有传感器的矢量 – 转矩控制。

8-2 MM440变频器复位工厂默认值与设置电机参数

8.3.4 MM440 变频器的常用控制设置

（1）将变频器复位为出厂的默认值

其操作流程如图 8-35 所示。

大约需要 10s 才能完成复位的全部过程，将变频器的参数复位为出厂的默认设置值。

（2）设置电动机参数
- P0010 = 1：快速调试。
- P0100 = 0：功率［kW］，频率默认为 50Hz。
- P1300 = 0：线性特性的 U/f 控制。
- P0304 = 380：电动机的额定电压［V］。
- P0305 = 1.12：电动机的额定电流［A］。
- P0307 = 0.37：电动机的额定功率［kW］。
- P0310 = 50：电动机的额定功率［Hz］。
- P0311 = 1400：电动机的额定转速［r/min］。

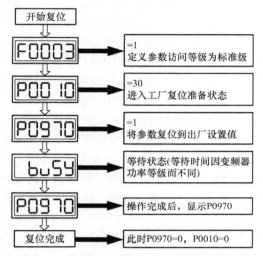

图 8-35 复位为出厂的默认设置值操作流程

（3）模拟量频率控制方式的设定值
- P1120 = 上升时间。
- P1121 = 下降时间。
- P1000 = 2：选择模拟量形式输入设定值。
- P1080 = 0：最低频率。
- P1082 = 50：最高频率。
- P0010 = 0：准备运行。
- P0003 = 3：用户访问级选择"专家级"。
- P2000 = 50：基准频率设定为 50Hz。
- P0701 = 1：ON 接通正转，OFF 停止。

8-3 MM440变频器模拟量控制的调试

- 按下带锁按钮 SB1（5#引脚）"接通"电路，则变频器使电动机的转速由外接电位器 RW1 控制。断开 SB1（5#引脚），则变频器将驱动电动机减速至零。
- 将 P0005 = 22，按下带锁按钮 SB1（5#引脚）接通电路，变频器显示当前 RW1 控制的转速，可通过 Fn 键分别显示直流环节电压、输出电压、输出电流、频率、转速循环切换。

（4）多段固定频率控制方式的设定值
- P1120 = 5：斜坡上升时间。
- P1121 = 5：斜坡下降时间。
- P1000 = 3：选择由模拟量输入设定值。
- P1080 = 0：最低频率。

- P1082 = 50：最高频率。
- P0010 = 0：准备运行。
- P0003 = 3：用户访问级选择"专家级"。
- P0701 = 17：固定频率设置（二进制编码选择 + 起动命令）。
- P0702 = 17：固定频率设置（二进制编码选择 + 起动命令）。
- P0703 = 17：固定频率设置（二进制编码选择 + 起动命令）。
- P0704 = 17：固定频率设置（二进制编码选择 + 起动命令）。
- P1001 = 第一段固定频率。
- P1002 = 第二段固定频率。
- P1003 = 第三段固定频率。
- P1004 = 第四段固定频率。
- P1005 = 第五段固定频率。
- 按不同组合方式按下 SB1（5#引脚）、SB2（6#引脚）、SB3（7#引脚）或 SB4（8#引脚），选择 P1001~P1015 所设置的频率，见表 8-2。

注意：将 P0701~P0704 参数均设置为 17，即二进制编码选择 + 起动命令。此时，可通过 SB1~SB4 分别控制 5#~8#引脚，以二进制编码选择输出的频率。使用这种方法最多可以选择 15 个固定频率，各个固定频率的数值的选择方式见表 8-2。

表 8-2 二进制编码选择固定频率表

	8#（P0704 = 17）	7#（P0703 = 17）	6#（P0702 = 17）	5#（P0701 = 17）
FF1（P1001）	0	0	0	1
FF2（P1002）	0	0	1	0
FF3（P1003）	0	0	1	1
FF4（P1004）	0	1	0	0
FF5（P1005）	0	1	0	1
FF6（P1006）	0	1	1	0
FF7（P1007）	0	1	1	1
FF8（P1008）	1	0	0	0
FF9（P1009）	1	0	0	1
FF10（P1010）	1	0	1	0
FF11（P1011）	1	0	1	1
FF12（P1012）	1	1	0	0
FF13（P1013）	1	1	0	1
FF14（P1014）	1	1	1	0
FF15（P1015）	1	1	1	1
OFF（停止）	0	0	0	0

- 断开 SB1（5#引脚）、SB2（6#引脚）、SB3（7#引脚），则电动机转速减为 0，停止运行。
- 设置 P0005 = 22，以不同组合方式按下带锁按钮 SB1（5#引脚）、SB2（6#引脚）、SB3（7#引脚），变频器显示当前控制的转速，可通过 Fn 键分别显示直流环节电压、输出电压、输出电流、频率、转速，循环切换。

8-4 MM440 变频器多段速的控制方式

8.4 西门子 G120 变频器

8.4.1 G120 变频器安装与接线

SINAMICS G120 变频器是一个模块化变频器，主要包括两个部分：控制单元（CU）和功率模块（PM）。其功率模块支持的功率范围为 0.37~250kW，其接线图如图 8-36 所示。

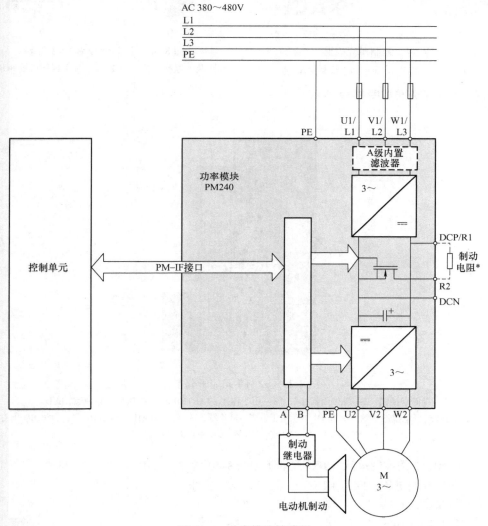

图 8-36　功率模块接线图
*—FSA 至 FSF 尺寸变频器集成制动单元可以直接连接制动电阻；
FSGX 尺寸变频器需要外配制动单元才能加装制动电阻

功率单元可配置不同的控制单元，采用快速安装模式，如图 8-37 所示。
控制单元可配置不同的控制面板，也采用快速安装模式，如图 8-38 所示。

图 8-37 控制单元安装　　　　　　　　　　　图 8-38 控制面板 BOP-2 安装
a) 装上控制单元　b) 卸下控制单元　　　　　a) 装上控制面板 BOP-2　b) 卸下控制面板 BOP-2

控制单元端子分布如图 8-39 所示。

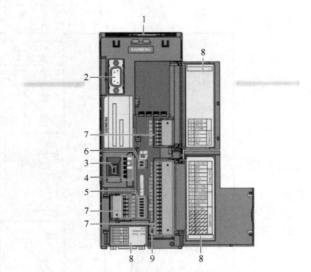

图 8-39 控制单元端子分布

1—存储卡插槽　2—操作面板接口　3—用于连接 STARTER 的 USB 接口　4—状态 LED
5—用于设置现场总线地址的 DIP 开关　6—用于设置 AI0（端子 3、4）和 AI1（端子 10、11）的 DIP 开关
7—端子排　8—端子名称　9—现场总线接口

采用 CU240B-2 的控制单元，其接线端子如图 8-40 所示。其中：
1#、2#输出控制电压，1#为 +10V 电压，2#为 0V 电压；
3#为模拟量输入 0 的 " + " 端；
4#为模拟量输入 0 的 " - " 端；
5# ~ 8#为开关量输入端；
9#为输出开关量控制电压 +24V；
28#为输出开关量控制电压 0V，69#为开关量输入公共端；
12#为模拟量输出 " + " 端；
13#为模拟量输出 " - " 端；
14#、15#为电动机热保护输入端；
18# ~ 20#为输出继电器对外输出的触点，18#为常闭，19#为常开；

20#为公共端；
31#为外接控制电源的 24V 端；
32#为外接控制电源的 0V 端。
模拟量输入 0（AIN0）可以采用电压输入或电流输入，可通过模拟量输入 DIP 开关进行功能选择。

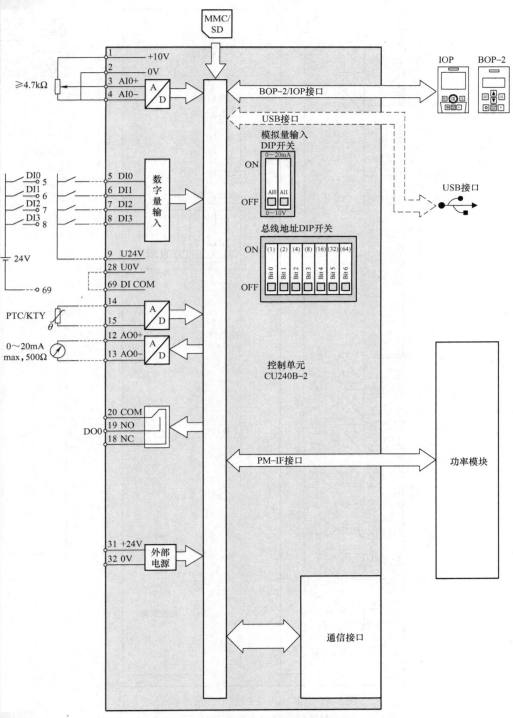

图 8-40　CU240B-2 控制单元接线端子

采用CU240E-2的控制单元，其接线端子图如图8-41所示。其中：
1#、2#输出控制电压，1#为+10V电压，2#为0V电压；

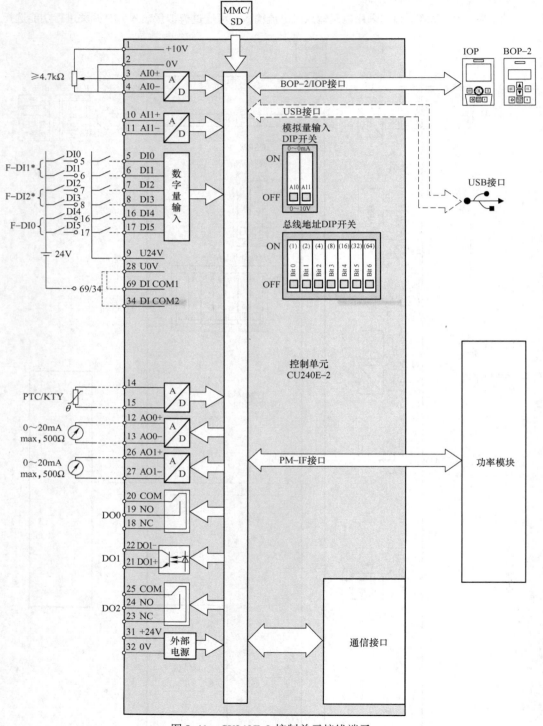

图8-41　CU240E-2控制单元接线端子
*—只有CU240E-2 F和CU240E-2 DP F

3#为模拟量输入 0 的"＋"端；

4#为模拟量输入 0 的"－"端，10#为模拟量输入 1 的"＋"端；

11#为模拟量输入 1 的"－"端；

5#、6#、7#、8#、16#、17#为开关量输入端；

9#输出开关量控制电压 +24V；

28#输出开关量控制电压 0V；

69#为开关量输入公共端 1；

34#为开关量输入公共端 2；

12#为模拟量输出 1 的"＋"端；

13#为模拟量输出 1 的"－"端；

14#、15#为电动机热保护输入端；

26#为模拟量输出 2 的"＋"端；

27#为模拟量输出 2 的"－"端；

18#、19#、20#为输出 0（继电器输出）对外的触点，18#为常闭，19#为常开，20#为公共端；

21#、22#为对外输出 3（晶体管输出）；

23#、24#、25#为输出 3（继电器输出）的触点，23#为常闭，24#为常开，25#为公共端；

31#为外接控制电源的 24V 端；

32#为外接控制电源的 0V 端。模拟量输入 0（AI0）、模拟量输入 1（AI1）可以用于：电压输入或电流输入，可通过模拟量输入 DIP 开关进行功能选择。

8.4.2 G120 变频器参数设置方法

1. BOP-2 控制单元操作面板

BOP-2 控制单元操作面板如图 8-42 所示，各按键的作用见表 8-3。

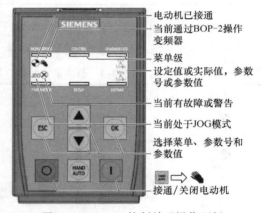

图 8-42 BOP-2 控制单元操作面板

表 8-3 基本操作面板 BOP 上的按键的作用

按键	功能说明
OK	1. 菜单选择时，表示确认所选的菜单项 2. 参数选择时，表示确认所选的参数和参数值设置，并返回上一级画面 3. 在故障诊断画面，使用该按钮可以清除故障信息
▲	1. 在菜单选择时，表示返回上一级画面 2. 参数修改时，表示改变参数号或参数值 3. 在"HAND"模式下，点动运行方式下，长时间同时按▲和▼可以实现以下功能：若在正向运行状态下，则将切换为反向状态；若在停止状态下，则将切换到运行状态
▼	1. 菜单选择时，表示进入下一级画面 2. 参数修改时，表示改变参数号或参数值

(续)

按键	功能说明
ESC	1. 若按该按钮 2s 以下,表示返回上一级菜单,或表示不保存所修改的参数值 2. 按该按钮 3s 以上,将返回监控画面
I	1. 在"AUTO"模式下,该按钮不起作用 2. 在"HAND"模式下,表示起动命令
O	1. 在"AUTO"模式下,该按钮不起作用 2. 在"HAND"模式下,若连续按两次,将显示"OFF2",自由停车 3. 在"HAND"模式下,若按一次,将显示"OFF1",即按 P1121 设置的下降时间停车
HAND AUTO	1. "HAND"模式与"AUTO"模式的切换按钮 2. 在"HAND"模式下,按下该键,切换到"AUTO"模式。若自动模式的起动命令在,变频器自动切换到"AUTO"模式下的速度给定值 3. 在"AUTO"模式下,按下该键,切换到"HAND"模式。切换到"HAND"模式时,速度设定值保持不变 4. 在电动机运行期间可以实现"HAND"模式和"AUTO"模式的切换

若要锁住或解锁按键,只需同时按 ESC 和 OK 3s 以上即可。

基本操作面板液晶显示图标含义见表 8-4。

表 8-4 基本操作面板(BOP)面板液晶显示图标含义

图标	功能	状态	功能说明
 手	控制源	手动模式	"HAND"模式下会显示,"AUTO"模式不显示
 ◐	变频器状态	运行状态	表示变频器处于运行状态,该图标是静止的
JOG	点动功能	点动功能激活	—
 ✖	故障和报警	静止表示报警 闪烁表示故障	故障状态下闪烁,变频器会自动停止。静止图标表示处于报警状态

BOP-2 操作面板菜单结构如图 8-43 所示。各菜单功能见表 8-5。

表 8-5 BOP-2 操作面板菜单功能

按钮	功能的说明
MONITOR	监视菜单:运行速度、电压和电流值显示
CONTROL	控制菜单:使用 BOP-2 面板控制变频器
DIAGNOS	诊断菜单:故障报警和控制字、状态字的显示
PARAMS	参数菜单:查看或修改参数
SETUP	调试向导:快速调试
EXTRAS	附加菜单:设备的工厂复位和数据备份

第8章　常见变频器的基本应用

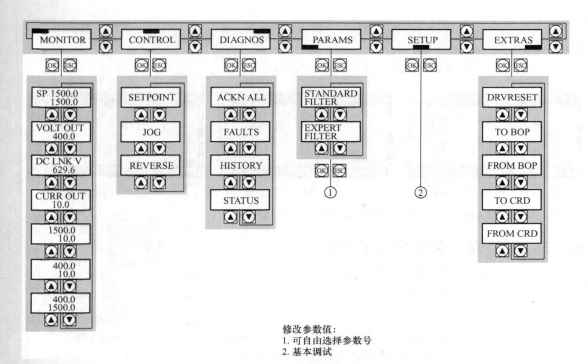

图 8-43　BOP-2 操作面板菜单结构

2. BOP-2 操作面板设置参数方法

1）按▲或▼键将光标移动到"PARAMS"，面板显示如图 8-44 所示。

2）按OK键进入"PARAMS"菜单，如图 8-45 所示。

图 8-44　移动到"PARAMS"的面板显示　　图 8-45　进入"PARAMS"菜单后默认的第一个选项

3）按▲或▼键选择"EXPERT FILTER"功能，如图 8-46 所示。

4）按OK键，面板显示 r 或 p 参数，并且参数号不断闪烁，按▲或▼键选择所需的参数 P700，如图 8-47 所示。

图 8-46　选择"EXPERT FILTER"功能　　图 8-47　参数号不断闪烁

5）按OK键，光标移动到参数下标，参数下标不断闪烁，按▲或▼键可以选择不同的下标。本例选择下标 [00]，如图 8-48 所示。

6) 按 [OK] 键,光标移动到参数数值,参数数值不断闪烁,按 [▲] 或 [▼] 键可以调整参数数值,如图 8-49 所示。

7) 按 [OK] 键保存参数值,画面返回,如图 8-50 所示。

图 8-48　选择不同的下标　　　图 8-49　调整参数数值　　　图 8-50　画面返回

8) 按照上述步骤,可对变频器的其他参数进行设置。

8.4.3　G120 变频器的常用控制设置

通常一台新的变频器一般需要经过参数复位、基本调试、通电调试三个调试步骤,如图 8-51 所示。

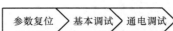

图 8-51　调试步骤

1. 参数复位

将变频器参数恢复到出厂值。一般在变频器出厂和参数出现混乱的时候进行该操作。采用 BOP-2 操作面板恢复出厂设置步骤如下:

1) 按 [▲] 或 [▼] 键将光标移动到 "EXTRAS",液晶屏显示如图 8-52 所示。

2) 按 [OK] 键进入 "EXTRAS" 菜单,按 [▲] 或 [▼] 键找到 "DRVRESET" 功能,液晶屏显示如图 8-53 所示。

图 8-52　光标移动到 "EXTRAS"　　　图 8-53　找到 "DRVRESET" 功能

3) 按 [OK] 键进行复位出厂设置,按 [ESC] 取消复位出厂设置,液晶屏显示如图 8-54 所示。

4) 按 [OK] 键开始恢复参数,液晶屏显示 "BUSY",如图 8-55 所示。

图 8-54　是否复位出厂设置　　　图 8-55　液晶屏显示 "BUSY"

5) 复位完成后,液晶屏显示 "DONE",如图 8-56 所示。按 [OK] 或 [ESC] 键可返回 "EXTRAS" 菜单。

2. 快速调试

快速调试指通过设置电动机参数、变频器的命令源、速度设定源

等基本参数,从而达到简单快速操作电动机的一种操作模式。使用 BOP-2 进行快速调试步骤如下:

1)按▲、▲键将光标移动到"SETUP",液晶屏显示如图 8-57 所示。

图 8-56 液晶屏显示"DONE"

图 8-57 光标移动到"SETUP"

2)按OK键进入"SETUP"菜单,显示出厂复位功能,如果需要复位按ESC键,按▲、▼键选择"YES",按OK键开始进行出厂复位,面板显示"BUSY";如不需要出厂复位按▼键,液晶屏显示如图 8-58 所示。

3)按▲键进入 P1300 参数选择的运行方式,按▲、▼键选择参数值,按OK键确认参数。液晶屏显示如图 8-59 所示。

图 8-58 液晶屏显示出厂复位功能

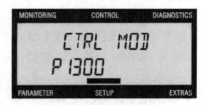

图 8-59 液晶屏显示选择的运行方式

4)按OK键进入 P100 参数选择电动机标准 IEC/NEMA,按▲、▼键选择参数值,按OK键确认参数,通常国内使用的电动机为 IEC 电动机,该参数为 0。液晶屏显示如图 8-60 所示。

5)按OK键进入 P304 参数的设置,根据电动机铭牌数据设置电动机额定电压。

图 8-60 液晶屏显示选择电动机标准

6)按OK键进入 P305 参数的设置,根据电动机铭牌数据设置电动机额定电流。

7)按OK键进入 P307 参数的设置,根据电动机铭牌数据设置电动机额定功率。

8)按OK键进入 P311 参数的设置,根据电动机铭牌数据设置电动机额定转速。

9)按OK键进入 P1900 参数的设置,设置电动机数据检测及旋转检测,注意当 P1300 = 20 或 P1300 = 22 时,该参数自动设置为 2,表示电动机数据检测(静止状态)。

10)按OK键进入 P15 参数的设置,设置预定义接口宏。

11)按OK键进入 P1080 参数的设置,设置电动机最低转速。

12)按OK键进入 P1020 参数的设置,设置斜坡上升时间。

13)按OK键进入 P1021 参数的设置,设置斜坡下降时间。

14)参数设置完毕后,进入快速调试结束画面,液晶屏显示"FINISH",如图 8-61 所示。

15)按OK键,并按▲、▼键选择"YES",按OK键确认结束快速调试。液晶屏显示如图 8-62 所示。

图 8-61　液晶屏显示结束快速调试画面　　图 8-62　液晶屏显示结束快速调试确认画面

16）面板显示"BUSY",变频器进行参数计算。液晶屏显示如图 8-63 所示。

17）计算完成,短暂显示"DONE"画面,随后光标返回到"MONITOR"菜单。液晶屏显示如图 8-64 所示。

图 8-63　液晶屏显示"BUSY"　　图 8-64　液晶屏短暂显示"DONE"

注意：如果在快速调试中设置 P1900 不等于 0,在快速调试后变频器会显示报警 A07991,提示以激活电动机数据辨识,等待启动命令。

8-7　G120 变频器快速调试

3. 宏文件、指令源与设定值源

G120 为满足不同接口定义,提供了多种预定义接口宏,利用预定义接口宏可以方便地设置变频器的命令源和设定值源。可以通过参数 P0015 修改宏。修改 P0015 参数时,必须在 P0010 = 1 情况下进行。在选用宏功能时,应注意以下问题：

1）如果其中一种宏定义的接口方式完全符合应用,那么按照该宏的接线方式设计原理图,并在调试时选择相应的宏功能,即可方便地实现控制要求。

2）如果所有宏定义的接口方式都不能完全符合应用,可选择与实际应用布线方式相接近的接口宏,然后根据需要来调整输入、输出配置。

通过预定义接口宏可以定义变频器用什么信号控制启动,用什么信号来控制输出频率,在预定义接口宏不完全符合要求时,必须根据需要通过 BICO 指令来调整指令源和设定值源。

指令源指的是变频器收到控制指令的接口。在设置预定义接口宏 P0015 时,变频器会自动对指令源进行定义,见表 8-6。

表 8-6　部分指令源功能

参数号	参数值	说明
P0840	722.0	将数字量输入 DI0 定义为启动命令
	2090.0	将现场总线控制字 1 的第 0 位定义为起动命令
P0844	722.2	将数字量输入 DI2 定义为 OFF 命令
	2090.1	将现场总线控制字 1 的第 1 位定义为 OFF2 命令
P2103	722.3	将数字量输入 DI3 定义为故障复位

设定值源指变频器收到设定值的接口，在设置预定义宏 P0015 时，变频器会自动对设定值源进行定义。例如 P1070 的常用设定值，见表 8-7。

表 8-7　P1070 的常用设定值功能

参数号	参数值	说明
P1070	1050	将电动电位计作为主设定值
	755.0	将模拟量输入 AI0 作为主设定值
	1024	将固定转速作为主设定值
	2050.1	将现场总线作为主设定值
	755.1	将模拟量输入 AI1 作为主设定值

4. 数字量输入、输出功能

CU240B-2 提供 4 路数字量输入，CU240E-2 提供 6 路数字量输入。在必要时，也可以将模拟量输入作为数字量输入使用。CU240B-2 的 DI 所对应的状态位，见表 8-8。CU240E-2 的 DI 所对应的状态位，见表 8-9。

表 8-8　CU240B-2 的 DI 对应的状态位

数字量输入编号	端子号	数字量输入状态位
数字量输入 0，DI0	5	r0722.0
数字量输入 1，DI1	6	r0722.1
数字量输入 2，DI2	7	r0722.2
数字量输入 3，DI3	8	r0722.3
数字量输入 11，DI11	3、4	r0722.11

表 8-9　CU240E-2 的 DI 对应的状态位

数字量输入编号	端子号	数字量输入状态位
数字量输入 0，DI0	5	r0722.0
数字量输入 1，DI1	6	r0722.1
数字量输入 2，DI2	7	r0722.2
数字量输入 3，DI3	8	r0722.3
数字量输入 4，DI4	16	r0722.4
数字量输入 5，DI5	17	r0722.5
数字量输入 11，DI11	3、4	r0722.11
数字量输入 12，DI12	10、11	r0722.12

使用 BOP-2 面板查看数字量输入状态流程，如图 8-65 所示。

模拟量输入用作数字量输入时，应将模拟量输入设置为电压输入类型，按照图 8-66 所示方法设置，并按照图 8-67 所示方法接线。

进入PARAMETER菜单
选择专家列表

选择r722参数
显示r722参数十六进制状态

按 ▲ 或 ▼ 键选择状态位号
这里显示r722.0=1

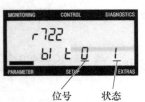

位号　状态

图 8-65　使用 BOP-2 面板查看数字量输入状态流程

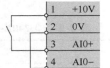

图 8-66　模拟量输入设置为电压输入类型　　图 8-67　模拟量输入用作数字量输入接线

CU240B-2 提供 1 路继电器输出，CU240E-2 提供 2 路继电器输出、1 路晶体管输出。CU240B-2 的 DO 所对应输出功能的参数号，见表 8-10。CU240E-2 的 DO 所对应的输出功能，见表 8-11。

表 8-10　CU240B-2 的 DO 对应输出功能参数号

数字量输出编号	端子号	参数号
数字量输出 0，DO 0	18、19、20	P0730

表 8-11　CU240E-2 的 DO 对应的输出功能

数字量输出编号	端子号	参数号
数字量输出 0，DO 0	18、19、20	P0730
数字量输出 1，DO 1	21、22	P0731
数字量输出 2，DO 2	23、24、25	P0732

以数字量输出 DO0 为例,常用输出功能的设置参考见表 8-12。

表 8-12 数字量输出 DO0 常用输出功能的设置

参数号	参数值	说明
P0730	0	禁用数字量输出
	52.0	变频器准备就绪
	52.1	变频器运行
	52.2	变频器运行使能
	52.3	变频器故障
	52.7	变频器报警
	52.11	已达到电动机电流极限
	52.14	变频器正向运行

参数 P0784 给出了数字量输出状态取反,其设置流程如图 8-68 所示。

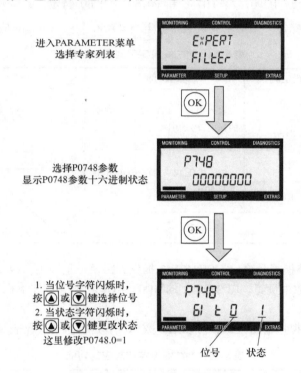

图 8-68 参数 P0784 设置流程

5. 模拟量输入、输出功能

CU240B-2 提供 1 路模拟量输入,CU240E-2 提供 2 路模拟量输入。CU240B-2 的 AI0 相关参数在下标为 [0] 的参数中设置。CU240E-2 的 AI0、AI1 相关参数在下标为 [0] 和 [1] 的参数中设置。

变频器提供多种模拟量输入模式,可用参数 P0756 进行选择,见表 8-13。

自动调速系统

表 8-13 P0756 设定值对应的功能

参数号	设定值	参数功能	说明
P0756	0	单极性电压输入 0 ~ +10V	"带监控"是指模拟量输入通道具有监控功能，能够检测断线
	1	单极性电压输入，带监控 +2 ~ +10V	
	2	单极性电流输入 0 ~ +20mA	
	3	单极性电流输入，带监控 +4 ~ +20mA	
	4	双极性电压输入（出厂设置）-10 ~ +10V	
	8	未连接传感器	

注意：必须正确设置模拟量输入通道对应的 DIP 拨码开关位置（位于控制单元正面保护盖后），如图 8-69 所示。电压输入开关位置 U，电流输入开关位置 I。CU240B-2 只有 1 路模拟量输入，因此 AI1 无效。

图 8-69 模拟量输入通道对应的 DIP 拨码开关

用 P0756 修改模拟量输入类型后，变频器会自动调整模拟量输入的标定。线性标定曲线由 P0757、P0758 和 P0759、P0760 确定，使用时可根据需要调整标定。模拟量输入 AI0 标定当 P0756 [0] =4，对应的功能见表 8-14。

表 8-14 P0756 设定值对应的功能

参数号	设定值	参数功能	说明
P0757 [0]	-10	输入电压 -10V 对应 -100% 的标度及 -50Hz	y2=100 P0760 x1=-10 P0757 x2=10 P0759 y1=-100 P0758
P0758 [0]	-100		
P0759 [0]	10	输入电压 10V 对应 100% 的标度及 50Hz	
P0760 [0]	100		
P0761 [0]	0	死区宽度	

CU240B-2 提供 1 路模拟量输出，CU240E-2 提供 2 路模拟量输出。CU240B-2 的 AO0 相关参数在下标为 [0] 的参数中设置。CU240E-2 的 AO0、AO1 相关参数在下标为 [0] 和 [1] 的参数中设置。

变频器提供多种模拟量输出模式，可以用参数 P0776 进行选择，见表 8-15。

表 8-15 P0776 设定值对应的功能

参数号	设定值	参数功能	说明
P0776	0	电流输出（出厂设置）0 ~ +20mA	模拟量输出信号与所设置的物理量呈线性关系
	1	电压输出 0 ~ +10V	
	2	电流输出 +4 ~ +20mA	

P0776 修改模拟量输出类型后，变频器会自动调整模拟量输出的标定。线性标定曲线由 P0777、P0778 和 P0779、P0780 确定，使用时可根据需要调整标定。例如：模拟量输出 AI0 标定为 P0776 [0] =2，对应的功能见表 8-16。

表 8-16 P0776 设定值为 2 对应的功能

参数号	设定值	参数功能	说明
P0777 [0]	0	0 对应输出电流 +4mA	y2=20 P0780 y1=4 P0778 x1=0 P0777 x2=100 P0779 %
P0778 [0]	4		
P0779 [0]	100	100% 对应输出电流 +20mA	
P0780 [0]	20		

P0771 用于模拟量输出信号源设定，P0771 [0] = AO0（端子 12/13），P0771 [1] = AO1（端子 26/27）。以模拟量输出 AO0 为例，常用输出功能设置参数见表 8-17。

表 8-17 P0771 设定为 AO0 时常用输出功能

参数号	设定值	参数功能
P0771 [0]	21	电动机转速
	24	变频器输出频率
	25	变频器输出电压
	27	变频器输出电流

注意：当 P0771 [0] = 21 时，必须设定 P0775 = 1，否则电动机反转时无模拟量输出。

6. 多段速控制功能

多段速功能也称作固定转速，就是在设置 P1000 = 3 的条件下，用开关量端子选择固定设定频率的组合，实现电动机多段速运行。通过设置 P1016，有两种固定设定值模式：直接选择模式和二进制选择模式。

（1）直接选择模式

此时需要设置 P1016 = 1。此时一个数字输入量选择一个固定设定值，多个数字量输入同时激活时，选定的设定值为固定设定值相加。此模式最多可以设置 4 个数字输入信号。在此模式中通过设置转速固定设定值 P1001~P1004，将各转速叠加，能得到最多 16 个不同的设定值。其相关参数见表 8-18。

表 8-18 直接选择模式时的参数设置表

参数号	参数功能
P1020	固定设定值 1 的选择信号
P1021	固定设定值 2 的选择信号
P1022	固定设定值 3 的选择信号
P1023	固定设定值 4 的选择信号
P1001	固定设定值 1
P1002	固定设定值 2
P1003	固定设定值 3
P1004	固定设定值 4

【例8-1】 通过DI2和DI3选择两个固定转速,分别为300r/min和2000r/min,DI0为起动信号。参数设置见表8-19。

表8-19 例8-1参数设置

参数号	参数值	参数功能
P0840	722.0	将DIN0作为起动信号,r0722.0为DI0输入状态的参数
P1016	1	固定转速模式采用直接选择方式
P1020	722.2	将DIN2作为固定设定值1的选择信号,r0722.0为DI2输入状态的参数
P1021	722.3	将DIN3作为固定设定值2的选择信号,r0722.0为DI3输入状态的参数
P1001	300	定义固定设定值1
P1002	2000	定义固定设定值2
P1070	1024	固定设定值作为主设定值

(2) 二进制选择模式

此时需要设置P1016=2。此时4个数字量输入通过二进制编码方式选择固定设定值,使用这种方法最多可选择15个固定频率,不同的数字量输入状态对应的设定值见表8-20。

表8-20 二进制编码选择固定频率表

	P1023选择的DI状态	P1022选择的DI状态	P1021选择的DI状态	P1020选择的DI状态
P1001(固定设定值1)	0	0	0	1
P1002(固定设定值2)	0	0	1	0
P1003(固定设定值3)	0	0	1	1
P1004(固定设定值4)	0	1	0	0
P1005(固定设定值5)	0	1	0	1
P1006(固定设定值6)	0	1	1	0
P1007(固定设定值7)	0	1	1	1
P1008(固定设定值8)	1	0	0	0
P1009(固定设定值9)	1	0	0	1
P1010(固定设定值10)	1	0	1	0
P1011(固定设定值11)	1	0	1	1
P1012(固定设定值12)	1	1	0	0
P1013(固定设定值13)	1	1	0	1
P1014(固定设定值14)	1	1	1	0
P1015(固定设定值15)	1	1	1	1
OFF(停止)	0	0	0	0

【例8-2】 通过DI1、DI2、DI3和DI4选择固定转速,DI0为起动信号。参数设置见表8-21。

表 8-21 例 8-2 参数设置

参数号	参数值	参数功能
P0840	722.0	将 DIN0 作为起动信号，r0722.0 为 DI0 输入状态的参数
P1016	2	固定转速模式采用二进制选择方式
P1020	722.1	将 DIN1 作为固定设定值 1 的选择信号，r0722.0 为 DI1 输入状态的参数
P1021	722.2	将 DIN2 作为固定设定值 2 的选择信号，r0722.0 为 DI2 输入状态的参数
P1020	722.3	将 DIN3 作为固定设定值 3 的选择信号，r0722.0 为 DI3 输入状态的参数
P1021	722.4	将 DIN4 作为固定设定值 4 的选择信号，r0722.0 为 DI4 输入状态的参数
P1001 ~ P1105		定义固定设定值 1 ~ 15，单位为 r/min
P1070	1024	固定设定值作为主设定值

8.5 三菱 FR – D740 变频器

8.5.1 三菱 FR – D740 变频器的安装接线与基本设置

三菱 FR – D740 变频器如图 8-70 所示，其主电路接线端子如图 8-71 所示。主电路接线端子中：

L1、L2、L3 为电源输入，连接工频电源；U、V、W 为变频器输出，接三相笼型电动机；P/ +、PR 为制动电阻器连接，连接选购的制动电阻器（FR – ABR）；

P/ +、N/ – 为制动单元连接，连接制动单元（FR – BU2）、直流母线变流器（FR – CV）以及高功率因数变流器（FRHC）；

P/ +、P1 为直流电抗器连接，拆下端子 P/ +、P1 间的短路片，连接直流电抗器；

⏚为接地，变频器外壳接地用，必须接大地。

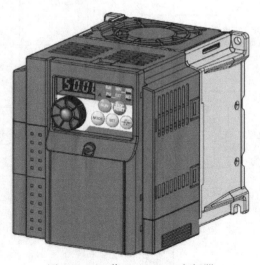

图 8-70 三菱 FR – D740 变频器

三菱 FR – D740 接线端子功能如图 8-72 所示。输入信号控制电路接线端子功能见表 8-22。输出信号控制电路接线端子功能见表 8-23。

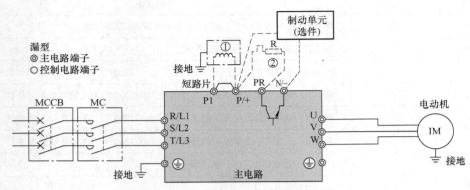

图 8-71 三菱 FR-D740 变频器主电路

①—直流电抗器（FR-HEL）：连接直流电抗器时，请取下 P1-P/+ 间的短路片。
②—制动电阻器（FR-ABR 型）：为防止制动电阻器过热或烧损，请安装热敏继电器。

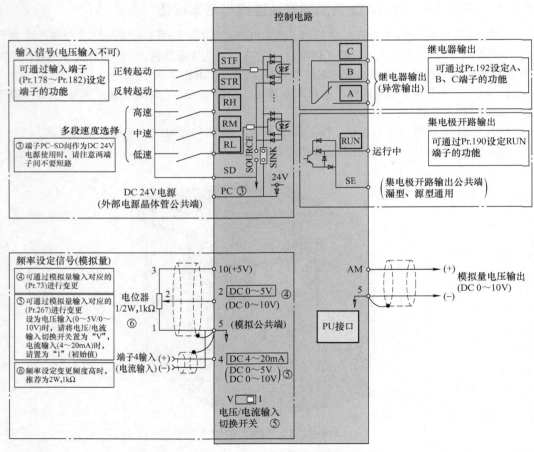

图 8-72 三菱 FR-D740 变频器接线端子功能

表 8-22 输入信号控制电路接线端子功能

端子号		端子名称	内容	
接点输入	STF	正转起动	STF 信号 ON 时为正转，OFF 时为停止指令	STF、STR 信号同时为 ON 时为停止
	STR	反转起动	STR 信号 ON 时为反转，OFF 时为停止指令	
	RH、RM、RL	多段速度选择	可根据端子 RH、RM、RL 信号的短路组合，进行多段速度的选择	
	SD	接点输入公共端（漏型）（初始设定）	接点输入（漏型逻辑）的公共端子	
		外部晶体管公共端（源型）	源型逻辑时连接晶体管输出（即集电极开路输出），例如连接可编程控制器（PLC）时，将晶体管输出用的外部电源公共端接到该端子时，可以防止因漏电引起的误动作	
		DC 24V 电源公共端	DC 24V 0.1A 电源（端子 PC）的公共输出端子，与端子 5 及端子 SE 绝缘	
	PC	外部晶体管公共端（漏型）（初始设定）	漏型逻辑时连接晶体管输出（即集电极开路输出），例如连接可编程控制器（PLC）时，将晶体管输出用的外部电源公共端接到该端子时，可以防止因漏电引起的误动作	
		接点输入公共端（源型）	接点输入（源型逻辑）的公共端子	
		DC 24V 电源	可作为 DC24V、0.1A 的电源使用	
频率设定	10	频率设定用的电源	作为外接频率设定（速度设定）用电位器时的电源使用（参照 Pr.73 模拟量输入选择）	
	2	频率设定（电压信号）	如果输入 DC 0~5V（或 0~10V），在 5V（10V）时为最大输出频率，输入与输出成正比。通过 Pr.73 进行 DC 0~5V（初始设定）和 DC 0~10V 输入的切换操作	
	4	频率设定（电流信号）	如果输入 DC 4~20mA（或 0~5V，0~10V），在 20mA 时为最大输出频率，输入输出成正比。只有 AU 信号为 ON 时端子 4 的输入信号才会有效（端子 2 的输入将无效） 通过 Pr.267 进行 4~20mA（初始设定）和 DC 0~5V、DC 0~10V 输入的切换操作 电压输入（0~5V/0~10V）时，可将电压（电流）输入开关切换至 "V"	
	5	频率设定公共输入端	频率设定信号（端子 2 或 4）及端子 AM 的公共端子。请勿接大地	
PTC 热敏电阻输入	10、2	PTC 热敏电阻输入	连接 PTC 热敏电阻输出 将 PTC 热敏电阻设定为有效（Pr.561 ≠ "9999"）后，端子 2 的频率设定无效	

此外，三菱 FR-D740 变频器通过 PU 接口，可进行 RS-485 通信。变频器上的 S1、S2、SO、SC 端子为生产厂家设定用端子，不能连接任何设备，否则可能导致变频器故障。另外，不要拆下连接在端子 S1-SC、S2-SC 间的短路用电线。任何一个短路用电线被拆下后，变频器都将无法运行。

表 8-23 输出信号控制电路接线端子功能

种类	端子号	端子名称	内容
继电器	A、B、C	继电器输出（异常输出）	指示变频器因保护功能动作时输出停止的1c接点输出 异常时：B-C间不导通（A-C间导通） 正常时：B-C间导通（A-C间不导通）
集电极开路	运行	变频器正在运行	变频器输出频率大于或等于起动频率（初始值0.5Hz）时为低电平，已停止或正在直流制动时为高电平 低电平表示集电极开路输出用的晶体管处于ON（导通状态）。高电平表示处于OFF（不导通状态）
	SE	集电极开路输出公共端	端子RUN的公共端子
模拟量输出	AM	模拟电压输出	可以从多种监视项目中选一种作为输出。变频器复位中不能输出。输出信号与监视项目的大小成比例

输入信号出厂设定为漏型逻辑（SINK）。为了切换控制逻辑，需要操作控制端子上方的跨接器，如图8-73所示。可使用镊子或尖嘴钳在未通电的情况进行跨接器的转换，例如将漏型逻辑（SINK）上的跨接器转换至源型逻辑（SOURCE）上。

漏型逻辑端子PC作为公共端端子时，按图8-74所示进行接线。变频器的SD端子勿与外部电源的0V端子连接。另外，把端子PC-SD间作为DC 24V电源使用时，变频器的外部不可以设置并联的电源。控制端子有可能会因漏电流而导致误动作。

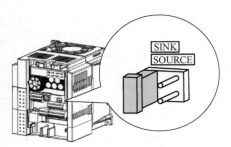

图8-73 切换控制逻辑

源型逻辑端子SD作为公共端端子时，按图8-75所示进行接线。变频器的PC端子勿与外部电源的+24V端子连接。另外，把端子PC-SD间作为DC 24V电源使用时，变频器的外部不可以设置并联的电源。控制端子有可能会因漏电流而导致误动作。

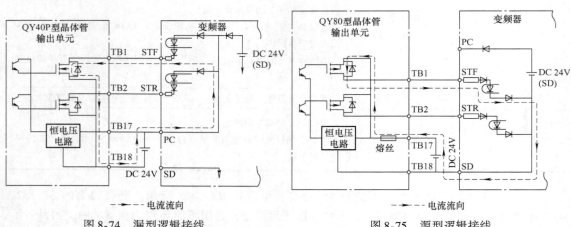

图8-74 漏型逻辑接线　　　　　图8-75 源型逻辑接线

FR-D740变频器控制电路接线端子分布如图8-76所示，推荐采用0.3~0.75mm² 规格电线进行接线。

压接棒状端子时，将电线插入端子，如图8-77a所示。针对绞线状态且未使用的棒状端子，用一字螺钉旋具将按钮按入深处，然后再插入电线，如图 8-77b 所示。

电线的拆卸可使用小型一字螺钉旋具，将一字螺钉旋具对准按钮笔直压下，将按钮按入深处，然后再拔出电线，如图 8-78 所示。

FR-D740 变频器操作面板功能如图 8-79 所示。

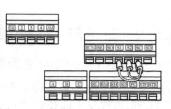

图 8-76 控制电路接线端子分布

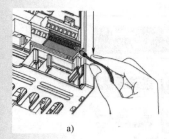
a)

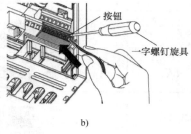
b)

图 8-77 导线安装
a) 将电线插入端子 b) 用一字螺钉旋具将按钮按入深处再插入电线

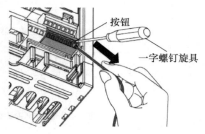

图 8-78 导线拆卸

运行模式显示
PU：PU 运行模式时亮灯
EXT：外部运行模式时亮灯
NET：网络运行模式时亮灯

单位显示
• Hz：显示频率时亮灯
• A：显示电流时亮灯
(显示电压时熄灯，显示设定频率监视时闪烁)

监视器(4位LED)
显示频率、参数编号等

M 旋钮
用于变更频率设定、参数的设定值
按该旋钮可显示以下内容：
• 监视模式时的设定频率
• 校正时的当前设定值
• 报警历史模式时的顺序

模式切换
用于切换各个设定模式
和 (PU/EXT) 同时按下也可以用来切换

运行模式
长按此键(2s)可以锁定操作

监视器显示模式
运行中按此键则监视器出现以下显示

运行频率
输出电流
输出电压

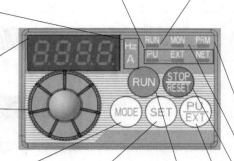

运行状态显示
变频器动作中亮灯/闪烁
亮灯：正转运行中
缓慢闪烁(1.4s循环)：反转运行中
快速闪烁(0.2s循环)：
• 按 (RUN) 键或输入起动指令都无法运行时
• 有起动指令、频率在起动频率以下时
• 输入了 MRS 信号时

参数设定模式显示
参数设定模式时亮灯

监视器显示
监视模式时亮灯

停止运行
停止运转指令
保护功能(严重故障)生效时使用，也可以进行报警复位

运行模式切换
用于切换 PU/外部运行模式
使用外部运行模式(通过另接的频率设定电位器和起动信号起动的运行)时请按此键，使表示运行模式的 EXT 处于亮灯状态(切换至组合模式时，可同时按 (MODE)(0.5s)或者变更参数 Pr.79)

PU：PU 运行模式
EXT：外部运行模式

起动指令
通过 Pr.40 的设定，可以选择旋转方向

图 8-79 操作面板功能

8.5.2 三菱 FR - D740 变频器控制

1. 三菱 FR - D740 变频器参数复位

设定 Pr. CL 参数清除、ALLC 参数全部清除 = "1",可使参数恢复为初始值。注意：如果设定 Pr. 77 参数写入选择 = "1",则无法清除。其操作方式如图 8-80 所示。

步骤	操作	相应的显示
1	电源接通时显示监视器画面	0.00 Hz MON EXT
2	按 PU/EXT 键,进入PU运行模式	PU显示灯亮。 0.00 PU
3	按 MODE 键,进入参数设定模式	PRM显示灯亮。 P. 0 PRM (显示以前读取的参数编号)
4	旋转 ,将参数编号设定为 Pr.CL (ALLC)	参数清除 Pr.CL 参数全部清除 ALLC
5	按 SET 键,读取当前的设定值 显示 " " (初始值)	0
6	旋转 ,将数值设定为 "1"	1
7	按 SET 键确定	参数清除 Pr.CL 参数全部清除 ALLC (闪烁表示参数设定完成)

注：旋转 可读取其他参数。按 SET 键可再次显示设定值。按两次 SET 键可显示下一个参数。

图 8-80 变频器参数复位

2. 设置电动机参数

通过设置电动机参数可使变频器充分按照预设参数工作在最佳状态,常用电动机参数见表8-24。

表 8-24 常用电动机参数

参数号	名称	设定范围	最小设定单位	初始值
Pr. 80	电动机容量	0.1 ~ 7.5kW、9999	0.01kW	9999
Pr. 83	电动机额定电压	0 ~ 1000V	0.1V	400V
Pr. 84	电动机额定频率	10 ~ 120Hz	0.01Hz	50Hz

3. 三菱 FR – D740 变频器面板控制操作

通过操作面板（FR – PU04 – CH/FR – PU07）设置 PU 点动运行模式。该操作仅在按下起动按钮时运行。面板操作方式如图 8-81 所示。

步骤	操作	相应的显示
1	确认运行状态和运行模式显示 • 应为监视模式 • 应为停止状态	 0.00 Hz MON/EXT
2	按 (PU/EXT) 键，进入PU点动运行模式	(PU/EXT)  ⇨ JOG Hz MON/PU
3	按 (RUN) 键 • 按下 (RUN) 键的期间内电动机旋转 • 以5Hz(Pr.15的初始值)旋转	(RUN) 持续按住  ⇨ 5.00 Hz MON/PU
4	松开 (RUN) 键	(RUN) 松开 ⇨  停止
5	【变更PU点动运行的频率时】 按 (MODE) 键，进入参数设定模式	(MODE) ⇨ P. 0 PRM PRM显示灯亮。  (显示以前读取的参数编号)
6	旋转 ⊙，将参数编号设定为点动频率(Pr.15)	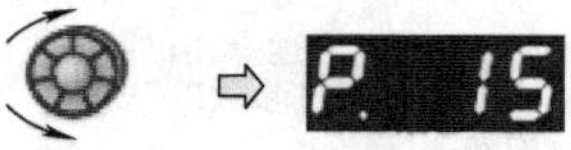 ⊙ ⇨ P. 15
7	按 (SET) 键显示当前设定值(5Hz)	(SET)  ⇨ 5.00 Hz MON/PU
8	旋转 ⊙，将数值设定为"1000"(10Hz)	 ⊙ ⇨ 10.00 Hz MON/PU
9	按 (SET) 键确定	(SET)  ⇨ 10.00 P. 15 闪烁表示参数设定完成
10	执行1~4项的操作使电动机以10Hz旋转	

注：1. 执行步骤1~9，可使电动机以10Hz旋转。
    2. 步骤5~9是变更PU点动运行频率的过程。

图 8-81 面板操作方式

4. 开关量控制操作

外部进行点动控制接线图如图 8-82 所示。该功能能够设定点动运行用的频率和加减速时间，通常可以用于运输机械的位置调整和试运行等。点动信号为 ON 时通过起动信号（STF、STR）起动、停止。点动运行所使用的端子可通过将 Pr. 178 ~ Pr. 182（输入端子功能选择）参数值设定

为 "5" 来分配功能。其控制时序图如图 8-83 所示。

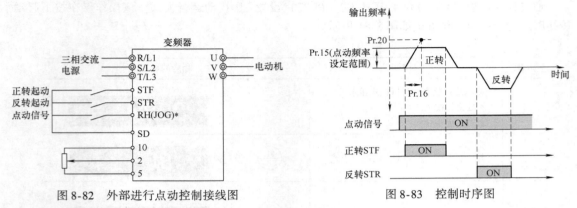

图 8-82 外部进行点动控制接线图　　　图 8-83 控制时序图

外部进行点动控制操作步骤如图 8-84 所示。其点动频率通过 Pr.15 设置，上升时间通过 Pr.16 设置。想要变更运行频率时，可设置 Pr.15（点动频率初始值为 "5Hz"）。想要变更加减速时间时，可设置 Pr.16（点动加减速时间初始值为 "0.5s"）。需要注意的是，点动加速时间和减速时间不可分开设定。

步骤	操作	对应的显示
1	电源接通时显示 ● 确认处于外部运行模式（【EXT】亮灯） 若不显示[EXT]，请使用 PU/EXT 键设为外部[EXT]运行模式。上述操作仍不能切换运行模式时，可通过参数Pr.79 设为外部运行模式	 0.00 Hz MON EXT
2	将点动开关设置为ON	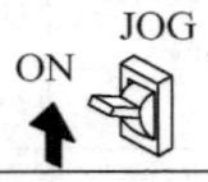 ON JOG
3	将起动开关(STF或STR)设置为ON ● 起动开关(STF或STR)为ON的期间内电动机旋转 ● 以5Hz旋转(Pr.15的初始值)	 正转 反转 ON ⇒ 5.00 Hz MON EXT 在ON的期间内旋转
4	将起动开关(STF或STR)设置为OFF	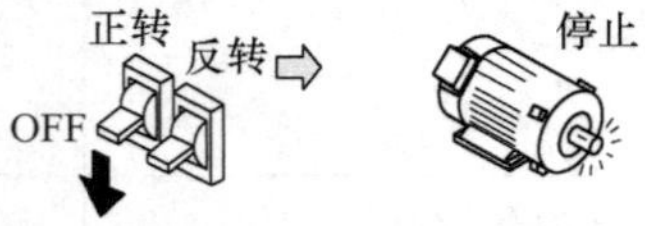 正转 反转 OFF ⇒ 停止

图 8-84 外部进行点动控制操作步骤

5. 模拟量控制操作

模拟量的频率设定输入信号可以是电压及电流信号。可以调整参数控制模拟量输入端子的规格、输入信号来切换正转、反转的功能，见表 8-25。模拟量电压输入端子 2 可以选择 0~5V（初始值）或 0~10V。模拟量输入端子 4 可以选择电压输入（0~5V、0~10V）或电流输入（4~20mA，初始值）。使用端子 4 时，必须确保参数和开关的设定一致，设定不一致可能导致异常、故障、误动作发生。

表 8-25 调整参数控制模拟量输入端子的规格、输入信号

参数号	名称	初始值	设定范围	内容	
Pr. 73	选择模拟量输入	1	0	端子 2 输入 0~10V	无可逆运行
			1	端子 2 输入 0~5V	
			10	端子 2 输入 0~10V	有可逆运行
			11	端子 2 输入 0~5V	
Pr. 267	选择端子 4 输入	0	0	配合电压/电流输入切换开关 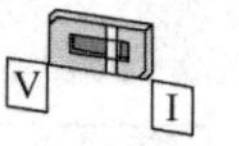	端子 4 输入（4~20mA）
			1		端子 4 输入（0~5V）
			2		端子 4 输入（0~10V）

(1) 电压输入（端子 10，2，5）

在频率设定输入端子 2—5 之间输入 DC 0~5V（或 DC 0~10V）作为频率设定输入信号。端子 2—5 之间输入 5V（10V）时，输出频率为最大。电源可使用变频器内置电源或外部电源，使用内置电源时，端子 10—5 间输出 DC 5V。

用 DC 0~5V 运行时，把 Pr. 73 设定为 "1" 或 "11"，则为 DC 0~5V 输入。内置电源使用端子 10，接线方式如图 8-85 所示。

用 DC 0~10V 运行时，把 Pr. 73 设定为 "0" 或 "10"，则为 DC 0~10V 输入，接线方式如图 8-86 所示。

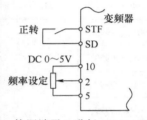

图 8-85 使用端子 2 进行 DC 0~5V 运行

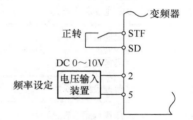

图 8-86 使用端子 2 进行 DC 0~10V 运行

(2) 电流输入（端子 4，5，AU）

当 AU 信号为 ON 时，端子 4 输入有效。将端子 4 设为电压输入规格时，可将 Pr. 267 设定为 "1"（DC 0~5V）或 "2"（DC 0~10V），将电压输入/电流输入切换开关置于 "V"。当用于风扇、泵等恒温、恒压控制时，将调节器的输出信号 DC 4~20mA 输入到端子 4—5 之间，可实现自动运行，接线如图 8-87 所示。

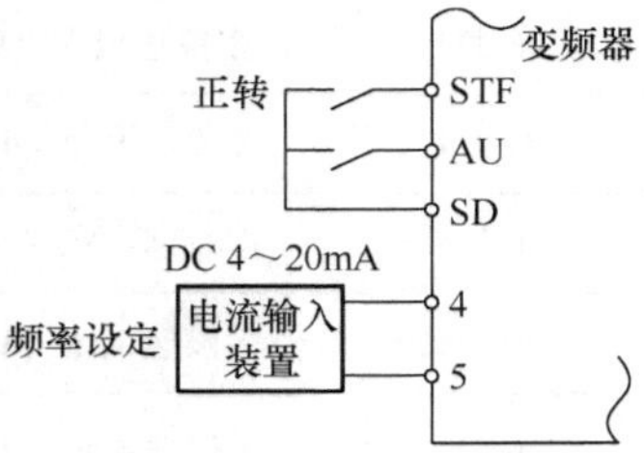

图 8-87 使用端子 4 进行 DC 4~20mA 运行

6. 多段速控制

三菱 FR - D740 变频器通过多段速选择端子 REX、RH、RM、RL、SD 之间的短路组合，外部指令正转起动时最多可选择 15 段速。外部指令反转起动时最多可选择 7 段速，如图 8-88 所示。通过起动信号端子 STF（STR）—SD 之间短路可实现如图 8-89 所示的多段速运行。

用操作面板或参数单元可任意设定表 8-26 所示的各种速度（频率）。把 Pr. 63 设定值变为 "8"，即将 "STR 端子功能" 设定为如图 8-89 所示的 "REX" 信号功能，用以定义 15 段速选

择信号。多段速运行比主速度设定信号（DC 0~5V，0~10V，4~20mA）具有控制的优先级。

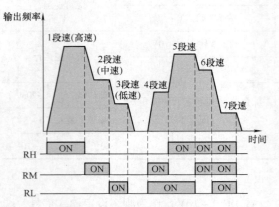

图 8-88　7 段速时多段速运行

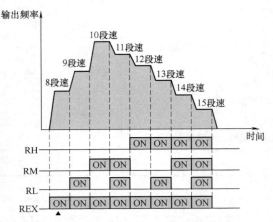

图 8-89　8~15 段速时多段速运行

表 8-26　多段速设定

参数	名称	初始值	设定范围	内容
Pr. 4	多段速设定（高速）	50Hz	0~400Hz	RH 为 ON 时的频率
Pr. 5	多段速设定（中速）	30Hz	0~400Hz	RM 为 ON 时的频率
Pr. 6	多段速设定（低速）	10Hz	0~400Hz	RL 为 ON 时的频率
Pr. 24	多段速设定（4 速）	9999	0~400Hz、9999	
Pr. 25	多段速设定（5 速）	9999	0~400Hz、9999	
Pr. 26	多段速设定（6 速）	9999	0~400Hz、9999	
Pr. 27	多段速设定（7 速）	9999	0~400Hz、9999	
Pr. 232	多段速设定（8 速）	9999	0~400Hz、9999	通过 RH、RM、RL、REX 信号的组合可以进行 4~15 段速的频率设定 9999：未选择
Pr. 233	多段速设定（9 速）	9999	0~400Hz、9999	
Pr. 234	多段速设定（10 速）	9999	0~400Hz、9999	
Pr. 235	多段速设定（11 速）	9999	0~400Hz、9999	
Pr. 236	多段速设定（12 速）	9999	0~400Hz、9999	
Pr. 237	多段速设定（13 速）	9999	0~400Hz、9999	
Pr. 238	多段速设定（14 速）	9999	0~400Hz、9999	
Pr. 239	多段速设定（15 速）	9999	0~400Hz、9999	

图 8-90 所示为多段速运行的接线方式。注意：连接频率设定器时，如果多段速选择信号为 ON，则频率设定器的输入信号被视为无效（4~20mA 输入信号时也同样）。反转起动时，Pr. 63 = "---"（出厂值），应把端子 STR 的 STR 信号设定为有效。

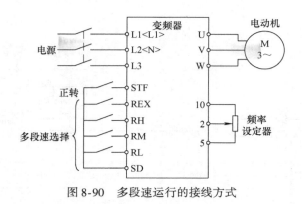

图 8-90　多段速运行的接线方式

8.6　安川 G7 变频器

8.6.1　安川 G7 变频器的安装接线与操作面板

安川 G7 变频器外观如图 8-91 所示。其控制接线端子排列如图 8-92 所示，其端子基本功能如图 8-93 所示。

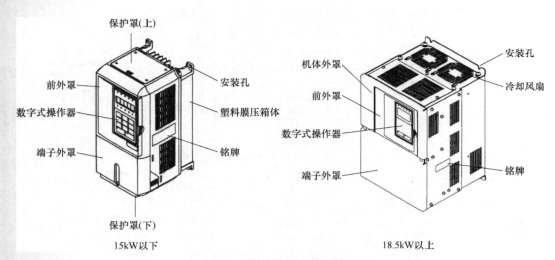

图 8-91　安川 G7 变频器外观

E(G)	FM	AC	AM	P1	P2	PC	SC	MP	P3	C3	P4	C4			
	SC	A1	A2	A3	+V	AC	−V	RP	R+	R−	S+	S−	MA	MB	MC
S1	S2	S3	S4	S5	S6	S7	S8	S9	S10	S11	S12	IG	M1		M2	E(G)

图 8-92　接线端子排列

控制电路端子按功能分为顺控器输入信号、模拟量输入信号、光电耦合器输出、继电器输出、模拟量监视输出、脉冲输入/输出、RS-485/422 传送等。顺控器输入信号端子见表 8-27。输出端子功能见表 8-28。脉冲输入/输出端子功能、RS-485/422 传送端子功能，见表 8-29。

自动调速系统

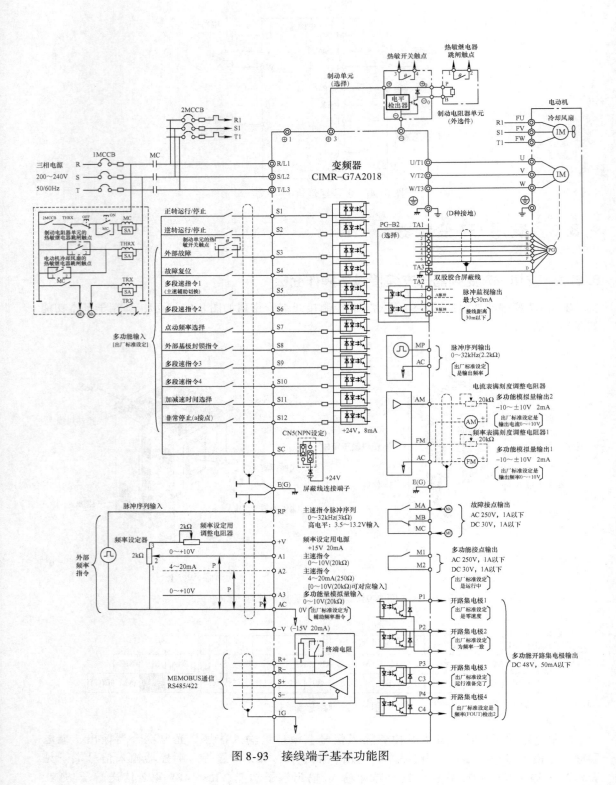

图 8-93　接线端子基本功能图

表 8-27 顺控器输入信号端子功能

种类	端子	信号名	端子功能说明	信号电平
顺控器输入信号	S1	正转运行-停止指令	ON：正转运行；OFF：停止	DC +24V，8mA 光电耦合器绝缘
	S2	反转运行-停止指令	ON：正转运行；OFF：停止	
	S3	多功能输入选择1	出厂设定：ON 是外部故障	
	S4	多功能输入选择2	出厂设定：ON 是外部复位	
	S5	多功能输入选择3	出厂设定：ON 是多段速指令1 有效	
	S6	多功能输入选择4	出厂设定：ON 是多段速指令2 有效	
	S7	多功能输入选择5	出厂设定：ON 是点动频率选择	
	S8	多功能输入选择6	出厂设定：ON 是外部基频封锁	
	S9	多功能输入选择7	出厂设定：ON 是多段速指令3	
	S10	多功能输入选择8	出厂设定：ON 是多段速指令4	
	S11	多功能输入选择9	出厂设定：ON 是加减速时间选择1	
	S12	多功能输入选择10	出厂设定：ON 是非常停止（a 接点）	
	SC	顺控器控制输入公共点	—	
模拟量输入信号	+V	+15 电源输出	模拟量指令用 +15V 电源	+15V（容许最大电流 20mA）
	-V	-15 电源输出	模拟量指令用 -15V 电源	-15V（容许最大电流 20mA）
	A1	主速频率指令	-10 ~ +10V/-100% ~ +100%，0 ~ +10V/100%	-10 ~ +10V，0 ~ +10V（输入阻抗 20kΩ）
	A2	多功能模拟量输入	4 ~ 20mA/100%，-10 ~ +10V/-100% ~ +100%，0 ~ +10V/100% 出厂设定：和端子 A1 叠加（H3-09 =0）	4 ~ 20mA（输入阻抗 250Ω）
	A3	多功能模拟量输入	4 ~ 20mA/100%，-10 ~ +10V/-100% ~ +100%，0 ~ +10V/100% 出厂设定：第 2 速度模拟量输入（H3-05 =2）	4 ~ 20mA（输入阻抗 250Ω）
	AC	模拟量公共点	0V	
	E (G)	屏蔽线 选择件接地线用		

顺控输入信号（S1 ~ S12）端子，出厂设置如图 8-93 所示，此时为无电压接点或是通过 NPN 晶体管的顺控连接（0V 公共点/共发射极模式）。通过分路接插座（CN5）可更改。模拟量输入 A2 出厂设置为电流模式，通过 S1-2 开关可更改为电压输入。同时 RS-485/422 通信的终端电阻通过 S1-1 设置。分路接插座（CN5）与拨动开关 S1 的位置如图 8-94 所示。

通过分路接插座（CN5）确定接插不同的形式，可在输入端子上切换共发射极模式（0V 公共点）或共集电极模式（+24V 公共点），同时也对应外部 +24V 电源，提高了信号输入方法的自由度，见表 8-30。

表 8-28 输出端子功能

种类	端子	信号名	端子功能说明	信号电平
光电耦合器输出	P1	多功能 PHC 输出 1	出厂设定：零速中 零速电平（b2-01）以下为 ON	DC +48V，50mA 以下
	P2	多功能 PHC 输出 2	出厂设定：频率一致检出 设定频率的 ±2Hz 以内为 ON	
	PC	光电耦合器输出公共点（P1、P2 用）	—	
	P3 C3	多功能 PHC 输出 3	出厂设定：运行准备完了为 ON	
	P4 C4	多功能 PHC 输出 4	出厂设定：频率（FOUT）检出 2	
继电器输出	MA	故障输出（a 接点）	故障时，MA—MC 端子之间为 ON 故障时，MB—MC 端子之间为 ON	干接点，接点容量 AC 250V，1A 以下 DC 30V，1A 以下
	MB	故障输出（b 接点）	—	
	MC	继电器接点输出公共点	—	
	M1 M2	多功能接点输出（a 接点）	出厂设定：运行中 运行时，M1-M2 端子之间为 ON	
模拟量监视输出	FM	多功能模拟量监视 1	出厂设定：输出故障 0～+10V/100% 频率	DC 0～+10V，±5%，2mA 以下
	AM	多功能模拟量监视 2	出厂设定：电流监视 5V/变频器额定电流	
	AC	模拟量公共接点	—	

表 8-29 脉冲输入/输出端子、RS-485/422 传送端子功能

种类	端子	信号名	端子功能说明	信号电平
脉冲输入/输出	RP	多功能脉冲输入	出厂设定：频率指令输入（H6-01=0）	0～32kHz（3kΩ）
	MP	多功能脉冲监视	出厂设定：输出频率（H6-06=2）	0～32kHz（2.2kΩ）
RS-485/422 传送	R+ R-	MEMOBUS 通信输入	RS-485，2 线制，短接 R+ 和 S+、R- 和 S-	差动输入，PHC 绝缘
	S+ S-	MEMOBUS 通信输出		差动输出，PHC 绝缘
	IG	通信用屏蔽线	—	—

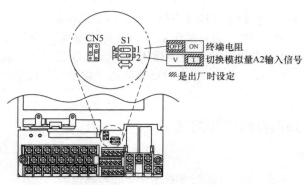

图 8-94 分路接插座（CN5）与拨动开关 S1 的位置

表 8-30 共发射极模式、共集电极模式与信号输入

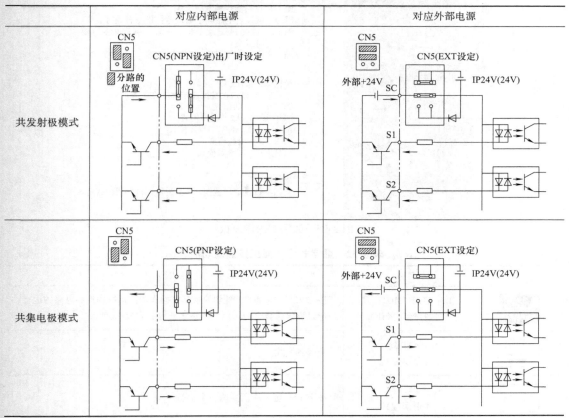

拨动开关 S1 功能见表 8-31。

表 8-31 拨动开关 S1 功能

名称	功能	设定
S1-1	RS-485 以及 RS-422 的终端电阻	OFF：无终端电阻 ON：终端电阻 110Ω
S1-2	模拟量输入（A2）的输入方式	OFF：0~10V 电压模式（内部电阻 20kΩ） ON：4~20mA 电流模式（内部电阻 250Ω）

控制电路接线时应注意：控制电路接线应与主电路以及其他动力线、电力线分开走线。控制电路端子 MA、MB、MC、M1、M2（接点输出）应与其他控制电路端子分开走线。为防止由干扰（噪声）引起误动作，在控制电路接线时应使用屏蔽线及双股绞合屏蔽线，且接线长度应小于 50m。屏蔽线应连接在 E（G）端子上，同时屏蔽线切勿接触其他信号线及设备、机器，并用胶带进行绝缘。

8.6.2 安川 G7 变频器参数设置方法

1. 数字式操作面板

数字式操作面板如图 8-95 所示，其按键名称及功能见表 8-32。

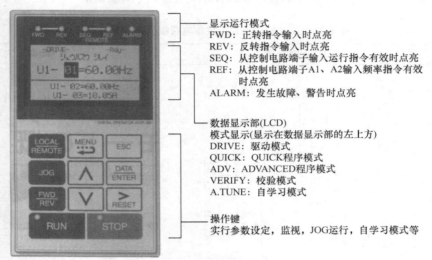

图 8-95　数字式操作面板

表 8-32　数字式操作面板按键及功能

按键	名称	功能
LOCAL REMOTE	LOCAL/REMOTE 键（选择运行操作）	按 LOCAL/REMOTE 键切换数字式操作器的运行和控制电路的运行 通过设定参数（o2-01），可设定此键的有效/无效
MENU	MENU 键（菜单键）	选择各模式
ESC	ESC 键（退回键）	按下 ESC 键，返回到前一个状态
JOG	JOG 键（点动）	操作器运行时的点动运行键
FWD REV	FWD/REV 键（正转/反转）	操作器运行时，切换旋转方向
> RESET	SHIFT/RESET 键（移位/复位）	选择设定参数数值的位数键 故障发生时作为故障复位键使用

(续)

按键	名称	功能
∧	增加键	选择模式、参数编号、设定值（增加）等 进行下一个项目及数据时使用
∨	减少键	选择模式、参数编号、设定值（减少）等 返回到前一个项目以及数据时使用
DATA/ENTER	DATA/ENTER 键 （数据/输入）	决定各模式、参数的编号，设定值时按此键 从某个画面进入下一个画面时也能使用
RUN	RUN 键 （运行）	用操作器运行时，按此键起动变频器
STOP	STOP 键 （停止）	用操作器运行时，按此键，停止变频器 用控制电路端子控制运行时，根据参数（o2-02）的设定，可设定此键有效/无效

在数字操作面板上 RUN 、 STOP 键的左上方有指示灯，对应的运行状态有点亮、闪烁、熄灭。励磁初期时，RUN 键的指示灯闪烁，STOP 键指示灯点亮。如图 8-96 所示，数字操作面板的 RUN 键指示灯、STOP 键指示灯和变频器的运行状态有关。

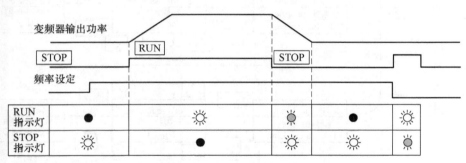

图 8-96　指示灯对应变频器的运行状态

2. 操作模式与切换方法

安川 G7 变频器有五种模式，对各种参数、监视的模式进行组合，可简单地进行参数的设定。五种模式如下：

1）驱动模式——变频器可运行的模式，进行频率指令、输出电流等的监视显示，故障内容显示、故障记录显示等。

2）QUICK 程序模式——进行变频器运行最低限所必要的参数的参照、设定（变频器和数字式操作器的使用环境）。

3）ADVANCED 程序模式——进行变频器全部参数的设定。

4）校验模式——进行与出厂设定值不同的参数的读取设定。

5）自学习模式——用矢量控制模式运行不知道参数的电动机时，自动计算、设定电动机的参数,也可只测定电动机线间电阻。使用矢量控制模式运行时,在运行前必须用自学习模式进行测定。

在 ADVANCED 程序模式下设定变频器参数如图 8-97 所示,其他模式下操作与之类似。

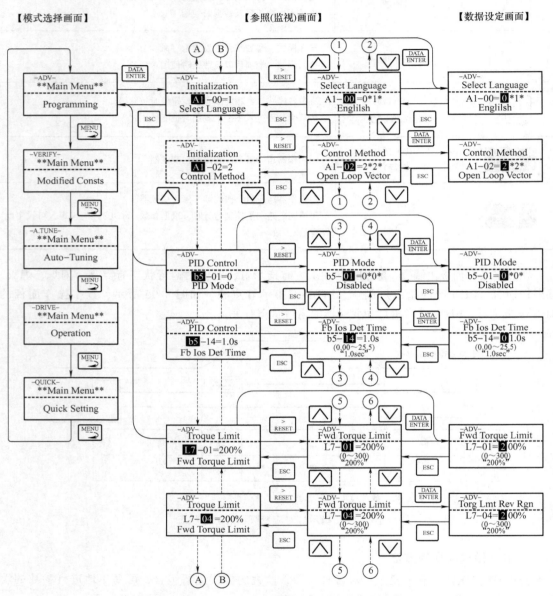

图 8-97 ADVANCED 程序模式下设定变频器参数

8.6.3 安川 G7 变频器的常用控制设置

1. 参数恢复出厂设置

对参数 A1-03 进行参数初始化,设置该参数为 2220,确认后可实现变频器的参数恢复出厂设置,然后将 A1-00 参数设置为 0,即英语显示。A1-00、A1-03 参数功能见表 8-33。

表 8-33 A1-00、A1-03 参数功能

参数	名称 / 操作器显示	内容	设定范围	出厂设定
A1-00	选择 LCD 操作面板显示语言 Select Language	选择 LCD 操作器显示语言 0：英语 1：日本语 2：德语 3：法语 4：意大利语 5：西班牙语 6：葡萄牙语	0~6	1
A1-03	初始化 Init Parameters	用参数所指定的方法进行初始化 0：不进行初始化 1110：用户设定的初始化 2220：2 线制程序的初始化（出厂时设定的初始化） 3330：3 线制程序的初始化	0~3330	0

2. 设置电动机参数

通过设置电动机参数可使变频器按照预设参数工作在最佳状态，常用电动机参数见表 8-34。

表 8-34 常用电动机参数功能

参数	名称 / 操作器显示	内容	设定范围	出厂设定
E1-01	设定输入电压 (Input Voltage)	用 1V 单位设定变频器的输入电压，这个设定值为保护功能基准值	155~255 310~510	200 400
E1-03	选择 V/f 曲线 (V/F Selection)	0~E：从 15 种固定 V/f 曲线中选择 F：任意 V/f 曲线（可设定 E1-04~10 的参数）	0~F	F
E1-04	最高输出频率 (FMAX) (Max Frequency)	输出电压 V_{MAX} (E1-05) (V_{BASE}) (E1-13) V_C (E1-08) V_{MIN} (E1-10) FMIN FB FA FMAX (E1-09)(E1-07)(E1-08)(E1-04) 频率 (Hz) E1-04 (FMAX) ≥ E1-06 (FA)	40.0~400.0	60.0
E1-05	最大电压 (VMAX, Max Voltage)		155~255 310~510	200 400
E1-06	基频 (FA) (Base Frequency)		40.0~400.0	60.0

(续)

参数	名称 操作器显示	内容	设定范围	出厂设定
E2-01	电动机额定电流（FLA） Motor Rated FLA	以 A 为单位，设定电动机额定电流。这个设定值作为电动机保护、力矩限制、力矩控制的基准值 自学习时，自动设定	变频器输出电流的 10%~200%	随变频器容量大小而不同
E2-11	电动机额定容量（Motor Rated Power）	以 0.01 kW 为单位，设定电动机额定容量 自学习时，自动设定	0.00~650.00	与变频器相同容量

3. 数字面板控制

设定参数 b1-02 选择运行指令的输入方法，其参数功能见表 8-35。

表 8-35　参数 b1-02 选择运行指令的输入方法

参数	名称 操作器显示	内容	设定范围	出厂设定
b1-02	选择运行指令的输入方法 Run Source	设定运行指令的输入方法 0：数字式操作器 1：控制回路端子（顺序输入） 2：MEMOBUS 通信 3：选择卡	0~3	1

设定参数 b1-02=0，用数字式面板的 RUN、STOP、JOG、FWD/REV 进行变频器运行操作。

4. 数字量输入控制

设定参数 b1-02=1，用控制电路端子进行变频器运行操作。出厂时系统已设定为二线制控制。控制电路端子 S1 为 ON 时，变频器正转运行；S1 为 OFF 时，变频器停止运行。控制电路端子 S2 为 ON 时，变频器反转运行；S2 为 OFF 时，变频器停止运行。其控制接线图如图 8-98 所示。

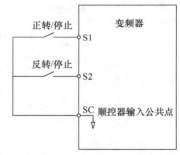

图 8-98　二线制控制接线

设定参数 b1-02=1，将参数 H1-01~H1-10（对应多功能接点输入端子 S3~S12）中的任意一个设定为 0，则端子 S1、S2 的功能变为三线制控制。也可设定参数 A1-03=3330，实行了三线制控制的初始化，则多功能输入 3（端子 S5）自动变为正转/反转指令的输入端子，其控制接线如图 8-99 所示。

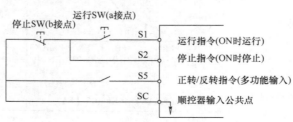

图 8-99　三线制控制接线

三线制控制时序图如图 8-100 所示。端子 S1 运行指令接通达到 50ms 以上时，变频器自动保持运行指令。

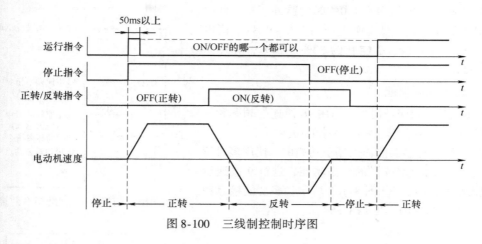

图 8-100　三线制控制时序图

5. 模拟量输入设定频率

设定参数 b1-01=1，可以从控制电路端子 A1（电压输入）、控制回路端子 A2（电流或电压输入）、控制回路端子 A3（电压输入）输入频率指令，进行模拟量输入设置频率。

如果用电压输入控制主速频率时，可在控制电路端子 A1 输入电压，控制电路接线如图 8-101 所示。

如果用电流输入控制主速频率时，可在控制电路端子 A2 输入电流，控制电路接线如图 8-102 所示。在端子 A1 输入 0V，并且设定 H03-08（多功能模拟量输入端子 A2 信号电平选择）为 2（电流输入）、H03-09（多功能模拟量输入端子 A2 功能选择）为 0（和 A1 端子叠加）。注意：此时，应把电压/电流切换开关 S1-2 调至 I 侧。

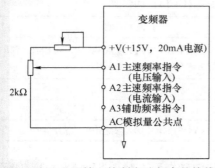 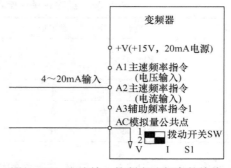

图 8-101　电压输入控制主速频率的接线　　　图 8-102　电流输入控制主速频率的接线

切换主速/辅助频率指令的 2 段速时，可在控制电路端子 A1/A2 输入主速频率，在端子 A3 输入辅助频率，控制电路接线如图 8-103 所示。配置多段速指令 1 的多功能输入端子为 OFF 时，端子 A1/A2 的输入控制变频器的频率；多功能输入端子为 ON 时，则端子 A3 的输入控制变频器的频率。此时应把端子 A3 的参数 H3-05（多功能模拟量输入端子 A3 功能选择）设定为 2［辅助频率指令 1（第 2 段速模拟量）］。另外，可在多功能输入端子任意设定多段速指令 1。

6. 脉冲序列信号设定频率

设定参数 b1-01=4，可以用控制电路端子 RP 输入的脉冲序列信号控制频率，控制电路接线如图 8-104 所示。设定参数 H6-01（脉冲序列输入功能选择）为 0，之后可在参数 H6-02（脉冲序列输入比例）设定变频器输出频率为 100% 时的脉冲频率。此时对脉冲输入的要求是：低电平电压为 0.0~0.8V，高电平电压为 3.5~13.2V，占空比为 30%~70%，脉冲频率为 0~32kHz。

7. 多段速控制功能

在安川 G7 系列变频器中，运用 16 段速的频率和一个点动频率，最多可实现为 17 段速的切换。

【例 8-3】 在多功能输入端子功能中，使用多段速指令 1~3 及点动频率选择的 4 个功能，进行 9 段速运行。其控制电路接线图如图 8-105 所示。多功能接点输入（H1-01~H1-10）见表 8-36。

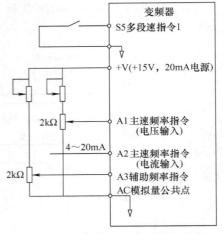

图 8-103 切换主速/辅助频率的接线

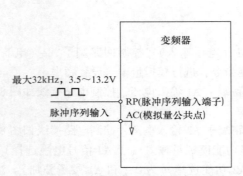

图 8-104 脉冲序列信号设定频率的接线

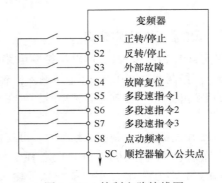

图 8-105 控制电路接线图

表 8-36 多功能接点输入（H1-01~H1-10）的设置

端子	参数	设定值	说明
S5	H1-03	3	多段速指令 1［设定多功能模拟量输入 H3-09=2（辅助频率指令）时，与主速/辅助速度切换兼用］
S6	H1-04	4	多段速指令 2
S7	H1-05	5	多段速指令 3
S8	H1-06	6	点动（JOG）频率选择（比多段速指令优先）

按照多段速指令 1~3、点动频率选择的设定、多功能接点输入端子 S5~S8（ON/OFF）的组合，能选择不同的频率，其组合见表 8-37。多段速/点动频率选择时序图如图 8-106 所示。

设定模拟量输入为第 1 段速、第 2 段速时，应注意：

1）设定端子 A1 模拟量输入为第 1 段速时，应设定参数 b1-01=1。设定 d1-01（频率 1）为第 1 段速时，应设定参数 b1-01=0。

2）设定端子 A2 模拟量输入为第 2 段速时，应设定参数 H3-09=2（辅助频率 1）。设定 d1-02（频率 2）为第 2 段速时，应设定参数 H3-09=1F（不使用模拟量输入）。

3）设定端子 A3 模拟量输入为第 3 段速时，应设定参数 H3-05=3（辅助频率 2）。设定 d1-03（频率 3）为第 2 段速时，应设定参数 H3-05=1F（不使用模拟量输入）。

第8章 常见变频器的基本应用

表 8-37 二进制编码选择固定频率表

段速	端子 S5 多段速 指令 1	端子 S6 多段速 指令 2	端子 S7 多段速 指令 3	端子 S8 点动频率选择	所选择的频率
1	OFF	OFF	OFF	OFF	频率指令 1 d1-01，主速频率
2	ON	OFF	OFF	OFF	频率指令 2 d1-02，辅助频率 1
3	OFF	ON	OFF	OFF	频率指令 3 d1-03，辅助频率 2
4	ON	ON	OFF	OFF	频率指令 4 d1-04
5	OFF	OFF	ON	OFF	频率指令 5 d1-05
6	ON	OFF	ON	OFF	频率指令 6 d1-06
7	OFF	ON	ON	OFF	频率指令 7 d1-07
8	ON	ON	ON	OFF	频率指令 8 d1-08
9	OFF	OFF	OFF	ON	点动频率 d1-17

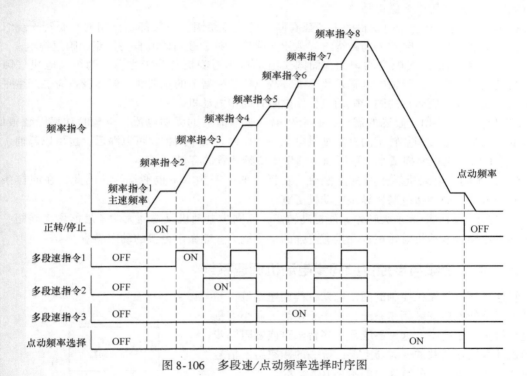

图 8-106 多段速/点动频率选择时序图

8.7 同步电动机变频调速系统

8.7.1 同步电动机变压变频调速的特点及其基本类型

同步电动机历来是以转速与电源频率保持严格同步著称的。只要电源频率保持恒定，同步电动机的转速就绝对不变，同时其功率因数高到 1.0，甚至超前。采用电力电子装置实现电压-频率协调控制，改变了同步电动机只能恒速运行不能调速的历史。起动费事、重载时振荡或失步等问题也已不再是同步电动机广泛应用的障碍。通过变频电源频率的平滑调节，使电动机转速逐渐上升，实现软起动。由于采用频率闭环控制，同步转速可以跟着频率改变，于是就不会振荡和失步了。

同步调速系统的类型通常分为他控变频调速系统和自控变频调速系统两类。用独立的变压变频装置给同步电动机供电的系统，称为他控变频调速系统。用电动机本身轴上所带转子位置检测器或电动机反电动势波形提供的转子位置信号来控制变压变频装置换相时刻的系统，称为自控变频调速系统。

同步调速系统的主要特点如下：

1) 交流电动机旋转磁场的同步转速 ω_1 与定子电源频率 f_1 有确定的关系，为

$$\omega_1 = \frac{2\pi f_1}{n_p} \tag{8-20}$$

异步电动机的稳态转速总是低于同步转速的，二者之差叫作转差 ω_s；同步电动机的稳态转速等于同步转速，转差 $\omega_s = 0$。

2) 异步电动机的磁场仅靠定子供电产生，而同步电动机除定子磁动势外，转子侧还有独立的直流励磁，或者用永久磁钢励磁。

3) 同步电动机和异步电动机的定子都有同样的交流绕组，一般都是三相的，而转子绕组则不同，同步电动机转子除直流励磁绕组（或永久磁钢）外，还可能有自身短路的阻尼绕组。

4) 异步电动机的气隙是均匀的，而同步电动机则有隐极与凸极之分，隐极式电机气隙均匀，凸极式则不均匀，两轴的电感系数不等，造成数学模型上的复杂性。但凸极效应能产生平均转矩，单靠凸极效应运行的同步电动机称作磁阻式同步电动机。

5) 异步电动机由于励磁的需要，必须从电源吸取滞后的无功电流，空载时功率因数很低。同步电动机则可通过调节转子的直流励磁电流，改变输入功率因数，可以滞后，也可以超前。当 $\cos\varphi = 1.0$ 时，电枢铜损最小，还可以节约变压变频装置的容量。

6) 由于同步电动机转子有独立励磁，在极低的电源频率下也能运行，因此，在同样条件下，同步电动机的调速范围比异步电动机更宽。

7) 异步电动机要靠加大转差才能提高转矩，而同步电动机只需加大功角就能增大转矩，同步电动机比异步电动机对转矩扰动具有更强的承受能力，能做出更快的动态响应。

8.7.2 他控变频与自控变频同步电动机调速系统

转速开环恒压频比控制的同步电动机群调速系统，是一种最简单的他控变频调速系统，多用于化纺工业小容量多电动机拖动系统中。这种系统采用多台永磁或磁阻同步电动机并联接在公共的变频器上，由统一的频率给定信号同时调节各台电动机的转速，如图 8-107 所示。

多台永磁或磁阻同步电动机并联接在公共的电压源型 PWM 变压变频器上，由统一的频率给定信号同时调节各台电动机的转速。PWM 变压变频器中，带定子电压降补偿的恒压频比控制保证了同步电动机气隙磁通恒定，缓慢地调节频率给定可以逐渐地同时改变各台电动机的转速。其特点是系统结构简单，控制方便，只需一台变频器供电，成本低廉。但由于采用开环调速方式，系统存在一个明显的缺点，就是转子振荡和失步问题并未解决，因此各台同步电动机的负载不能太大。

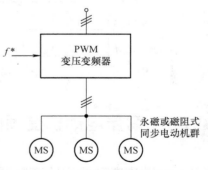

图 8-107 多台同步电动机的恒压频比控制调速系统

自控变频同步电动机调速系统结构如图 8-108 所示。在电动机轴端装有一台转子位置检测器 BQ，由它发出的信号控制变压变频装置的逆变器 UI 换流，从而改变同步电动机的供电频率，保证转子转速与供电频率同步。调速时则由外部信号或脉宽调制（PWM）控制 UI 的输入直流电压。从电动机本身看，它是一台同步电动机，但是如果把它和逆变器 UI、转子位置检测器 BQ 合起来看，就像是一台直流电动机。直流电动机电枢里面的电流本来就是交变的，只是经过换向器和电刷才在外部电路表现为直流，这时，换向器相当于机械式的逆变器，电刷相当于磁极位置检测器。这里，则采用电力电子逆变器和转子位置检测器替代机械式换向器和电刷。

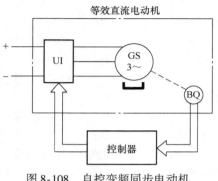

图 8-108　自控变频同步电动机调速系统结构

因此，自控变频同步电动机在其开发与发展的过程中，曾采用多个名称，如无换向器电动机、三相永磁同步电动机（输入正弦波电流时）、无刷直流电动机（采用方波电流时）等。

三相永磁同步电动机控制系统的优点是：由于采用了永磁材料磁极，特别是采用了稀土金属永磁，因此容量相同时电动机的体积小、重量轻；转子没有铜损和铁损，又没有集电环和电刷的摩擦损耗，运行效率高；转动惯量小，允许脉冲转矩大，可获得较高的加速度，动态性能好；结构紧凑，运行可靠。

▶ 8.8　实验

8.8.1　西门子 MM440 变频器实验

1. 实验目的

1）能对西门子 MM440 变频器进行接线、安装与调试。
2）能够采用数字量、模拟量、多段速控制西门子 MM440 变频器。

8-8　MM440 变频器二进制编码加启动接线操作

2. 实验要求

1）根据给定的设备和仪器仪表，在规定时间内完成接线、调试、测量工作。

8-9　MM440 模拟量控制的接线操作

① 按照电路原理图进行接线。
② 安装后，通电调试，并根据要求完成测试报告。

2）时间：90min。

3. 实验设备

1）交流变频调速实训装置（含西门子 MM440 变频器）一台，专用连接导线若干。
2）三相交流异步电动机：YSJ7124 一台，$P_N = 370W$，$U_N = 380V$，$I_N = 1.12A$，$n_N = 1400r/min$，$f_N = 50Hz$。

4. 实验内容和步骤

1）按照如图 8-109 所示的变频器系统接线图，在西门子 MM440 交流变频调速实训装置上进行接线。

2）将变频器设置成数字量输入端口操作运行状态，线性 U/f 控制方式，4 段速控制，4 段速控制运行要求为：上升时间为____s，下降时间为____s。

第 1 段速为_____r/min，对应的频率为_____Hz。

第 2 段速为_____r/min，对应的频率为_____Hz。

第 3 段速为_____r/min，对应的频率为_____Hz。

第 4 段速为_____r/min，对应的频率为_____Hz。

3）按以上要求编写出变频器设置参数清单。

4）变频器通电，按以上要求自行设置参数并调试运行，结果向实验指导教师演示。

将变频器设置成数字量输入端口操作及模拟量给定操作运行状态，改变给定电位器，观察转速变化情况，并根据所要求的给定转速（或给定频率），记录此时给定电压为_____V，频率为_____Hz，转速为_____r/min，结果向实验指导教师演示。

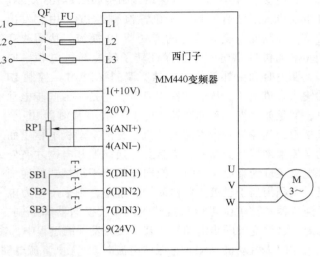

图 8-109　西门子 MM440 变频器实验接线图

5）测量 4 段速运行 $n=f(t)$ 曲线图需要的相关数据，完成加减速时间的计算。

6）按要求在此电路上设置一个故障，学生根据故障现象分析故障原因，并排除故障使系统正常运行。

5. 注意事项

1）根据给定的设备和仪器仪表完成接线、调试、运行及故障分析处理工作，自行解决调试过程中的一般故障。

2）需在实验报告中记录的内容：

① 绘制实验线路接线图。

② 4 段转速控制运行要求的相关数据。

③ 变频器设置参数清单。

④ 写出变频器模拟量给定操作运行状态时给定电压与频率、转速。

⑤ 绘制 4 段速运行的 $n=f(t)$ 曲线图。

⑥ 填写故障现象、故障原因和故障点。

3）操作过程中要遵守安全生产、文明操作规范，未经允许不可擅自通电。

8.8.2　西门子 G120 变频器实验

1. 实验目的

1）能对西门子 G120 变频器进行接线、安装与调试。

2）能够采用数字量、模拟量、多段速控制西门子 G120 变频器。

2. 实验要求

1）根据给定的设备和仪器仪表，在规定时间内完成接线、调试、测量工作。

① 按照电路原理图进行接线。

② 安装后，通电调试，并根据要求完成测试报告。

2）时间：90min。

3. 实验设备

1) 交流变频调速实训装置（含西门子 G120 变频器）一台，专用连接导线若干。

2) 三相交流异步电动机：YSJ7124 一台，$P_N = 370W$，$U_N = 380V$，$I_N = 1.12A$，$n_N = 1400r/min$，$f_N = 50Hz$。

4. 实验内容和步骤

1) 按照如图 8-110 所示的变频器系统接线图，在西门子 G120 交流变频调速实训装置上进行接线。

2) 将变频器设置成数字量输入端口操作运行状态，线性 U/f 控制方式，4 段速控制，4 段转速控制运行要求为：上升时间为____s，下降时间为____s；

第 1 段速为_____r/min，对应的频率为_____Hz。

第 2 段速为_____r/min，对应的频率为_____Hz。

第 3 段速为_____r/min，对应的频率为_____Hz。

第 4 段速为_____r/min，对应的频率为_____Hz。

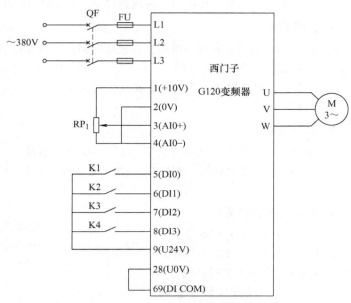

图 8-110 西门子 G120 变频器实验接线图

3) 按以上要求编写出变频器设置参数清单。

4) 变频器通电，按以上要求自行设置参数并调试运行，结果向实验指导教师演示。

将变频器设置成数字量输入端口操作及模拟量给定操作运行状态，改变给定电位器，观察转速变化情况，并根据所要求的给定转速（或给定频率），记录此时给定电压为____V，频率为_____Hz，转速为_____r/min，向实验指导教师演示结果。

5) 测量 4 段速运行 $n = f(t)$ 曲线图需要的相关数据，完成加减速时间的计算。

6) 按要求在此电路上设置一个故障，学生根据故障现象分析故障原因，并排除故障使系统正常运行。

5. 注意事项

1) 根据给定的设备和仪器仪表完成接线、调试、运行及故障分析处理工作，自行解决调试过程中的一般故障。

2) 需在实验报告中记录的内容：

① 绘制实验线路接线图。

② 4 段速控制运行要求的相关数据。

③ 变频器设置参数清单。

④ 写出变频器模拟量给定操作运行状态时给定电压与频率、转速。

⑤ 绘制 4 速运行的 $n = f(t)$ 曲线图。

⑥ 填写故障现象、故障原因和故障点。

3) 操作过程中要遵守安全生产、文明操作规范，未经允许不可擅自通电。

8.8.3 三菱 FR-D740 变频器实验

1. 实验目的

1) 能对三菱 FR-D740 变频器进行接线、安装与调试。
2) 能够采用数字量、模拟量、多段速控制三菱 FR-D740 变频器。

2. 实验要求

1) 根据给定的设备和仪器仪表,在规定时间内完成接线、调试、测量工作。
① 按照电路原理图进行接线。
② 安装后,通电调试,并根据要求完成测试报告。
2) 时间:90min。

3. 实验设备

1) 交流变频调速实训装置(含三菱 FR-D740 变频器)一台,专用连接导线若干。
2) 三相交流异步电动机:YSJ7124 一台,$P_N = 370W$,$U_N = 380V$,$I_N = 1.12A$,$n_N = 1400r/min$,$f_N = 50Hz$。

4. 实验内容和步骤

1) 按照如图 8-111 所示的变频器系统接线图,在三菱 FR-D740 交流变频调速实训装置上进行接线。

2) 将变频器设置成数字量输入端口操作运行状态,线性 U/f 控制方式,4 段速控制,4 段转速控制运行要求为:上升时间为____s,下降时间为____s;

第 1 段速为_____r/min,对应的频率为_____Hz。

第 2 段速为_____r/min,对应的频率为_____Hz。

第 3 段速为_____r/min,对应的频率为_____Hz。

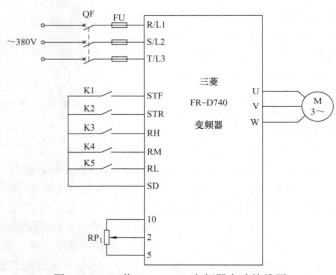

图 8-111 三菱 FR-D740 变频器实验接线图

第 4 段速为_____r/min,对应的频率为_____Hz。

3) 按以上要求编写出变频器设置参数清单。
4) 变频器通电,按以上要求自行设置参数并调试运行,结果向实验指导教师演示。
将变频器设置成数字量输入端口操作及模拟量给定操作运行状态,改变给定电位器,观察转速变化情况,并根据所要求的给定转速(或给定频率),记录此时给定电压为____V,频率为_____Hz,转速为_____r/min,结果向实验指导教师演示。
5) 测量 4 段速运行 $n = f(t)$ 曲线图需要的相关数据,完成加减速时间的计算。
6) 按要求在此电路上设置一个故障,学生根据故障现象分析故障原因,并排除故障使系统正常运行。

5. 注意事项

1) 根据给定的设备和仪器仪表完成接线、调试、运行及故障分析处理工作,自行解决调试过程中的一般故障。

2）需在实验报告中记录的内容

① 绘制实验线路接线图。

② 4 段转速控制运行要求相关数据。

③ 变频器设置参数清单。

④ 写出变频器模拟量给定操作运行状态时给定电压与频率、转速。

⑤ 绘制 4 段速运行的 $n=f(t)$ 曲线图。

⑥ 填写故障现象、故障原因和故障点。

3）操作过程中要遵守安全生产、文明操作规范，未经允许擅自通电，造成设备损坏者该项目零分。

8.8.4 安川 G7 变频器实验

1. 实验目的

1）能对安川 G7 变频器进行接线、安装与调试。

2）能够采用数字量、模拟量、多段速控制安川 G7 变频器。

2. 实验要求

1）根据给定的设备和仪器仪表，在规定时间内完成接线、调试、测量工作。

① 按照电路原理图进行接线。

② 安装后，通电调试，并根据要求完成测试报告。

2）时间：90min。

3. 实验设备

1）交流变频调速实训装置（含安川 G7 变频器）一台，专用连接导线若干。

2）三相交流异步电动机：YSJ7124 一台，$P_N=370W$，$U_N=380V$，$I_N=1.12A$，$n_N=1400r/min$，$f_N=50Hz$。

4. 实验内容和步骤

1）按照如图 8-112 所示的变频器系统接线图，在安川 G7 交流变频调速实训装置上进行接线。

2）将变频器设置成数字量输入端口操作运行状态，线性 U/f 控制方式，4 段速控制，4 段转速控制运行要求为：上升时间为____s，下降时间为____s。

第 1 段速为_____r/min，对应的频率为_____Hz。

第 2 段速为_____r/min，对应的频率为_____Hz。

第 3 段速为_____r/min，对应的频率为_____Hz。

第 4 段速为_____r/min，对应的频率为_____Hz。

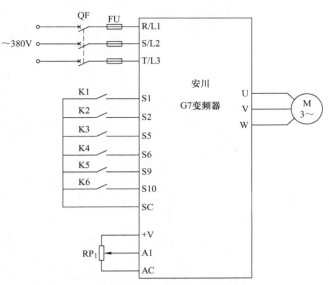

图 8-112 安川 G7 交流变频器系统接线图

3）按以上要求编写出变频器设置参数清单。

4）变频器通电，按以上要求自行设置参数并调试运行，结果向实验指导教师演示。

将变频器设置成数字量输入端口操作及模拟量给定操作运行状态，改变给定电位器，观察转速变化情况，并根据所要求的给定转速（或给定频率），记录此时给定电压为____V，频率为_____Hz，转速为_____r/min，结果向实验指导教师演示。

5）测量4段速运行 $n=f(t)$ 曲线图需要的相关数据，完成加减速时间的计算。

6）按要求在此电路上设置一个故障，学生根据故障现象分析故障原因，并排除故障使系统正常运行。

5. 注意事项

1）根据给定的设备和仪器仪表完成接线、调试、运行及故障分析处理工作，自行解决调试过程中的一般故障。

2）需在实验活页报告中记录的内容

① 绘制实验线路接线图。

② 4段转速控制运行要求相关数据。

③ 变频器设置参数清单。

④ 写出变频器模拟量给定操作运行状态时给定电压与频率、转速。

⑤ 绘制4段速运行的 $n=f(t)$ 曲线图。

⑥ 填写故障现象、故障原因和故障点。

3）操作过程中要遵守安全生产、文明操作规范，未经允许不可擅自通电。

▶ 8.9 思考与练习

1. "通用"是什么含义？通用变频器的主要构成部分有哪些？
2. 通用变频器有哪几种分类方法？
3. 不同负载情况下如何选择变频器？
4. 不同情况下，变频器的容量怎样计算？
5. 变频器外围设备有哪些？

第 9 章　交流调压调速与串级调速系统

[学习目标]
1. 理解异步电动机调压调速的定义和常用的三种调压调速方法；理解单相晶闸管交流调压器；掌握过零触发方式及全周波连续式和全周波断续式两种控制方式。
2. 理解三相交流调压电路的工作原理；理解不带中性线的调压电路对触发电路的要求。
3. 理解高转子绕组交流电机调压调速的机械特性；理解闭环控制的交流调压调速系统的工作原理。
4. 了解交流调速系统按转差功率的处理方式的分类；掌握双馈电动机和双馈调速的概念；理解双馈调速的功率传输原理；理解异步电动机转子附加电动势的作用。
5. 理解异步电动机双馈调速的五种工况；掌握绕线转子异步电动机串级调速系统的构成；掌握串级调速系统的调速过程。

▶ 9.1　交流调压调速及应用

9.1.1　普通交流电动机调压调速的机械特性

调压调速即通过调节通入异步电动机的三相交流电压大小来调节转子转速的方法。理论依据来自异步电动机的机械特性方程式：

$$T_e = \frac{3n_p U_s^2 R_r'/s}{\omega_1 \left[\left(R_s + \frac{R_r'}{s} \right)^2 + \omega_1^2 (L_{ls} + L_{lr}')^2 \right]} \quad (9\text{-}1)$$

式中　n_p——磁极对数；
　　　U_s——电动机定子侧电压；
　　　$\frac{R_r'}{s}$——电动机转子侧折合到定子侧电阻；
　　　R_s——电动机定子侧等效电阻；
　　　L_{ls}——电动机定子侧等效电感；
　　　L_{lr}'——电动机转子侧折合到定子侧电流。

因异步电动机的拖动转矩与供电电压的二次方成正比，因此降低供电电压，拖动转矩就减小，电动机就会降到较低的运行速度。

将式(9-1)对 s 求导，并令 $\frac{dT_e}{ds}=0$，可求出对应于最大转矩时的静差率为

$$s_m = \frac{R_r'}{\sqrt{R_s^2 + \omega_1^2 (L_{ls} + L_{lr}')^2}} \quad (9\text{-}2)$$

将式(9-2)代入式(9-1)，得最大转矩为

$$T_{emax} = \frac{3n_p U_s^2}{2\omega_1 \left[R_s + \sqrt{R_s^2 + \omega_1^2 (L_{ls} + L_{lr}')^2} \right]} \quad (9\text{-}3)$$

不同电压下的机械特性便如图 9-1 所示，图中垂直虚线为恒转矩负载线，可以看出调压调速对于恒转矩负载，调速范围很小（A—B—C），而对于风机类负载，调速范围则较大（F—E—D）。

9.1.2 异步电动机调压调速方法

1. 常用调压调速方法

通常调压调速有以下三种方法：

1) 自耦调压器：主要用于小容量电动机的调压调速，体积重量大，如图 9-2a 所示。

2) 饱和电抗器：控制铁心电感的饱和程度改变串联阻抗，体积重量大，如图 9-2b 所示。

3) 晶闸管三相交流调压器：用电力电子装置调压调速，体积小，轻便，如图 9-2c 所示。

这里主要讲晶闸管交流调压器和三相交流调压电路。

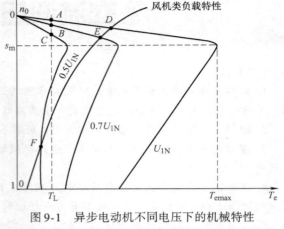

图 9-1 异步电动机不同电压下的机械特性
U_{1N}—电源电压

2. 单相晶闸管交流调压器

对电力电子电路中的晶闸管器件，有单相和三相两种控制方式，现以晶闸管单相交流调压器电路为例来说明。如图 9-3 所示，晶闸管交流调压器一般用晶闸管反并联或双向晶闸管分别串接在电路中，主电路接法有多种方案，用相位控制改变输出电压。

通常相位控制方式更适用于电动机负载，但这种触

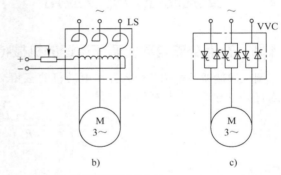

图 9-2 常用调压调速方法
a) 自耦调压器 b) 饱和电抗器 c) 晶闸管三相交流调压器

发方式使电路中的正弦波形出现缺角，包含较大的高次谐波。所以，移相触发使晶闸管的应用受到了一定的限制。为了克服这一缺点，可采用过零触发方式，或称为零触发。

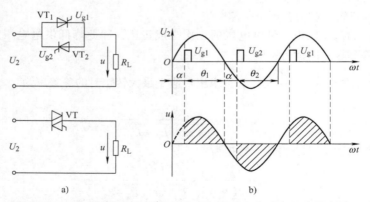

图 9-3 单相交流调压器带电阻性负载交流调压的主电路和相位控制输出波形
a) 主电路 b) 相位控制输出波形

如果使晶闸管交流开关在端电压过零后触发，并借助于负载电流过零时低于维持电流而自然关断，就可以使电路波形为正弦整周期形式。这种方式可以避免高次谐波的产生，减少开关对电源的电磁干扰。这种触发方式称为过零触发方式。根据控制策略的不同，输出波形有全周波连续式（见图9-4a）和全周波断续式（见图9-4b）。

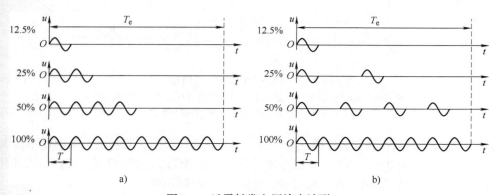

图9-4 过零触发电压输出波形
a）全周波连续式 b）全周波断续式

3. 星形联结带中性线的三相交流调压电路

图9-5a所示为星形联结带中性线的三相交流调压电路，它实际上相当于三个单相反并联交流调压电路的组合，因而其工作原理与波形分析与单相交流调压相同。另外，由于其有中性线，故不需要宽脉冲或双窄脉冲触发。图9-5b中用双向晶闸管代替了图9-5a中的普通反并联晶闸管，其工作过程分析与图9-5a一样，不过由于所用元器件少，触发电路简单，因而装置的成本和体积都有所减小。

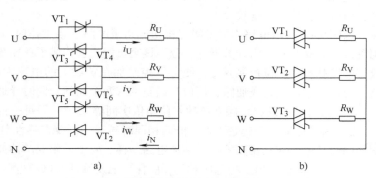

图9-5 星形联结带中性线的三相交流调压电路
a）晶闸管反并联组成的调压电路 b）双向晶闸管组成的调压电路

这里需要说明中性线的高次谐波电流问题。如果各相正弦波均为完整波形，与一般的三相交流电路一样，由于各相电流相位互差120°，中性线上电流为零。但在交流调压电路中，各相电流的波形为缺角正弦波，这种波形包含有高次谐波，主要是三次谐波电流，而且各相的三次谐波电流之间并没有相位差，因此，它们在中性线叠加之后，在中性线上产生的电流是每相中三次谐波电流的3倍。特别是当$\alpha=90°$时三次谐波电流最大，中性线电流近似为额定相电流。当三相不平衡时，中性线电流更大。因此，这种电路要求中性线的截面积较大。

还要说明，不论单相还是三相调压电路，都是从相电压由负变正的零点处开始计算α的，这一点与三相整流电路不同。

4. 三相三线交流调压电路其他连接方式

图9-6a所示为三相三线交流调压电路，这种电路的负载可以接成星形或三角形，图中为星形联结，触发电路与三相全控桥整流电路一样，应采用宽脉冲或双窄脉冲。

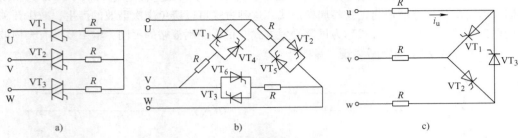

图 9-6　三相三线交流调压电路
a) 三相三线交流调压电路　b) 晶闸管与负载接成三角形的三相交流调压电路
c) 负载是三个分开单元的三相交流调压电路

图 9-6b 所示为晶闸管与负载接成三角形的三相交流调压电路。其特点是晶闸管串接在负载三角形内,流过的是相电流,即在相同线电流情况下,晶闸管的容量可降低。三角形内部存在高次谐波,但线电流中却不存在三次谐波分量,因此对电源的影响较小。

图 9-6c 所示为负载是三个分开单元,用三角形联结的三个晶闸管来代替星形联结负载的中性点。由于构成中性点的三个晶闸管只能单向导电,因此导电情况比较特殊。其输出电流出现正负半周波形不对称,但其面积是相等的,所以没有直流分量。

此种电路使用元器件少,触发线路简单,但由于电流波形正负半周不对称,故存在偶次谐波,对电源影响与干扰较大。

以图 9-6a 所示电路为例说明三相交流调压电路正常工作时对触发电路的要求。用反并联晶闸管或双向晶闸管作为开关器件,分别接至负载,就构成了三相全波星形联结的调压电路,通过改变触发脉冲的相位控制角 α,便可以控制加在负载上的电压大小。对于不带中性线的调压电路,为使三相电流构成通路,任何时刻至少有两个晶闸管同时导通。为此对触发电路的要求是:

1) 三相正(或负)触发脉冲相位角依次间隔 120°,而每一相正、负触发脉冲间隔 180°。
2) 为了保证电路起始工作时能两相同时导通,以及在感性负载和控制角较大时,仍能保证两相同时导通,与三相全控桥式整流电路一样,要求采用双脉冲或宽脉冲(大于 60°)。
3) 为了保证输出三相电压对称,应保证触发脉冲与电源电压同步。

图 9-7 所示为三相交流调压电路在电动机节能控制中的应用。由于电动机负载的变化将主要引起电流和功率因数的变化,因此可以用检测电流或功率因数的变化来控制串接在电动机绕组中的双向晶闸管,使之根据电动机的负载的大小自动调整电动机的端电压与负载匹配,达到降低损耗、节能的目的。

主电路为三相三线交流调压电路。控制电路以单片机为核心,检测主电路的信号经处理后产生移相脉冲,调节电动机的端电压。

图 9-8a 所示为单相同步电路,即每隔 360°相位角产生一个同步信号给单片微机,通过单片机的软件处理和内部定时器定时,

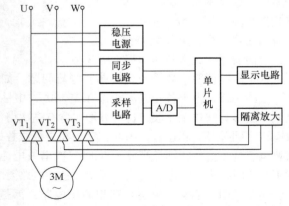

图 9-7　三相交流调压电路在电动机
节能控制中的应用

送出间隔 60°的脉冲信号,通过图 9-8b 所示的隔离放大电路控制晶闸管通断。

图 9-8c 所示为电流检测电路,用交流互感器作为检测元件,由交流互感器检测到的三相交

流电流经三相桥式整流、电容滤波、电阻分压，可得 0～5V 的直流电压信号，经 A/D 转换后送给单片微机与同步信号比较处理，改变输出脉冲的相位，实现自动调压、节能的目的。

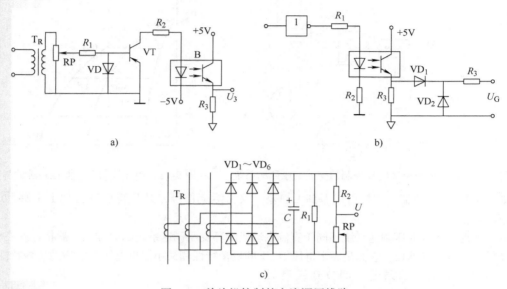

图 9-8 单片机控制的交流调压线路
a) 单相同步电路　b) 隔离放大电路　c) 电流检测电路

9.1.3 转速闭环调压调速系统

1. 高转子电阻交流电动机调压调速的机械特性

为了能在恒转矩负载下扩大调速范围，并使电动机在较低转速下运行而不致过热，就要求电动机转子有较高的电阻值，这样的电动机在变电压时的机械特性如图 9-9 所示。显然，带恒转矩负载时的变压调速范围增大了，堵转工作也不致烧坏电动机，这种电动机又称作交流力矩电动机。

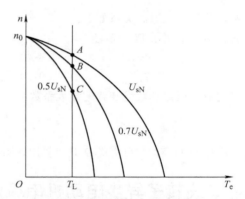

图 9-9 高转子电阻交流电动机在不同电压下的机械特性
n_0—理想空载转速　T_L—负载转矩　U_{sN}—额定电压

2. 闭环控制的交流调压调速系统

由于异步电动机的开环机械特性很软，且开环调压调速的调速范围太小，因此调压调速需要采用闭环调速系统。为此，对于恒转矩性质的负载，要求调速范围 $D > 2$ 时，往往采用带转速反馈的闭环控制系统，如图 9-10 所示。

图 9-11 所示的是闭环控制变压调速系统的静特性。当系统带负载在 A 点运行时，如果负载增大引起转速下降，反馈控制作用能提高定子电压，从而在右边一条机械特性上找到新的工作点 A'。同理，当负载降低时，会在左边一条特性上得到定子电压低一些的工作点 A''。

按照反馈控制规律，将 A''、A、A' 连接起来便是闭环系统的静特性。尽管异步电动机的开环机械特性和直流电动机的开环特性差别很大，但是在不同电压的开环机械特性上各取一个相应的工作点，连接起来便得到闭环系统静特性，这样的分析方法对两种电动机是完全一致的。尽管异步力矩电动机的机械特性很软，但由系统放大系数决定的闭环系统静特性却可以很硬。

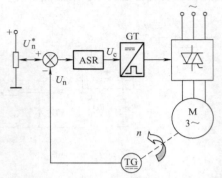

图 9-10　带转速负反馈闭环控制的交流变压调速系统

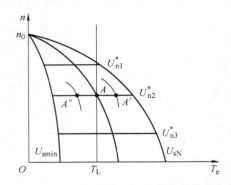

图 9-11　闭环控制变压调速系统的静特性

如果采用 PI 调节器，照样可以做到无静差。改变给定信号，则静特性平行地上下移动，达到调速的目的。

异步电动机闭环变压调速系统不同于直流电动机闭环变压调速系统的地方是：静特性左右两边都有极限，不能无限延长，它们是额定电压 U_{sN} 下的机械特性和最小输出电压 U_{smin} 下的机械特性。

当负载变化时，如果电压调节到极限值，闭环系统便失去控制能力，系统的工作点只能沿着极限开环特性变化。图 9-12 所示为调压调速系统的静态结构图。

各控制环节的输入输出关系如下：
稳态时，由于采用了 PI 调节器

$$U_n^* = U_n = \alpha n \quad (9-4)$$
$$T_e = T_L \quad (9-5)$$

晶闸管交流调压器和触发装置的放大系数为

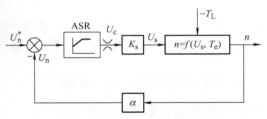

图 9-12　调压调速系统的静态结构图

$$K_s = \frac{U_s}{U_c} \quad (9-6)$$

根据负载需要的 n 和 T_L 可由式(9-1)计算出或用机械特性图解法求出所需的 U_s 以及相应的 U_c。

9.2　绕线转子异步电动机串级调速系统

9.2.1　转差功率

转差功率始终是人们在研究异步电动机调速方法时所关心的问题，因为节约电能是异步电动机调速的主要目的之一，而如何处理转差功率又在很大程度上影响着调速系统的效率。

交流调速系统按转差功率的处理方式可分为三种类型。

1) 转差功率消耗型——异步电动机采用调压控制等调速方式，转速越低时，转差功率的消耗越大，效率越低；但这类系统的结构简单，设备成本最低，所以还有一定的应用价值。

2) 转差功率不变型——变频调速方法的转差功率很小，而且不随转速变化，效率较高；但在定子电路中须配备与电动机容量相当的变压变频器，相比之下设备成本最高。

3) 转差功率馈送型——控制绕线转子异步电动机的转子电压，利用其转差功率并达到调节转速的目的，这种调节方式具有良好的调速性能和效率，但要增加一些设备。

9.2.2 异步电动机双馈调速工作原理

1. 转差功率的利用

众所周知，作为异步电动机，必然有转差功率。要提高调速系统的效率，除了尽量减小转差功率外，还可以考虑如何去利用它。但要利用转差功率，就必须使异步电动机的转子绕组有与外界实现电气连接的条件，显然笼型电动机难以胜任，只有绕线转子电动机才能做到。

绕线转子异步电动机结构如图 9-13 所示，从广义上讲，定子功率和转差功率可以分别向定子和转子馈入，也可以从定子或转子输出，故称作双馈电动机。

根据电机理论，改变转子电路的串接电阻，可以改变电动机的转速。转子串电阻调速的原理如图 9-14 所示，调速过程中，转差功率完全消耗在转子电阻上。

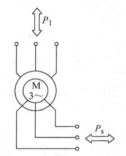

图 9-13 绕线转子异步电动机结构

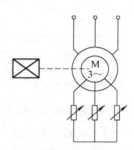

图 9-14 转子串电阻调速的原理图

2. 双馈调速的概念

所谓"双馈"，就是指把绕线转子异步电机的定子绕组与交流电网连接，转子绕组与其他含电动势的电路相连接，使它们可以进行电功率的相互传递。

至于电功率是馈入定子绕组和/或转子绕组，还是由定子绕组和/或转子绕组馈出，则要视电动机的工况而定。双馈调速的基本结构如图 9-15 所示。

如图 9-15 所示，在双馈调速工作时，除了电动机定子侧与交流电网直接连接外，转子侧也要与交流电网或外接电动势相连，从电路拓扑结构上看，可认为是在转子绕组回路中附加一个交流电动势。

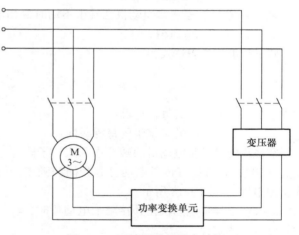

图 9-15 双馈调速的基本结构

由于转子电动势与电流的频率随转速变化，即 $f_2 = sf_1$，因此必须通过功率变换单元对不同频率的电功率进行电能变换。对于双馈系统来说，功率变换单元（CU）应该由双向变频器构成，以实现功率的双向传递。

3. 双馈调速的功率传输

（1）转差功率输出状态

异步电动机由电网供电并以电动状态运行时，它从电网输入（馈入）电功率，而在其轴上输出机械功率给负载，以拖动负载运行，如图 9-16 所示。

（2）转差功率输入状态

当电动机以发电状态运行时，它被拖着运转，从轴上输入机械功率，经机电能量变换后以电功率的形式从定子侧输出（馈出）到电网，如图 9-17 所示。

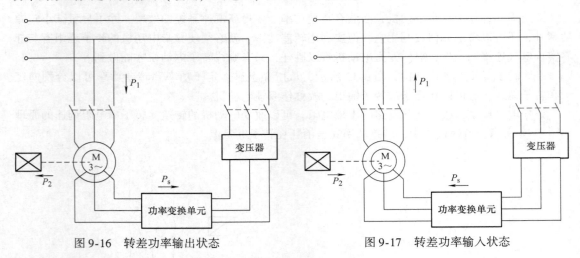

图 9-16 转差功率输出状态　　　　　　图 9-17 转差功率输入状态

4. 异步电动机转子附加电动势的作用

异步电动机运行时，其转子相电动势为

$$E_r = sE_{r0} \tag{9-7}$$

式中　s——异步电动机的转差率；
　　　E_{r0}——绕线转子异步电动机在转子不动时的相电动势，或称转子开路电动势，也就是转子额定相电压值。

转子相电流的表达式为

$$I_r = \frac{sE_{r0}}{\sqrt{R_r^2 + (sX_{r0})^2}} \tag{9-8}$$

式中　R_r——转子绕组每相电阻；
　　　X_{r0}——$s=1$ 时转子绕组的每相漏抗。

在绕线转子异步电动机的转子中引入转子附加电动势 E_{add}，该附加电动势与转子电动势有相同的频率，可同相或反相串接，如图 9-18 所示。

绕线转子异步电动机在外接附加电动势时，转子回路的相电流表达式为

$$I_r = \frac{sE_{r0} \pm E_{add}}{\sqrt{R_r^2 + (sX_{r0})^2}} \tag{9-9}$$

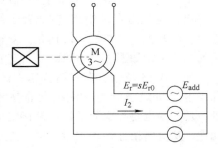

图 9-18　绕线转子异步电动机的转子中引入转子附加电动势

转子附加电动势的作用如下：

E_r 与附加电动势 E_{add} 同相时，当附加电动势 E_{add} 增大时，则 $sE_{r0} \pm E_{add}$ 的值增大，将导致转子回路的相电流 I_r 增大，引起绕线转子异步电动机转矩增大，因此转速提升。当转速提升后势必造成转差率 s 下降，使得 $s_1 E_{r0} + E_{add} = s_2 E_{r0} + E'_{add}$，此时 $s_1 > s_2$，即转速上升。

当附加电动势 E_{add} 减小时，则 $sE_{r0} \pm E_{add}$ 的值减小，将导致转子回路的相电流 I_r 减小，引起绕线转子异步电动机转矩减小，因此转速下降。当转速下降后势必造成转差率 s 上升，使得 $s_1 E_{r0} + E_{add} = s_2 E_{r0} + E'_{add}$，此时 $s_1 < s_2$，即转速下降。

同理可知,若减少或串入反相的附加电动势,则可使电动机的转速降低。所以,在绕线转子异步电动机的转子侧引入一个可控的附加电动势,就可调节电动机的转速。

9.2.3 异步电动机双馈调速的五种工况

忽略机械损耗和杂散损耗时,异步电动机在任何工况下的功率关系都可写作

$$P_m = sP_m + (1-s)P_m \tag{9-10}$$

式中　　P_m——从电动机定子传入转子(或由转子传出给定子)的电磁功率;

　　　　sP_m——输入或输出转子电路的功率,即转差功率;

　　　　$(1-s)P_m$——电动机轴上输出或输入的功率。

由于转子侧串入附加电动势极性和大小的不同,s 和 P_m 都可正可负,因而可以有以下五种不同的工作情况。

1. 电动机在次同步转速下做电动运行

当转子侧每相加上与 E_{r0} 同相的附加电动势 $+E_{add}$ ($E_{add} < E_{20}$),并把转子三相回路连通,电动机做电动运行,转差率为 $0<s<1$,从定子侧输入功率,轴上输出机械功率。功率流程如图 9-19 所示。

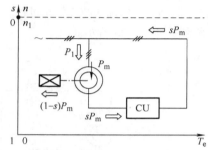

图 9-19　次同步转速电动状态

2. 电动机在反转时做倒拉制动运行

进入倒拉制动运行的必要条件是电机轴上带有位能性恒转矩负载,此时逐渐减少 $+E_{add}$ 值,并使之反相变负,只要反相附加电动势 $-E_{add}$ 有一定数值,则电动机将反转。电动机进入倒拉制动运行状态,转差率 $s>1$,此时由电网输入电动机定子的功率和由负载输入电动机轴的功率合成了转差功率,并从转子侧馈送给电网。此时 $P_m + |(1-s)P_m| = sP_m$,功率流程如图 9-20 所示。

3. 电动机在超同步转速下做回馈制动运行

进入这种运行状态的必要条件是有位能性机械外力作用在电机轴上,并使电动机能在超过其同步转速 n_1 的情况下运行。此时,如果处于发电状态运行的电动机转子回路再串入一个与 sE_{r0} 反相的附加电动势 $+E_{add}$,电动机将在比未串入 $+E_{add}$ 时更高转速的状态下做回馈制动运行。电动机处在发电状态工作,$s>1$,电动机功率由负载通过电动机轴输入,经过机电能量变换分别从电动机定子侧与转子侧馈送至电网。此时 $|P_m| + |sP_m| = |(1-s)P_m|$,功率流程如图 9-21 所示。

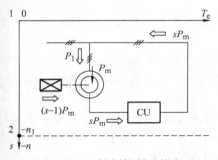

图 9-20　反转倒拉制动状态

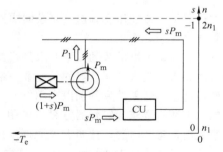

图 9-21　超同步转速下回馈制动状态

4. 电动机在超同步转速下做电动运行

设电动机原在 $0<s<1$ 做电动运行,转子侧串入了同相的附加电动势 $+E_{add}$,轴上拖动恒转矩的抗性负载。当接近额定转速时,如继续加大 $+E_{add}$ 电动机将加速到新的稳态下工作,即电动机在超过其同步转速下稳定运行。电动机轴上的输出功率由定子侧与转子侧两部分输入功率合

成，电动机处于定、转子双输入状态，其输出功率超过额定功率，此时 $P_m - sP_m = (1-s)P_m$，功率流程如图 9-22 所示。

5. 电动机在次同步转速下做回馈制动运行

很多工作机械为了提高其生产率，希望电力拖动装置能缩短减速和停车的时间，因此必须使运行在低于同步转速电动状态的电机切换到制动状态下工作。设电动机原在低于同步转速下做电动运行，其转子侧已加入一定的 $+E_{add}$。要使之进入制动状态，可以在电动机转子侧突加一个反相的附加电动势。在低于同步转速下做电动运行，E_{add} 由 "+" 变为 "-"，并使 $|-E_{add}|$ 大于制动初使瞬间的 sE_{r0}，电动机定子侧输出功率给电网，电动机成为发电机处于制动状态工作，并产生制动转矩以加快减速停车过程。电动机的功率关系为 $|P_m| = (1-s)|P_m| + s|P_m|$，功率流程如图 9-23 所示。

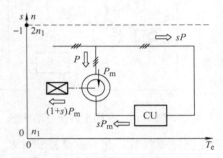 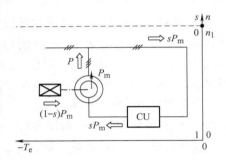

图 9-22　超同步转速下电动状态　　　　图 9-23　次同步转速下回馈制动状态

五种工况都是异步电动机转子加入附加电动势时的运行状态。在工况前三种工况中，转子侧都输出功率，可把转子的交流电功率先变换成直流，然后再变换成与电网具有相同电压与频率的交流电功率。

9.2.4　次同步电动状态下的双馈系统

如前所述，在异步电动机转子回路中附加交流电动势调速的关键就是在转子侧串入一个可变频、可变幅的电压。对于只用于次同步电动状态的情况来说，比较方便的办法是将转子电压先整流成直流电压，然后再引入一个附加的直流电动势，控制此直流附加电动势的幅值，就可以调节异步电动机的转速。

这样，就把交流变压变频这一复杂问题，转化为与频率无关的直流变压问题，问题分析与工程实现都方便多了。

通常对直流附加电动势的技术要求是：首先，它应该是可平滑调节的，以满足对电动机转速平滑调节的要求；其次，从节能的角度看，希望产生附加直流电动势的装置能够吸收从异步电动机转子侧传递来的转差功率并加以利用。

根据以上两点要求，较好的方案是采用工作在有源逆变状态的晶闸管可控整流装置作为产生附加直流电动势的电源。按照上述原理组成的异步电动机在低于同步转速下做电动状态运行的双馈调速系统如图 9-24 所示，习惯上称之为电气串级调速系统。

图中，UR 为三相不可控整流装置，将异步电动机转子相电动势 sE_{r0} 整流为直流电压 U_d；UI 为三相可控整流装置，工作在有源逆变状态，可提供可调的直流电压 U_i，作为电动机调速所需的附加直流电动势；系统可将转差功率变换成交流功率，回馈到交流电网。

对串级调速系统而言，起动应有足够大的转子电流 I_r 或足够大的整流后直流电流 I_d，为此，转子整流电压 U_d 与逆变电压 U_i 间应有较大的差值。通常起动时控制逆变角 β，使在起动开始的瞬间，U_d 与 U_i 的差值能产生足够大的 I_d，以满足所需的电磁转矩，但又不超过允许的电流值，这样电动机就可在一定的动态转矩下加速起动。随着转速的增高，相应地增大 β 角以减小值 U_i，从而维持加速过程中动态转矩基本恒定。

串级调速的基本原理是通过改变 β 角的大小调节电动机的转速。调速过程为：

$\beta \uparrow \rightarrow U_i \downarrow \rightarrow I_d \uparrow \rightarrow T_e \uparrow \rightarrow$
$n \uparrow \rightarrow K_1 s E_{r0} \uparrow \rightarrow I_d \downarrow \rightarrow T_L = T_e$

串级调速系统没有制动停车功能。只能靠减小 β 角逐渐减速，并依靠负载阻转矩的作用自由停车。

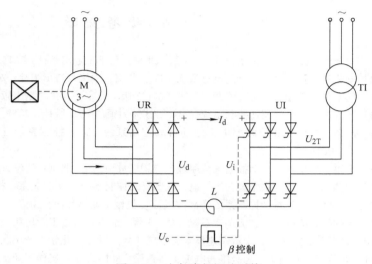

图 9-24 电气串级调速系统

串级调速系统能够靠调节逆变角 β 实现平滑无级调速。系统能把异步电动机的转差功率回馈给交流电网，从而使扣除装置损耗后的转差功率得到有效利用，大大提高了调速系统的效率。

9.3 思考与练习

1. 什么是交流电动机调压调速？常用调压调速方法有哪几种？
2. 什么是过零触发方式？过零触发方式包括哪两种控制方式？
3. 三相交流调压电路有几种形式？
4. 对于不带中性线的调压电路，触发电路有哪些要求？
5. 异步电动机闭环变压调速系统与直流电动机闭环变压调速系统的不同之处有哪些？
6. 交流调速系统按转差功率的处理方式可分为哪几种类型？
7. 什么是双馈电动机？什么是双馈调速？
8. 简述双馈调速的功率传输。
9. 绕线转子异步电动机转子附加电势的作用是什么？
10. 异步电动机双馈调速的五种工况是哪些？
11. 什么是绕线转子异步电动机串级调速系统？

参 考 文 献

[1] 史国生. 交直流调速系统［M］.3 版. 北京：化学工业出版社，2015.
[2] 刘建华，张静之. 交直流调速系统［M］. 北京：中国铁道出版社，2012.
[3] 郭艳萍，陈相志. 交直流调速系统［M］.3 版. 北京：人民邮电出版社，2019.
[4] 张红莲. 交直流调速控制系统［M］. 北京：中国电力出版社，2011.
[5] 阮毅，杨影，陈伯时. 电力拖动自动控制系统：运动控制系统［M］.5 版. 北京：机械工业出版社，2016.
[6] 李琳，周柏青. 自动控制系统原理与应用［M］.2 版. 北京：清华大学出版社，2018.
[7] 周渊深，陈涛，朱希荣，等. 电力拖动自动控制系统［M］. 北京：机械工业出版社，2013.
[8] 葛华江. 电气自动控制系统［M］. 北京：机械工业出版社，2017.
[9] 陈伯时，陈敏逊. 交流调速系统［M］.3 版. 北京：机械工业出版社，2013.
[10] 许期英，刘敏军. 交流调速技术与系统［M］. 北京：化学工业出版社，2010.
[11] 张静之，刘建华. 高级维修电工实训教程［M］. 北京：机械工业出版社，2011.
[12] 杨洋，刘建华，庄德渊. 高级维修电工理论教程［M］. 苏州：苏州大学出版社，2012.
[13] 魏连荣，朱益江. 交直流调速系统［M］. 北京：北京师范大学出版社，2016.
[14] 西门子（中国）有限公司. G120 CU240B/E－2 简明调试手册［Z］.2016.
[15] 西门子（中国）有限公司. SINAMICS G120 控制单元 CU240B－2/CU240E－2 参数手册［Z］.2016.
[16] 三菱电机集团. 三菱通用变频器 FR－D700 使用手册（应用篇）［Z］.2012.
[17] 安川电机（中国）有限公司. Varispeed G7 使用说明书［Z］.2003.

附录　实验报告（活页型）

附录 A　第 4 章实验报告 1

1. 实验名称

2. 实验目的

实验时间：90min。

3. 在附图 A-1 中完成不可逆调速系统接线图绘制

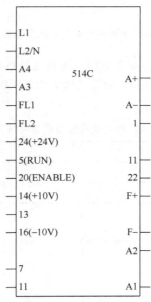

附图 A-1　欧陆 514C 不可逆调速系统接线图

4. 简述 514C 双闭环不可逆调速系统的安装调试步骤

5. 完成 514C 双闭环不可逆调速控制的测试并记录数据

1）根据教师设定的给定电压 U_n^* 调节范围，调整电动机转速 n，测量 n 和对应的 U_n^*、U_{Tn} 数据，并填写在附表 A-1 中，同时在附图 A-2 中绘制调节特性曲线。

附表 A-1　514C 双闭环不可逆调速控制调节特性曲线实测数据记录

$n/(\text{r/min})$									
U_n^*/V	0								
U_{Tn}/V	0								

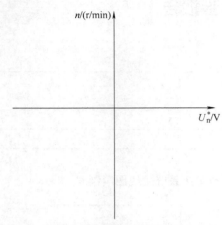

附图 A-2　514C 双闭环不可逆调速系统调节特性曲线

2）根据教师设定的给定电压 U_n^* 调节范围，调整电动机转速 n。根据教师给定的转速值调整，测量 I_d、U_{Tn} 的数值，并将测量值和 n 的变化情况填写到附表 A-2 中，同时在附图 A-3 中绘制静特性曲线。

附表 A-2　514C 双闭环不可逆调速系统静特性曲线实测数据记录

I_d/A	空载								
U_{Tn}/V									
$n/(\text{r/min})$									

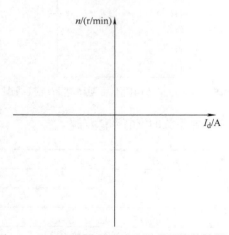

附图 A-3　514C 双闭环不可逆调速系统静特性曲线

3）画出直流调速装置转速、电流双闭环不可逆调速系统原理图。

附录 B　第 4 章实验报告 2

1. 实验名称

2. 实验目的

实验时间：90min。

3. 在附图 B-1 中完成调速系统接线图绘制

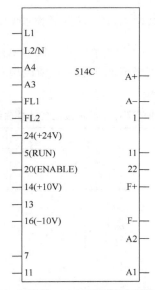

附图 B-1　欧陆 514C 可逆调速系统接线图

4. 简述 514C 双闭环调速控制的安装调试步骤

5. 完成 514C 双闭环可逆调速控制的测试并记录数据

1）根据教师设定的给定电压 U_n^* 调节范围，调整电动机转速 n，测量 n 和对应的 U_n^*、U_{Tn} 数据，并填写在附表 B-1 中，同时在附图 B-2 中绘制调节特性曲线。

附表 B-1　514C 双闭环可逆调速控制调节特性曲线实测数据记录

$n/(\text{r/min})$								
U_n^*/V				0				
U_{Tn}/V				0				

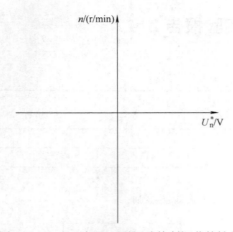

附图 B-2　514C 双闭环可逆调速控制调节特性曲线

2）根据带教教师设定的给定电压 U_n^* 调节范围，调整电动机转速 n。根据教师给定的转速值调整，测量 I_d、U_{Tn} 的数值，并将测量值和 n 的变化情况填写到附表 B-2 中，同时在附图 B-3 中绘制静特性曲线。

附表 B-2　514C 双闭环可逆调速控制静特性曲线实测数据记录

I_d/A	空载							
U_{Tn}/V								
$n/(r/min)$								

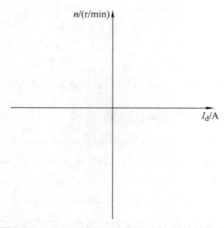

附图 B-3　514C 双闭环可逆调速控制静特性曲线

3）画出直流调速装置转速、电流双闭环可逆调速系统原理图。

附录 C 第 5 章实验报告 1

1. 实验名称
_____

2. 实验目的
_____
_____
_____

实验时间：90min。

3. 在附图 C-1 中完成 A 型双象限直流斩波电路接线图绘制

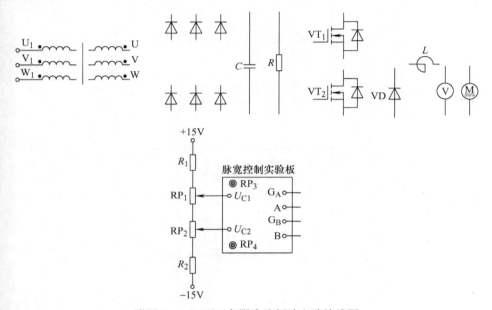

附图 C-1 A 型双象限直流斩波电路接线图

4. 数据记录

1) 在附表 C-1 中记录 U_{C1} 为不同值时控制脉冲的宽度 t_{on}，计算占空比 D，记录最大占空比 D_{max}，并在附图 C-2 中画出 $D = f(U_{C1})$ 特性曲线。

附表 C-1 控制脉冲的宽度与占空比数据记录

U_{C1}/V	1	2	3	3.5	
$t_{on}/\mu s$					
D（%）					$D_{max}=$

2) 在附图 C-3 中绘制当调节 U_{C1} 使电动机电枢电压 $U_d = 40V$ 时，u_d 与 i_d 及电感 L 两端的电压 u_L 的波形。

3) 改变 U_{C1}，观测并在附表 C-2 中记录 $D = 25\%$、40%、50%、60%、75% 时的输出电压 U_d，并在附图 C-4 中画出控制特性曲线 $U_d = f(D)$。

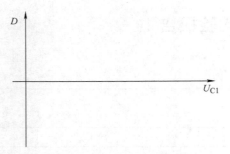

附图 C-2　$D = f(U_{C1})$ 特性曲线

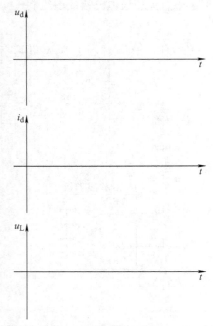

附图 C-3　u_d 与 i_d 及电感 L 两端的电压 u_L 的波形

附表 C-2　不同占空比下的输出电压记录表

D	25%	40%	50%	60%	75%
U_d/V					

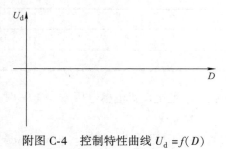

附图 C-4　控制特性曲线 $U_d = f(D)$

附录 D 第 5 章实验报告 2

1. 实验名称

_____

2. 实验目的

_____

_____

_____

实验时间：90min。

3. 在附图 D-1 中完成桥型可逆四象限直流斩波电路的接线图

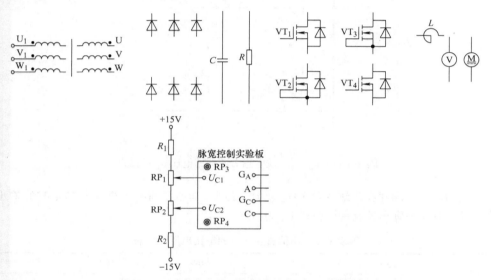

附图 D-1 桥型可逆四象限直流斩波电路接线图

4. 数据记录

1）在附表 D-1 中记录 U_{C1} 为不同值时控制脉冲的宽度 t_{on}，计算占空比 D，记录最大占空比 D_{max}，并在附图 D-2 中画出 $D = f(U_{C1})$ 特性曲线。

附表 D-1 控制脉冲的宽度与占空比数据记录

U_{C1}/V	1	2	3	3.5	
$t_{on}/\mu s$					
D （%）					$D_{max} =$

附图 D-2 $D = f(U_{C1})$ 特性曲线

2）在附图 D-3 中绘制当调节 U_{C1} 使电动机电枢电压 $U_d = 100\text{V}$ 时，u_d 与 i_d 及电感 L 两端的电压 u_L 的波形。

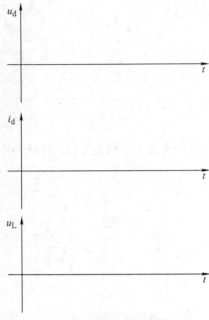

附图 D-3　u_d 与 i_d 及电感 L 两端的电压 u_L 的波形

3）改变 U_{C1}，观测并在附表 D-2 中记录 $D = 25\%$、40%、50%、60%、75% 时的输出电压 U_d，并在附图 D-4 中画出控制特性曲线 $U_d = f(D)$。

附表 D-2　不同占空比下的输出电压记录表

D	25%	40%	50%	60%	75%
U_d/V					

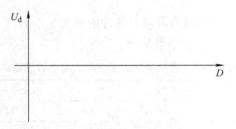

附图 D-4　控制特性曲线 $U_d = f(D)$

附录 E 第 8 章实验报告 1

1. 实验名称
_____
2. 实验目的
_____
_____
_____

实验时间：90min。

3. 实验内容记录

1）在附图 E-1 中完成西门子 MM440 变频器实验电路接线图绘制。

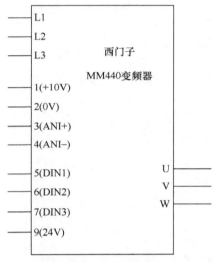

附图 E-1 西门子 MM440 变频器实验电路接线图

2）设置 4 段速运行，上升时间为_____ s，下降时间为_____ s。
第 1 段速为_____ r/min，对应的频率为_____ Hz。
第 2 段速为_____ r/min，对应的频率为_____ Hz。
第 3 段速为_____ r/min，对应的频率为_____ Hz。
第 4 段速为_____ r/min，对应的频率为_____ Hz。

3）写出变频器设置参数清单。
_____
_____
_____
_____
_____

4）根据所要求的给定转速（或给定频率），记录给定电压为_____ V，频率为_____ Hz，转速为_____ r/min。

5）在附图 E-2 中画出以上西门子 MM440 变频器 4 段速运行的 $n=f(t)$ 曲线图，要求计算有关加减速时间，标明时间坐标和转速坐标值。

附图 E-2　西门子 MM440 变频器 4 段速运行的 $n=f(t)$ 曲线图

6）排故记录。
① 记录故障现象。

② 分析故障原因。

③ 具体故障点。

附录F 第8章实验报告2

1. 实验名称
_____

2. 实验目的
_____
_____
_____

实验时间：90min。

3. 实验内容记录

1）在附图 F-1 中完成西门子 G120 变频器实验电路接线图绘制。

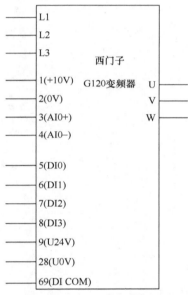

附图 F-1 西门子 G120 变频器实验电路接线图

2）设置 4 段速度运行，上升时间为_____ s，下降时间为_____ s。

第 1 段速为_____ r/min，对应的频率为_____ Hz。

第 2 段速为_____ r/min，对应的频率为_____ Hz。

第 3 段速为_____ r/min，对应的频率为_____ Hz。

第 4 段速为_____ r/min，对应的频率为_____ Hz。

3）写出变频器设置参数清单。
_____
_____
_____
_____
_____

4）根据所要求的给定转速（或给定频率），记录给定电压为_____V，频率为_____Hz，转速为_____r/min。

5）在附图 F-2 中画出以上西门子 G120 变频器 4 段速运行的 $n=f(t)$ 曲线图，要求计算有关加减速时间，标明时间坐标和转速坐标值。

附图 F-2　西门子 G120 变频器 4 段速运行的 $n=f(t)$ 曲线图

6）排故记录。

① 记录故障现象。

② 分析故障原因。

③ 具体故障点。

附录 G 第 8 章实验报告 3

1. 实验名称
_____

2. 实验目的
_____
_____
_____

实验时间：90min。

3. 实验内容记录

1）在附图 G-1 中完成三菱 FR－D740 变频器实验电路接线图绘制。

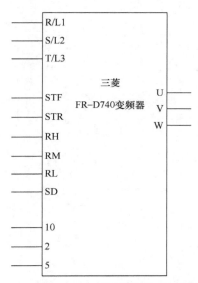

附图 G-1 三菱 FR－D740 变频器实验电路接线图

2）设置 4 段速度运行，上升时间为_____ s，下降时间为_____ s。
第 1 段速为_____ r/min，对应的频率为_____ Hz。
第 2 段速为_____ r/min，对应的频率为_____ Hz。
第 3 段速为_____ r/min，对应的频率为_____ Hz。
第 4 段速为_____ r/min，对应的频率为_____ Hz。

3）写出变频器设置参数清单。
_____
_____
_____
_____

4）根据所要求的给定转速（或给定频率），记录给定电压为_____ V，频率为_____ Hz，转速为_____ r/min。

5）在附图 G-2 中画出以上三菱 FR-D740 变频器 4 段速运行的 $n=f(t)$ 曲线图，要求计算有关加减速时间，标明时间坐标和转速坐标值。

附图 G-2　三菱 FR-D740 变频器 4 段速运行的 $n=f(t)$ 曲线图

6）排故记录。
① 记录故障现象。

② 分析故障原因。

③ 具体故障点。

附录 H 第 8 章实验报告 4

1. 实验名称
_____

2. 实验目的
_____
_____
_____

实验时间：90min。

3. 实验内容记录

1）在附图 H-1 中完成安川 G7 变频器调速实验电路接线图绘制。

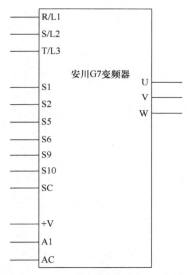

附图 H-1　安川 G7 变频器实验电路接线图

2）设置 4 段速度运行，上升时间为_____ s，下降时间为_____ s。

第 1 段速为_____ r/min，对应的频率为_____ Hz。

第 2 段速为_____ r/min，对应的频率为_____ Hz。

第 3 段速为_____ r/min，对应的频率为_____ Hz。

第 4 段速为_____ r/min，对应的频率为_____ Hz。

3）写出变频器设置参数清单。
_____
_____
_____
_____
_____

4）根据所要求的给定转速（或给定频率），记录给定电压为_____ V，频率为_____ Hz，转速为_____ r/min。

5）在附图 H-2 中画出以上安川 G7 变频器四段速运行的 $n=f(t)$ 曲线图，要求计算有关加减速时间，标明时间坐标和转速坐标值。

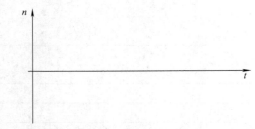

附图 H-2　安川 G7 变频器四段速运行的 $n=f(t)$ 曲线图

6）排故记录。
① 记录故障现象。

② 分析故障原因。

③ 具体故障点。